Methoden

helfen dir, naturwissenschaftlich zu arbeiten oder besser zu lernen. Auch das Finden und Aufbereiten von Informationen steht immer wieder im Blickpunkt.

Grundlagen

führen neue Begriffe ein und erklären Zusammenhänge.

Merksätze

heben wichtige Aussagen blau hervor.

Erweiterungen

ergänzen und vertiefen. Sie können von einzelnen Schülerinnen und Schülern oder von der ganzen Klasse genutzt werden.

Angebot zur Differenzierung

Aus Umwelt und Technik

Wenn du in diesen Texten schmökerst, erkennst du „die Physik“ im Alltag wieder. Aber auch Wissenswertes aus der Geschichte, Natur ...

Angebot zur Differenzierung

Aufgaben

helfen dir, deine Kenntnisse zu festigen und zu erweitern.

Manche Aufgaben gehen über das Normale hinaus. Sie sind mit einem * gekennzeichnet.

Angebot zur Differenzierung

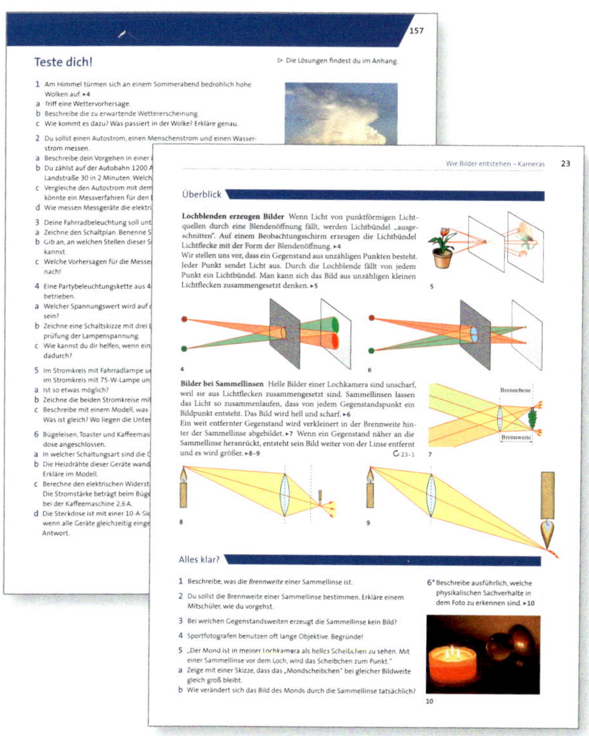

W0466508

Überblick

heißt die Zusammenfassung am Ende eines Kapitels. Abschließende Aufgaben zum Kapitel gibt es bei „Alles klar?“.

Teste dich!

Hast du den Inhalt eines größeren Abschnitts verstanden? Kannst du dein Wissen anwenden? Die Aufgaben auf dieser Seite helfen dir, dich selbst einzuschätzen. Die Lösungen kannst du im Anhang nachlesen.

Natur und Technik

Physik

Differenzierende Ausgabe
Nordrhein-Westfalen G

2

Cornelsen

Natur und Technik
Physik

Herausgegeben von: Heinz Muckenfuß, Ravensburg; Volkhard Nordmeier, Berlin

Autoren: Siegfried Bresler, Bielefeld; Bernd Heepmann, Herford; Holger Hellendrung, Blaustein/Kairo; Christian Hörter, Weilheim; Carsten Kuck, Rheinfelden; Jochim Lichtenberger, Fahren; Matthias Pollmann, Marl; Wilhelm Schröder, Herford

Unter beratender Mitarbeit von: Jürgen Kirstein, Berlin; Ronald Sturm, Kamen; Sven Theis, Enger; Sandra Willms, Castrop-Rauxel

Redaktion: Thomas Gattermann, Simone Lambert, Stephan Möhrle, Christian Wudel

Grafik: Ulrike Braun, Rainer Götze, Gabriele Heinisch, Yvonne Koglin, Christine Wächter

Umschlaggestaltung: SOFAROBOTNIK GbR, Augsburg & München

Layoutkonzept und technische Umsetzung: Miriam Bussmann, Berlin

www.cornelsen.de

1. Auflage, 1. Druck 2011

Alle Drucke dieser Auflage sind inhaltlich unverändert
und können im Unterricht nebeneinander verwendet werden.

Druck: CS-Druck CornelsenStürtz, Berlin

ISBN 978-3-06-010095-8

Inhalt gedruckt auf säurefreiem Papier aus nachhaltiger Forstwirtschaft.

Inhalt

Welche Rolle spielen Auge und Gehirn beim Sehen?

Woher kommen die Farben?

Eine Kamera zum Selbstbauen

Hat die Sonne einen Fuß?

Wie entsteht das Bild?

Wie entstehen die Sonnentaler?

Sterne, Galaxien, Nebel – wie erfahren wir mehr über sie?

Optische Instrumente und Erforschung des Weltalls

- Eine Dose mit einem Loch – schon hast du eine einfache Kamera. Mit einer Linse werden die Bilder besser.
- Auch das Auge enthält eine Linse. Sie zeichnet Bilder auf die Netzhaut. Im Gehirn wird festgelegt, was wir in dem Netzhautbild erkennen.
- Fernrohre verwenden Linsen, um ferne Gegenstände „heranzuholen". Mit ihnen erforschen Astronomen all die wunderbaren Objekte im Weltraum: Planeten, Sterne, Gasnebel und Galaxien. Neben den Fernrohren kommen dabei auch andere physikalische Geräte zum Einsatz.
- Manche Sterne leuchten rötlich, andere eher blau. Wie kommen Farben zustande und was sagen sie über die Sterne aus?
  Du wirst etwas darüber erfahren, wie sich die Himmelskörper unterscheiden und wie sie entstanden sind. Das Licht jedes Sterns wird irgendwann erlöschen. Das kann ganz langsam geschehen oder in einer gewaltigen Explosion, einer Supernova.

Wie Bilder entstehen – Kameras

Mit einem Loch Bilder erzeugen?

▷ Wie kommt das Bild der Kerze in die Dose?

1

Experimentieren

1 Bauanleitung: Lochkamera mit verschiebbarer Mattscheibe *Ihr braucht:* Kaffeedose, 2 Bogen Karton (23 cm · 40 cm), Pergamentpapier, Gummibänder, Schere, Klebstoff, Lineal, schwarzes Klebeband.

a Rollt einen Bogen Karton eng um die Dose. ▸2 Klebt ihn zu einer Röhre zusammen. Legt mehrere Gummibänder als Abstandshalter herum.

b Rollt den zweiten Bogen um die Röhre. Klebt auch ihn zu einer Röhre.

c Für die innere Röhre stellt ihr aus Pergamentpapier eine Mattscheibe her. Klebt sie möglichst glatt auf die innere Röhre. Lasst dabei die Dose noch in der inneren Röhre stecken.

d Für die äußere Röhre fertigt ihr aus Karton einen Deckel an. Ihr könnt auch den Deckel einer Kaffeedose verwenden. Schneidet in die Mitte des Deckels ein Loch mit 30 mm Durchmesser.

e Für die Lochblende braucht ihr einen Papierstreifen. Schneidet drei unterschiedlich große dreieckige Löcher hinein. Bringt die Lochblende so auf dem Deckel an, dass ihr sie verschieben könnt.

f Zieht die Kaffeedose heraus und entfernt die Gummibänder.

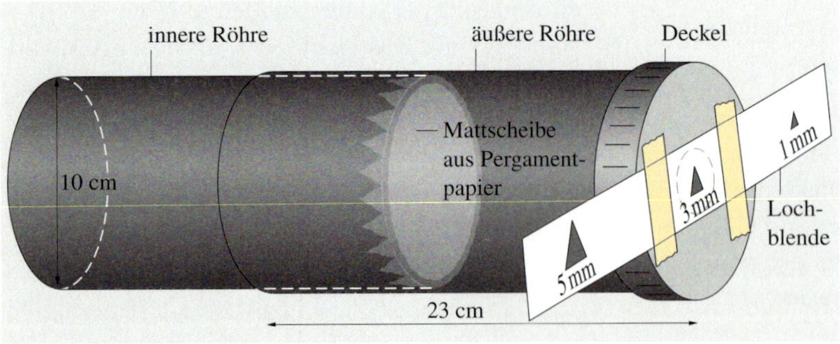

2

2 Beobachtungen mit der Lochkamera Betrachtet mit der Lochkamera helle Gegenstände. Gut geeignet sind:

- Personen oder farbige Gegenstände im hellen Sonnenlicht
- eine Person in einer Leuchtweste, die mit einem starken Scheinwerfer beleuchtet wird
- eine große, mattierte Lampe, auf die ihr einen Smiley gemalt habt
- ein dunkler Baum vor dem hellen Horizont
- ein Fensterkreuz vor dem hellen Himmel.

Wie verändert sich in den folgenden Fällen das Bild?

a wenn ihr den Abstand zum Gegenstand verändert

b wenn ihr die innere Röhre mit der Mattscheibe verschiebt

c wenn ihr ein größeres oder kleineres Blendenloch einstellt

3 Bild einer Person Eine Person mit hellem T-Shirt wird mit einem Projektor oder einer Fotolampe beleuchtet.

a Erzeugt mit einer Lochblende das Bild der Person auf einem Blatt Transparentpapier. ▸3

b Beschreibt, wie das Bild aussieht.

c Überprüft, ob ihr Einzelheiten im Bild erkennt.

d In welche Richtung bewegt sich das Bild, wenn sich die Person seitlich hin- und herbewegt?

e Nehmt nun eine Blende mit kleinerem Loch. Wie ändert sich das Bild?

f Welcher Zusammenhang besteht zwischen der Helligkeit des Bilds und der Größe des Lochs?

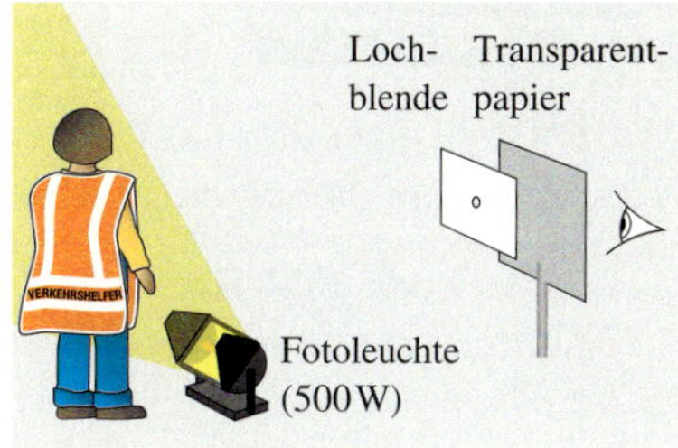

3

Aus der Geschichte Bilder zum Staunen

Giovanni Battista della Porta (1538–1615) galt als einer der größten Magier seiner Zeit. Man sagt, dass er auf dem Marktplatz von Neapel ein großes Zimmer aus Holz bauen ließ. Im Innern war es dunkel. Das Zimmer hatte keine Fenster, sondern nur ein einziges Loch von der Größe einer Münze. Die Wand gegenüber war weiß.
Porta lud Gäste zu einer magischen Show in seine Lochkamera ein. Diese riesige Lochkamera hieß *Camera obscura* (dunkles Zimmer). Draußen im Sonnenlicht führten Schauspieler ein Stück auf. Die Zuschauer sahen sie auf der weißen Wand. Die Köpfe der Schauspieler hingen nach unten, die Füße zeigten nach oben. Es wirkte wie Zauberei!
Im 17. Jahrhundert benutzten viele Maler eine solche Lochkamera, um eine Landschaft zu skizzieren. ▸4 Sie zeichneten die Umrisse nach. Dann drehten sie noch die Leinwand um 180°. Das Bild ist nämlich seitenverkehrt und „steht auf dem Kopf".
Recht bald gab es auch tragbare Lochkameras. ▸5 Im 19. Jahrhundert wurden sie durch Glaslinsen verbessert. Damals entstanden an vielen landschaftlich schönen Orten begehbare Lochkameras für die Besucher. Ein Spiegel lenkte das Licht auf einen runden Tisch um. Nun konnte man die Landschaft aufrecht sehen. Schiffe und Wolken zogen vorbei. Eine Reihe solcher Lochkamera-Häuschen gibt es auch heute noch.

Aufgaben

1 Welche Vorteile hat eine Digitalkamera gegenüber der riesigen Lochkamera? ▸4

2 Im Internet findest du viele Beispiele für „begehbare Lochkameras". Was ist damit gemeint? Gibt es in eurer Nähe eine begehbare Lochkamera?

4 *Der Maler zeichnet in einer riesigen Lochkamera.*

5 *Tragbare Lochkamera*

Experimentieren

Wie entsteht eigentlich das Bild bei der Lochkamera? Mit den folgenden Versuchen könnt ihr es untersuchen.

1 Lichtfleck oder Bild Eine Kerze brennt im dunklen Raum. Auf dem Transparentpapier hinter der Lochblende soll ein Bild der Kerze entstehen. ▸1

a Schneidet in ein Stück Pappe ein Loch (Durchmesser: ca. 2 cm). Haltet diese Lochblende vor das Blatt Papier. Beschreibt eure Beobachtung. Wie entsteht der Lichtfleck auf dem Schirm? Versucht es mit einer Zeichnung zu erklären.

b Verwendet nun eine Lochblende mit einem 2 mm großen Loch. Beschreibt wieder, was ihr auf dem Blatt Papier seht.

c Verfolgt den Lichtweg von der Kerzenspitze bis zum Blatt Papier. Haltet dazu vor und hinter der Lochblende einen Finger an verschiedene Stellen in den Lichtweg. Verfolgt auf die gleiche Art den Lichtweg vom unteren Teil der Kerzenflamme zum Schirm.

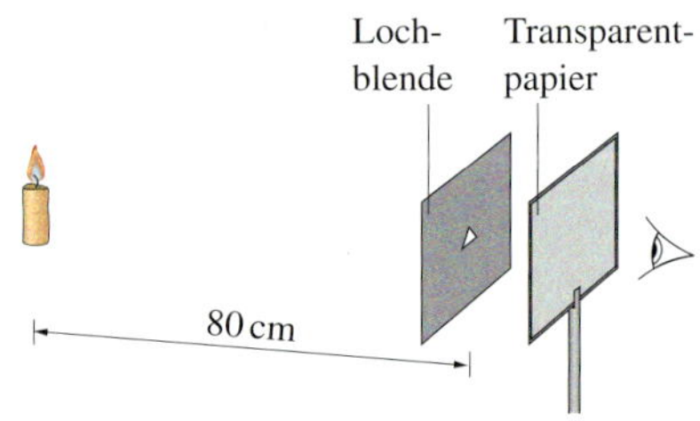

1

2 Wo entsteht der Lichtfleck der Lampe? Baut drei farbige Spotlampen (rot, grün und blau) in Form eines Dreiecks auf.

a Erzeugt mit einer Lochblende (Loch: ca. 4 mm) schrittweise ein Bild dieses Dreiecks. ▸2 Zunächst wird nur die rote Lampe eingeschaltet. Auf dem Transparentpapier erscheint ein roter Lichtfleck. Welche Form hat er?

b Schaltet dann zusätzlich die grüne Lampe ein. Vergleicht die Lage der Lichtflecke mit der Anordnung der Lampen. Erklärt eure Beobachtung.

c Es bleibt noch die blaue Lampe. Wo wird wohl der blaue Fleck auf dem Transparentpapier erscheinen?

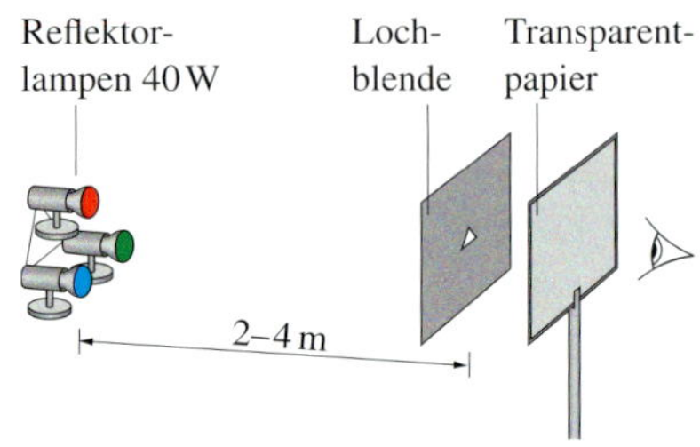

2

Grundlagen Wie kommen die Bilder bei der Lochkamera zustande?

Stell dir eine sehr kleine Lichtquelle vor, z. B. ein Glühlämpchen oder eine Leuchtdiode. ▸3 Von ihr breitet sich Licht nach allen Seiten hin aus. Ein Teil des Lichts fällt durch ein Loch. Auf der weißen Pappe hinter dem Loch entsteht ein kleiner Lichtfleck in Form des Lochs. Wenn das Loch dreieckig ist, ist auch der Lichtfleck dreieckig.
Im Bild sind die Randstrahlen des Lichtbündels eingezeichnet. Sie zeigen genau, wo der Lichtfleck auf der weißen Pappe zu sehen ist und wie groß er ist.

8-1 Simulation Lochblende

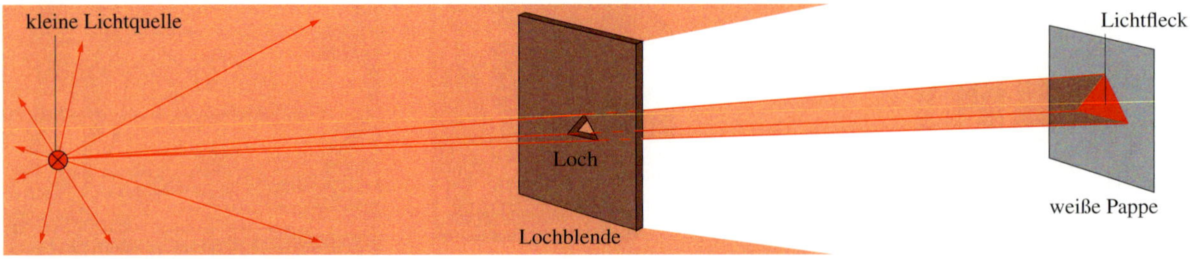

3 *Eine punktförmige Lichtquelle – ein Lichtfleck*

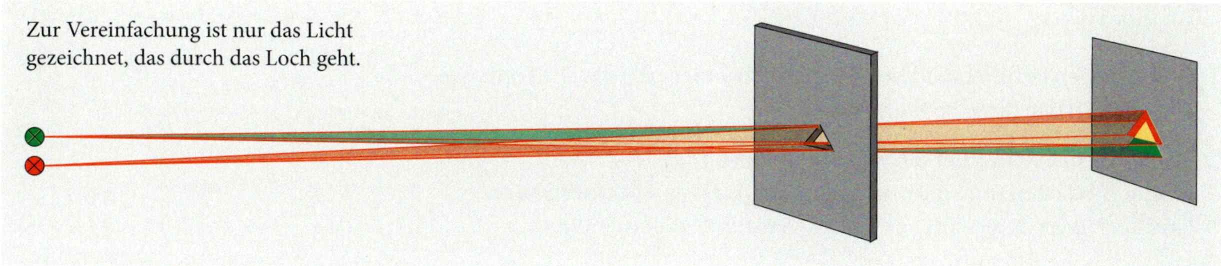

4 *Zwei punktförmige Lichtquellen – zwei Lichtflecke*

Zwei Lichtquellen ergeben zwei Lichtflecke. ▸4 Die Flecke sind anders angeordnet als die Lichtpunkte. Der untere Lichtfleck gehört zum oberen Lichtpunkt und umgekehrt. Der Grund ist: Die Lichtbündel von den beiden Lichtquellen kreuzen sich im Loch.
Bei einem kleineren Loch sind auch die Lichtflecke kleiner. Sie überlappen sich dann weniger. ▸5

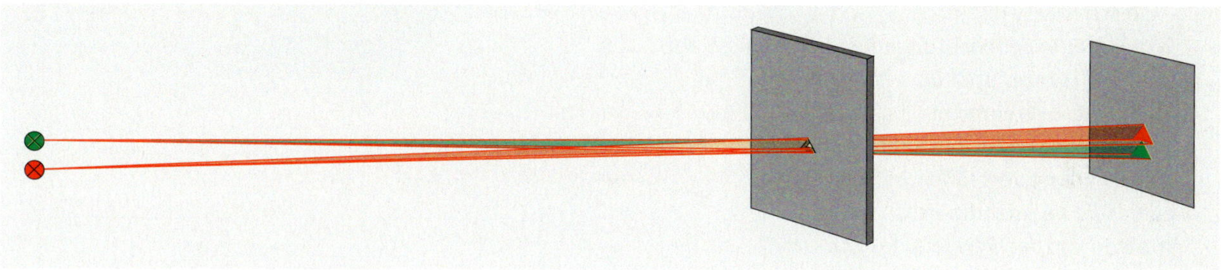

5 *Kleineres Loch: getrennte Lichtflecke*

Wie kommt das Bild eines Gegenstands zustande? Wenn der Gegenstand beleuchtet wird, streut jeder Punkt seiner Oberfläche Licht. ▸6

Jeder Punkt des beleuchteten Gegenstands erzeugt einen kleinen Lichtfleck. Alle Lichtflecken zusammen ergeben das Bild des Gegenstands. Das Bild steht auf dem Kopf.

Ein sehr kleines Loch erzeugt winzige Lichtflecke. Sie überlappen sich nur wenig. Jede Einzelheit ist im Bild deutlich zu erkennen. Du kannst dir das vorstellen wie bei einem Mosaik aus winzigen Steinchen. Allerdings ist das Bild recht dunkel: Das kleine Loch lässt ja nur wenig Licht durch.
Ein großes Loch erzeugt große Lichtflecke. Wenn sie sich stark überlappen, sind Einzelheiten kaum zu erkennen. Das Bild ist zwar recht hell, aber unscharf.

9-1 Simulation Lochkamera

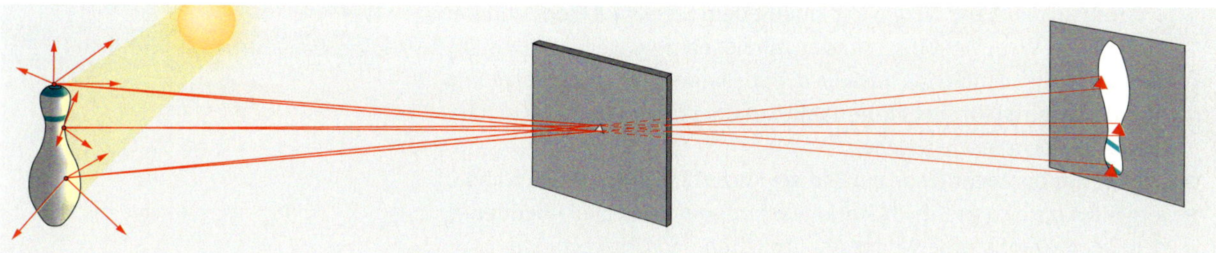

6 *Unzählige kleine Lichtflecke ergeben zusammen ein Bild des Gegenstands.*

Aufgaben

1 Die einzelnen Lichtflecke haben bei der Lochkamera die gleiche Form wie das Loch. Erkläre diese Beobachtung.

2 Bei der Lochkamera steht das Bild „auf dem Kopf".
a Warum sind oben und unten vertauscht? Erkläre es mit einer Skizze.
b Sind auch links und rechts vertauscht? Begründe deine Antwort.

Experimentieren

1 **Lochkamerabilder** Betrachtet ein helles Fenster mit einer Lochkamera. Der Fensterrahmen soll gut zu erkennen sein.
a Erzeugt:
- ein größeres Bild (zwei Möglichkeiten)
- ein helleres Bild
- ein schärferes Bild

Schreibt eure Beobachtungen und Ergebnisse auf.
b* Hier sind Fenster und Lochkamera vereinfacht aufgezeichnet. ▸1 Übertragt die Zeichnung vergrößert in euer Heft. Ergänzt die Lichtstrahlen von den Rändern des Fensterrahmens ...
- an den Rändern des Lochs vorbei bis zum Transparentpapier
- durch den Mittelpunkt des Lochs bis zum Transparentpapier

1

Setzt die folgenden Sätze fort:
- Die Größe des Bilds wird von den Lichtstrahlen bestimmt, ...
- Die Unschärfe des Bilds lässt sich mit den Lichtstrahlen erklären, ...

2* **Schattenbilder – Lichtbilder** *Ihr braucht:* Kerze, Stecknadel mit rundem Kopf, Blende mit rundem Loch (so groß wie der Stecknadelkopf).
a Die Kerze ist etwa 1 m von einer weißen Wand (oder einem Transparentschirm) entfernt. ▸2 Auf der Wand soll ein scharf begrenzter Schatten des Stecknadelkopfs zu sehen sein. Wohin müsst ihr die Stecknadel halten? Probiert es aus.
b Haltet die Stecknadel nun 5 bis 10 cm hinter die Kerze. Beschreibt den Schatten an der Wand. Vergleicht ihn mit dem Stecknadelkopf und mit der Flamme. Wem sieht der Schatten ähnlicher?
c Haltet nun die Lochblende anstelle der Stecknadel zwischen Kerze und Wand. Wie müsst ihr sie halten, damit auf der Wand ein runder, scharf begrenzter Lichtfleck entsteht?
d Erzeugt mit der Lochblende ein Bild der Kerzenflamme auf der Wand.
e Vergleicht das Schattenbild (Stecknadel) mit dem Lichtbild (Blendenloch) der Kerzenflamme. Nennt Ähnlichkeiten und Unterschiede. Erklärt die verschiedenen Beobachtungen.

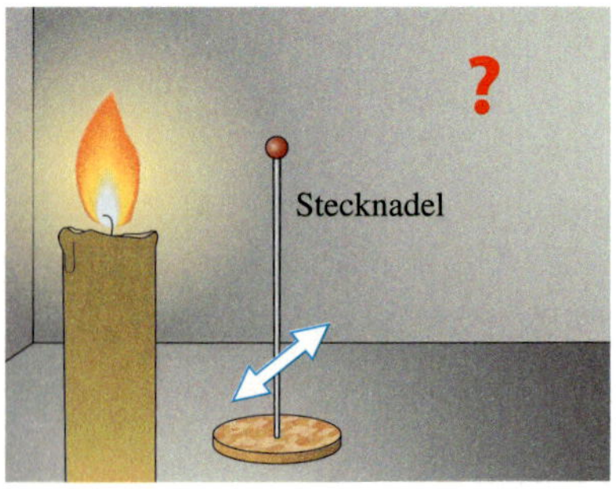

2

Aus Natur und Umwelt Sonnentaler

Solche runden Lichtflecke (Sonnentaler) zeichnet das Sonnenlicht oft auf den Waldboden. ▸3 Wenn der Wind die Äste des Baums bewegt, schwingen die Sonnentaler hin und her. Hier und da blinkt kurz ein neuer Sonnentaler auf. Die Lichtflecke bleiben dabei immer rund, obwohl die Lücken zwischen den Blättern nie rund sind. Das lässt sich so erklären: Die Sonnentaler sind Bilder der Sonne. Sie entstehen genauso wie die Bilder in der Lochkamera. Das Licht der runden Sonne fällt durch eine winzige Lücke zwischen den Blättern. Auf dem Boden zeichnet sich ein Bild der Sonne ab. Unter einer hohen Buche erreichen die Sonnentaler die Größe eines Kopfs. Unter Buschwerk sind sie klein wie Münzen.
Bei einer Sonnenfinsternis steht die Sonne sichelförmig am Himmel. Dann sind auch die Sonnentaler sichelförmig. ▸4

11-1 Bilderserie Sonnentaler

3 *Lichtflecke auf einem Waldweg*

4 *Sichelförmige Sonnentaler bei einer Sonnenfinsternis*

Aufgaben

3 Lukas sagt: „Im Wald gibt es viele riesige Lochkameras." Wie kommt er darauf?

4 Zeige mit einem Experiment, wie Sonnentaler entstehen.
Tipp: Als „Sonne" kannst du eine mit Butterbrotpapier abgedeckte runde Taschenlampe verwenden.

5 Manche Sonnentaler sind groß, andere klein. Wovon hängt ihre Größe ab?

6 Manche Sonnentaler sind hell, andere dunkel. Welche haben die schärferen Ränder? *Tipp:* Denke an deine Erfahrungen mit der Lochkamera.

7* Fertigt ein Poster über Sonnentaler und ihre Entstehung an – mit eigenen Fotos, Zeichnungen und Erklärungen.

8 Linus und Laura halten ihre gekreuzten Hände in das Licht, das vom Dia ausgeht. Im Schatten der Hände auf der Wand ist zu sehen, was zwischen den beiden läuft. ▸5 Erkläre, wie die „Herztaler" entstehen.

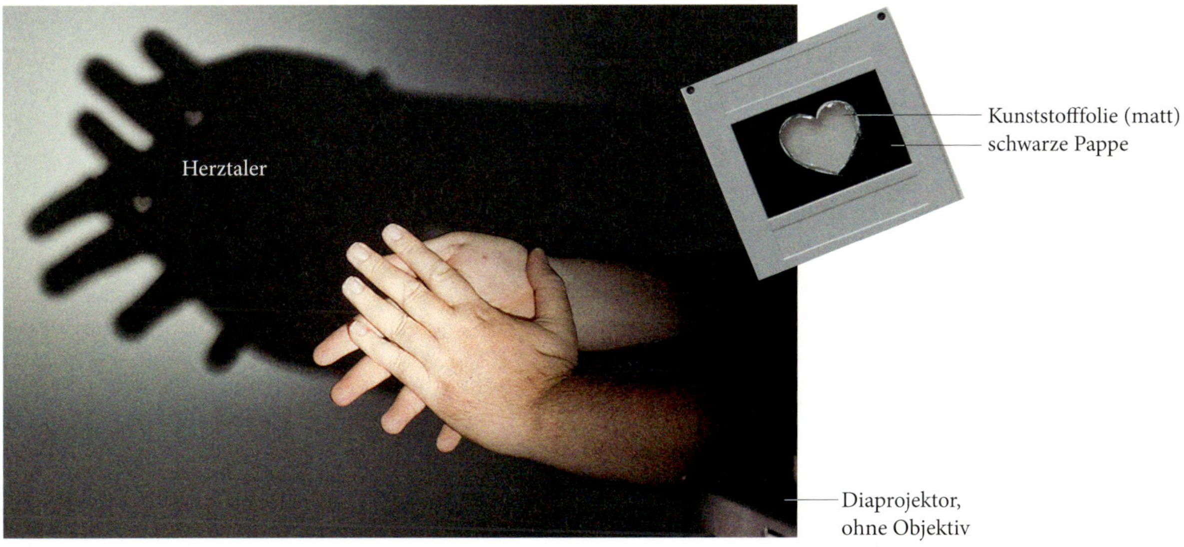

5

Die Lochkamera wird zum Fotoapparat

▷ Mit einer Sammellinse zeichnet deine selbst gebaute Lochkamera viel schärfere und hellere Bilder. Die Linsenkamera funktioniert wie eine richtige Kamera. Auch die modernsten Digitalkameras, selbst die in Handys, haben Sammellinsen.

12-1 Simulation Lochkamera mit Linse
Simulation Fotoapparat

1

Untersuchen Experimentieren

Die folgenden Versuche eignen sich für das Stationenlernen.

1 Sammellinsen und Brennweite

a Versucht mit verschiedenen Sammellinsen im Sonnenlicht Papier „anzukokeln". Welche Sammellinse eignet sich dazu am besten?

b Haltet diese Linse so vor das Blatt Papier, dass der Lichtfleck möglichst klein und scharf begrenzt wird. ▸2 Messt jetzt den Abstand zwischen Linse und Papier. Er wird als *Brennweite* der Linse bezeichnet.

2 Sammellinsen bündeln Licht Eine Sammellinse hängt rund 1 m vor einem Glühlämpchen. ▸3 Haltet ein Blatt Papier dicht hinter die Linse und entfernt es dann langsam. Protokolliert eure Beobachtungen.

3 Die Lochkamera wird verbessert Ihr braucht eine Lochkamera mit verschiebbarer Mattscheibe. Das Loch darf einen großen Durchmesser haben. Klebt eine Sammellinse mit Klebestreifen vor die Lochblende. ▸1 Fertig ist eure Kamera!

a Betrachtet eine Kerze durch die Kamera. Verschiebt die Mattscheibe, bis das Bild scharf erscheint.

b Entfernt euch mit der Kamera ein wenig von der Kerze. Was beobachtet ihr? In welche Richtung müsst ihr die Mattscheibe verschieben, um wieder ein scharfes Bild zu bekommen?

c Geht nach draußen und betrachtet den Horizont. Verschiebt die Mattscheibe, bis das Bild scharf erscheint. Messt den Abstand zwischen Linse und Mattscheibe. Vergleicht ihn mit der Brennweite der Linse.

4 Bilder mit der Lupe erzeugen

a Stellt euch in einigen Metern Abstand vor ein helles Fenster. Haltet direkt hinter die Lupe ein Blatt Papier. Entfernt es langsam von der Lupe, bis ein scharfes Bild von Fenster und Landschaft entsteht. ▸3 Beschreibt das Bild.

b Das Bild ist auch ohne Blatt Papier zu sehen! Beobachtet es zwischen Linse und Auge.

c Erzeugt mit einer Lupe ein möglichst großes Bild an der Wand.

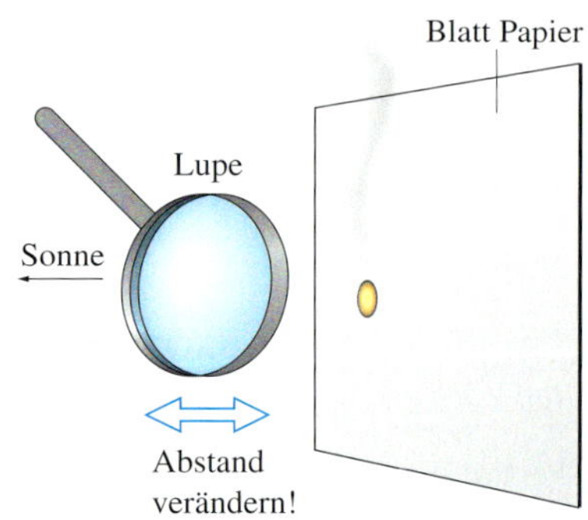

2

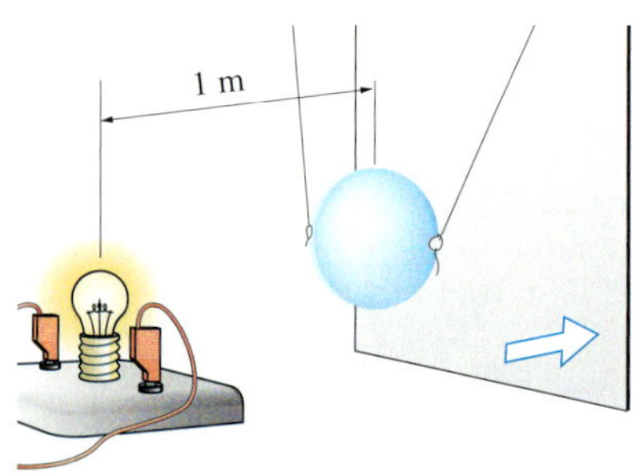

3

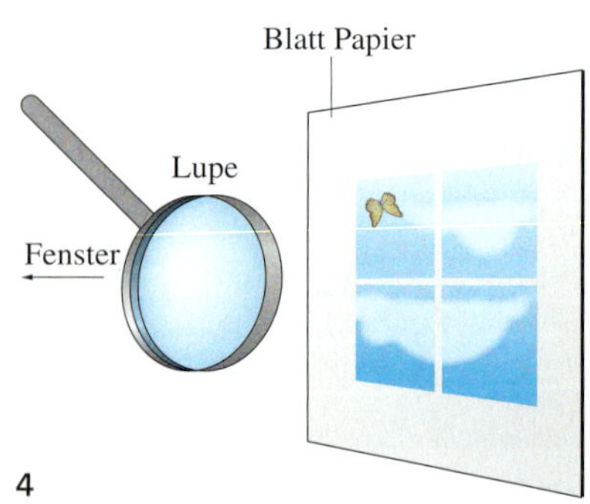

4

5 Wo entsteht bei einer Sammellinse das Bild?

a Stellt eine Kerze 2 m vor der Linse auf. Sucht die Stelle, an der ihr das scharfe Bild der Kerzenflamme seht. ▸5 Stellt dazu den Schirm dicht hinter die Linse. Verschiebt ihn dann langsam. Messt den Abstand zwischen Bild und Linse.

b Schiebt die Kerze etwas näher an die Linse. Wie ändert sich der Abstand Bild–Linse?

c Entfernt die Kerze allmählich immer weiter von der Linse. Ermittelt den kleinsten Abstand zwischen Bild und Linse.

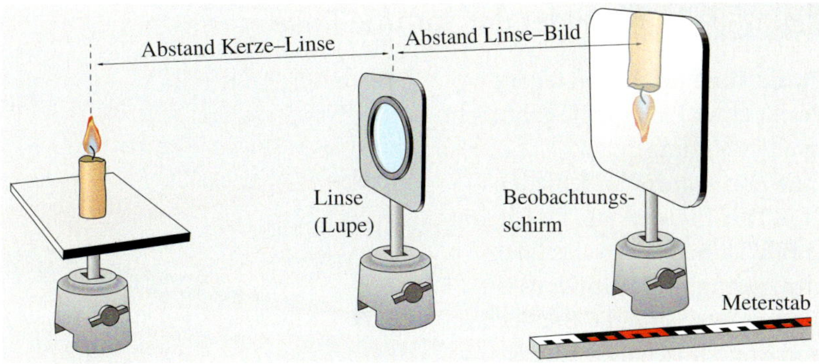

5

6* Lichtwege zeichnen Wir erzeugen das Bild eines Glühlämpchens. Der Glühfaden ist (fast) ein Lichtpunkt. ▸6

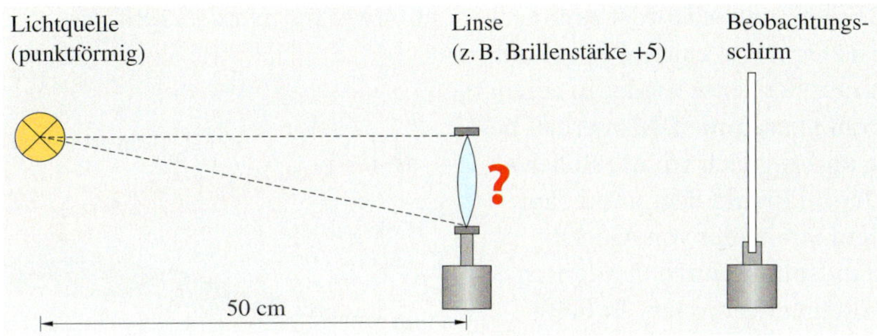

6

a Stellt den Beobachtungsschirm dicht hinter die Linse. Schiebt ihn langsam weg. Wann ist der Lichtfleck auf dem Schirm am kleinsten? Lasst den Schirm in dieser Stellung stehen.

b Denkt euch einen Strahl von der Lampenmitte zur Mitte des Lichtflecks. Durch welchen Punkt der Linse geht der Strahl? *Tipp:* Spannt zur Überprüfung eine Schnur über Lampe und Schirmbild.

c Übertragt die Abbildung vergrößert ins Heft. Zeichnet einen Lichtstrahl von der Lampenmitte durch die Linsenmitte. Ergänzt das Lichtbündel, das den Bildpunkt erzeugt.

7* Tautropfenlinse Im Tautropfen seht ihr ein umgedrehtes Bild von Blumen. ▸7 Mit einer Glasmurmel, einer Kerze und einem Stück Transparentpapier könnt ihr selbst untersuchen, wo das Bild entsteht. Ihr werdet sehen: Mit und ohne Transparentpapier ist es an der gleichen Stelle. Es schwebt zwischen Kugel und Auge, dicht vor der Kugel.

7 *Bild der Blume auf dem Tautropfen*

Grundlagen Sammellinsen bündeln Licht

Sammellinsen verändern die Richtung des einfallenden Lichts. ▸8 Das Licht eines „Lichtpunkts“ wird wieder in einem Punkt hinter der Linse gebündelt. Rund um diesen hellen Punkt entsteht ein Schattenraum.

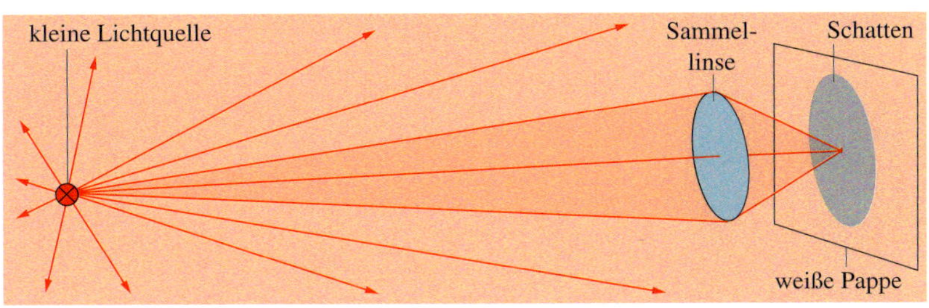

8

13-1 Simulation
Sammellinsen bündeln Licht

Grundlagen Bilder der Sammellinse

Punkt für Punkt Von jedem Punkt einer Lichtquelle geht Licht in alle Richtungen aus.
Eine *Lochkamera* bildet jeden Punkt als Bildfleck ab. Das gesamte Bild ist hell, wenn das Loch groß genug ist. Je größer es ist, desto größer sind die Bildflecke und desto unschärfer ist das Bild. ►1
Bei der *Sammellinse* ist es anders: Das Licht von einem Punkt läuft hinter der Linse wieder in einem Punkt zusammen. Man erhält helle und zugleich scharfe Bilder. ►2
Der Bildpunkt liegt immer auf dem Strahl, der vom Gegenstandspunkt durch den Linsenmittelpunkt verläuft. Er heißt Mittelpunktstrahl.
Wir stellen uns vor, dass beleuchtete Gegenstände aus sehr vielen winzigen Punkten zusammengesetzt sind. Jeder dieser Punkte streut Licht zur Linse hin. Punkt für Punkt entsteht das Bild. ►3

Eine Sammellinse lässt das Licht von einem Gegenstandspunkt wieder zusammenlaufen. Jeder Gegenstandspunkt wird in einem Bildpunkt abgebildet. Dadurch entsteht ein helles und scharfes Bild.

Die Bildweite Ein scharfes Bild entsteht nur in einem ganz bestimmten Abstand hinter der Linse. Dieser Abstand ist die *Bildweite*. ►4 Davor und dahinter ist auf der Mattscheibe kein scharfes Bild zu sehen. Aus jedem Gegenstandspunkt wird dann nämlich ein Lichtfleck.
Die Bildweite ist am kleinsten, wenn der Gegenstand sehr weit entfernt ist.

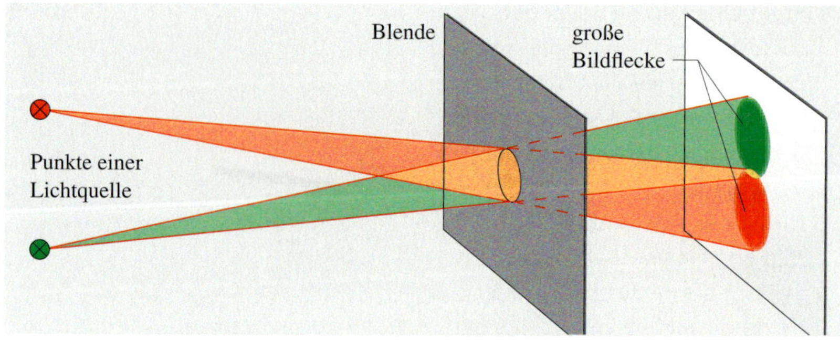

1 *Abbildung durch ein Loch*

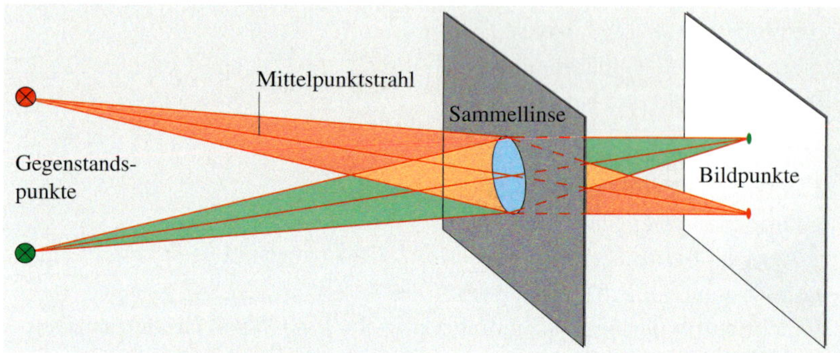

2 *Abbildung durch eine Sammellinse*

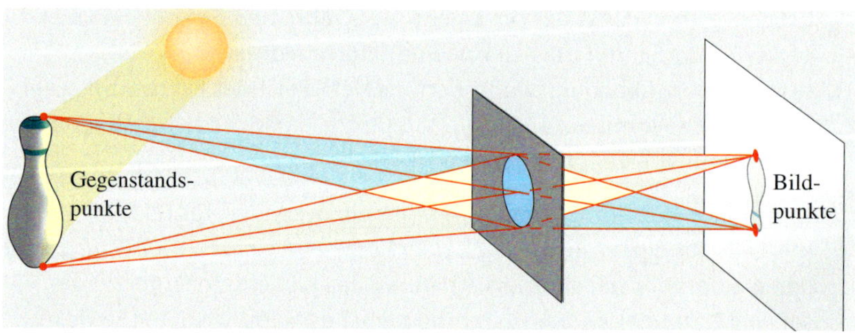

3 *Abbildung eines beleuchteten Gegenstands*

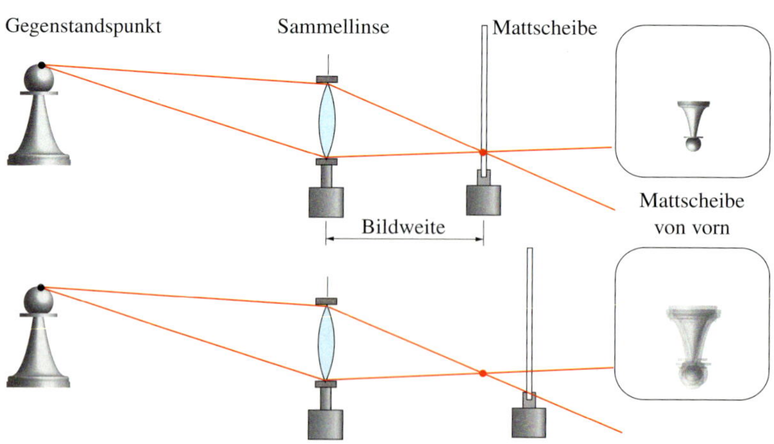

4 *Scharfes Bild nur in der Bildweite*

12-1 Simulation Lochkamera mit Linse

Aufgaben

1 Wieso gelingt es mit einer Lochkamera nicht, scharfe und helle Bilder auf einem Schirm zu erzeugen? Erläutere an einer Skizze.
Tipp: Du kannst in der Simulation „Lochkamera mit Linse" noch einmal versuchen, scharfe *und* helle Bilder zu erzeugen.

2 Warum sind Gräser und Bäume scharf abgebildet, nur der Kater nicht? ▸5

3 In welcher Hinsicht sind die Bilder der Linsenkamera besser als die der Lochkamera? Zeige anhand einer Skizze, wie die Bilder bei einer Linsenkamera entstehen.

4* Freunde der Lochkamera (engl. *pinhole*) stellen jedes Jahr am „Pinhole Day" ihre Bilder ins Internet. Wähle ein Foto aus, das den Vorteil der Lochkamera gegenüber der Linsenkamera deutlich macht. ▸6

5* Zur Simulation „Sammellinsen bündeln Licht"
a Verschiebe die Lichtquelle. In welche Richtung wandert der Bildpunkt? Beschreibe deine Beobachtungen. („Wenn man die Lichtquelle der Linse nähert, wandert der Bildpunkt …")
b Unter welchen Umständen gibt es keinen Bildpunkt?

5 *Lochkamerabild*

6 *Nah und fern – scharf abgebildet*

Aus der Technik: Von der Glaskugel zur Linse

Glaskugeln erzeugen etwas verzerrte Bilder. ▸7 Von der Kugel kommt man zu einer Sammellinse, wenn man oben und unten einen Teil der Kugel weglässt. ▸8 Die Bilder sind dadurch weniger verzerrt. Der Teil zwischen der linken und der rechten Kugelkappe stellt eine dicke Glasplatte dar. Er kann ebenfalls entfallen, weil ebene Platten das Licht nicht sammeln. Neben dieser Grundform gibt es für Sammellinsen auch andere Formen. ▸9 Allen ist gemeinsam, dass sie in der Mitte dicker sind als am Rand.

7 *Abbildung mit einer Glaskugel*

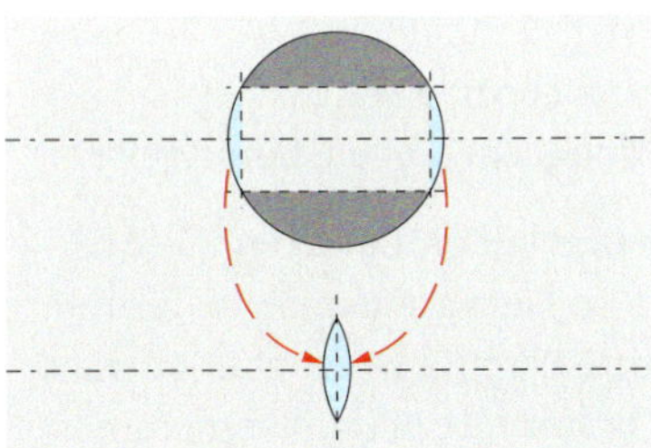
8 *Sammellinse als Teile einer Kugel*

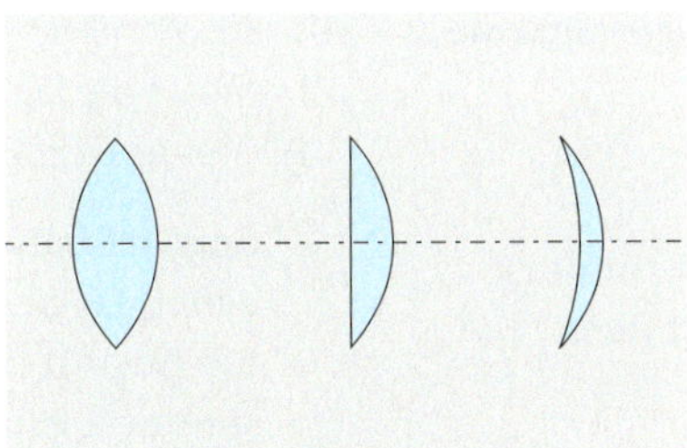
9 *Verschiedene Sammellinsen*

Viele Linsen sind in der Mitte dünner als am Rand, z.B. Brillengläser für Kurzsichtige. ▸10 Sie heißen *Zerstreuungslinsen*. Im Gegensatz zu Sammellinsen zerstreuen sie Licht. ▸11

15-1 Experiment
Veränderbare Linse

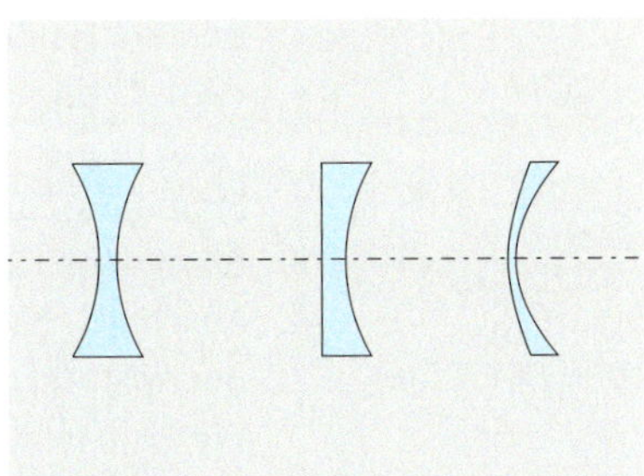
10 *Verschiedene Zerstreuungslinsen*

11 *Das Lichtbündel wird aufgeweitet.*

Große Bilder – kleine Bilder

▷ Die Sammellinse in einem Beamer erzeugt ein sehr großes Bild an der Wand. Auf dem Chip der Digitalkamera erzeugt die Linse dagegen ein stark verkleinertes Bild.

▷ Wie können wir mit Sammellinsen große und kleine Bilder erzeugen?

1 *Beamer: großes Bild*

2 *Digitalkamera: kleines Bild auf dem Monitor ...*

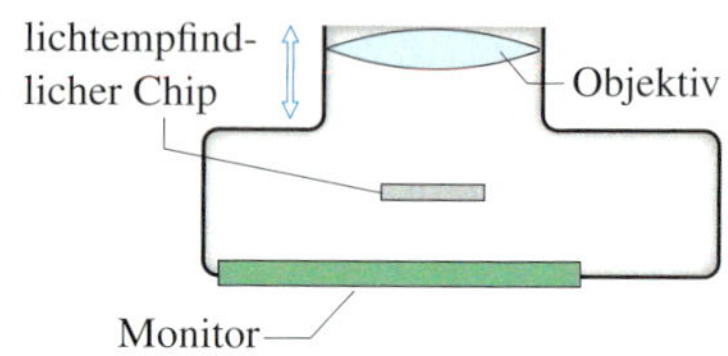

3 *... und noch kleiner auf dem Chip*

Untersuchen

1 Große und kleine Bilder mit einer Sammellinse

a Erzeugt mit ein und derselben Linse verschiedene Bilder einer Kerzenflamme:
- ein möglichst großes Bild
- ein möglichst kleines Bild
- ein Bild, das genauso groß wie die Flamme ist

b Protokolliert euer Vorgehen möglichst genau.

c Zeigt folgende Größen und Abstände:

Größe	Beispiel
Gegenstandsgröße	Größe (Höhe) der Flamme
Bildgröße	Größe (Höhe) des Bilds
Gegenstandsweite	Abstand Flamme – Linse
Bildweite	Abstand Linse – Bild

d Beschreibt den Zusammenhang zwischen Bildweite und Bildgröße:
Je größer die Bildweite ist, desto ...
Je kleiner die Bildweite ist, desto ...

e Wie hängt die Gegenstandsweite mit der Bildweite zusammen?

f Messt die kleinstmögliche Bildweite.

g* Gibt es eine kleinstmögliche Gegenstandsweite?

2* Gegenstandsweite und Bildgröße „Komm etwas näher! Du bist noch so klein auf dem Foto." Damit das Gesicht das ganze Foto füllt, muss der Abstand stimmen. Für eine bestimmte Bildgröße muss also die richtige Gegenstandsweite gewählt werden.
Den Zusammenhang zwischen Gegenstandsweite und Bildgröße sollt ihr mit eurer selbst gebauten Kamera oder einer Kamera ohne Zoom untersuchen. Dazu braucht ihr ein Lineal (am besten mit farbiger Einteilung für jeweils 10 cm) und ein Messband.
Bildet einen 10 cm (20 cm, 30 cm, 40 cm) langen Abschnitt des Lineals bildfüllend ab. Wie groß muss der Abstand zwischen Linse und Lineal sein? Tragt die Werte in eine Tabelle ein.
Tipp: Teilt die Tätigkeiten (beobachten, messen, protokollieren) in eurer Gruppe auf.

Grundlagen Größe und Lage des Bilds

„Geh ein Stück zurück, damit du ganz auf das Foto kommst." Je weiter die Person von der Kamera entfernt ist, desto kleiner ist ihr Bild. Je näher sie an die Kamera herangeht, desto größer ist das Bild.

Die Brennweite Stell dir vor, du möchtest eine besonders schöne Tanne in 100 Metern Entfernung fotografieren. Von der Tannenspitze trifft ein Lichtbündel auf die Linse. Wegen der großen Entfernung ist es sehr schmal und seine Randstrahlen sind praktisch parallel. ▸4 Auch die Lichtbündel von allen anderen Punkten der Tanne haben praktisch parallele Randstrahlen. Hinter der Linse laufen die Lichtbündel in einer Ebene zusammen, der *Brennebene*. In dieser Ebene entsteht auch das Bild der (sehr weit entfernten) Sonne. Die *Brennweite* gibt an, wie weit die Brennebene von der Linse entfernt ist.

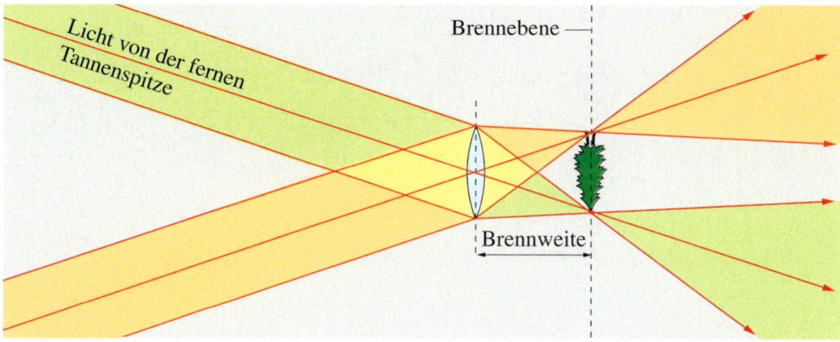

4 *Das Bild des weit entfernten Gegenstands entsteht in der Brennebene.*

Bei weit entfernten Gegenständen ist die Bildweite am kleinsten. Die Brennweite einer Sammellinse ist die kleinstmögliche Bildweite. Ein weit entfernter Gegenstand wird verkleinert in der Brennebene abgebildet. Rückt er näher an die Linse heran, so wird das Bild immer größer. Das Bild rückt dabei weiter von der Linse weg. ▸5

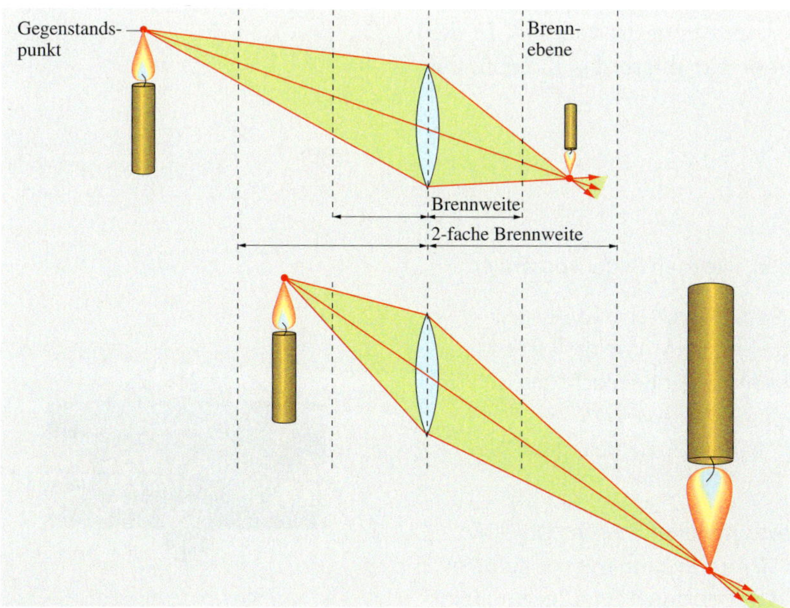

5 *Verkleinertes Bild – vergrößertes Bild*

Aufgaben

1 Du schaust eine Kerze durch deine Lochkamera an. Wie kannst du dafür sorgen, dass das Bild der Kerze größer wird?

2 Beschreibe die Größe und die Lage der Kerzenbilder. ▸5

3* Manuel steht mit einer Lupe und einem Blatt Papier in der Nähe eines Fensters. Durch das Fenster ist ein Haus zu sehen. Manuel bildet das Haus scharf auf dem Blatt Papier ab.
Wie muss Manuel das Papier verschieben, damit der Fensterrahmen scharf abgebildet wird?

4 Bei vielen Fotoapparaten kann man die Entfernung zwischen Objektiv und Chip verändern.

a Welche Größe wird damit verändert?

b Was bewirkt diese Veränderung?
Tipp: Du kannst deine Antwort mit der Simulation „Fotoapparat" überprüfen.

5* Bei einer bestimmten Gegenstandsweite ist das Bild immer genauso groß wie der Gegenstand (Versuch 1a). Welcher Zusammenhang besteht in diesem Fall zwischen der Gegenstandsweite und der Brennweite der Linse?

17–1 Simulation Linsenformeln

6* Wenn man eine Kerze zu nahe an die Sammellinse heranrückt, gibt es kein Bild mehr. ▸6 Erkläre diese Beobachtung.

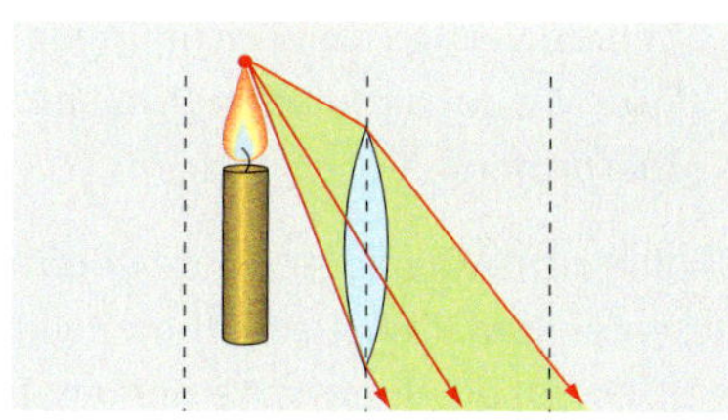

6

Erweiterung Bilder konstruieren

Die Bilder eines Gegenstands entstehen durch die Lichtbündel, die auf die Sammellinse treffen. Bisher haben wir daher immer diese Lichtbündel gezeichnet.

Die Lage der Bildpunkte kann man mit Bleistift und Geodreieck konstruieren. Dafür wendet man zwei einfache Regeln an:

- *Parallelstrahlen werden zu Brennpunktstrahlen.* ▸1 Die Parallelstrahlen verlaufen vor der Linse parallel zur Achse, die durch die Linsenmitte geht. Dann werden sie von der Linse so geknickt, dass sie durch den *Brennpunkt* laufen. Das ist der Schnittpunkt zwischen der Achse und der Brennebene.
- *Gegenstandspunkt und Bildpunkt liegen auf dem Mittelpunktstrahl.* ▸2 Der Mittelpunktstrahl geht vom Gegenstandspunkt geradlinig durch die Linsenmitte.

Mit diesen Regeln lässt sich ein Bildpunkt so konstruieren: ▸3

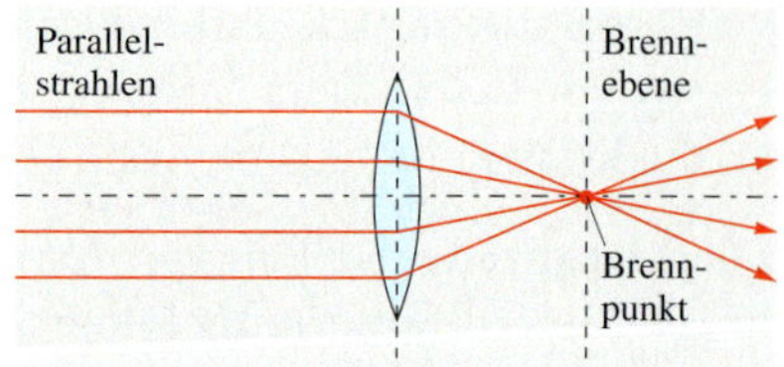

1

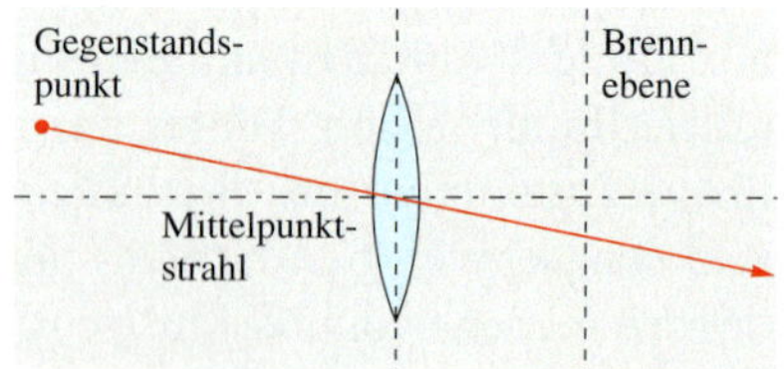

2

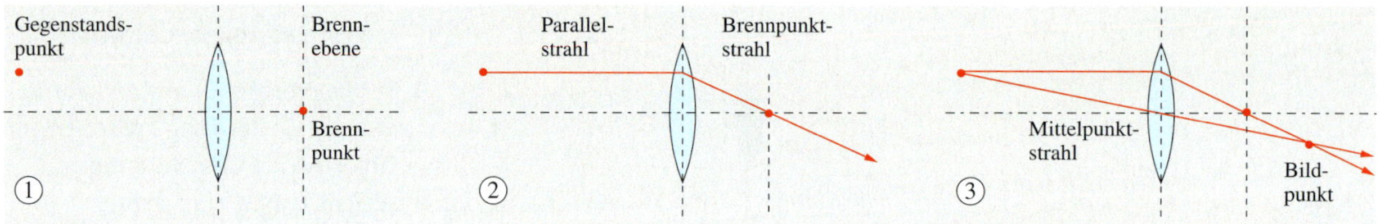

3 *So kann man einen Bildpunkt konstruieren.*

1. Zeichne die Linse, die Achsen durch ihre Mitte und die Brennebene. Trage den Gegenstandspunkt und den Brennpunkt ein.
2. Zeichne vom Gegenstandspunkt aus einen Parallelstrahl bis zur Linse. Setze ihn als Brennpunktstrahl durch den Brennpunkt fort.
3. Zeichne vom Gegenstandspunkt aus den Mittelpunktstrahl durch die Linsenmitte. Der Schnittpunkt von Mittelpunkt- und Brennpunktstrahl ergibt den Bildpunkt.

Oft liegt der Gegenstandspunkt so, dass der Parallelstrahl die Linse nicht trifft. Du kannst ihn trotzdem zur Konstruktion verwenden. ▸4 In der Wirklichkeit entsteht der Bildpunkt immer nur durch das Lichtbündel, das auf die Linse trifft.

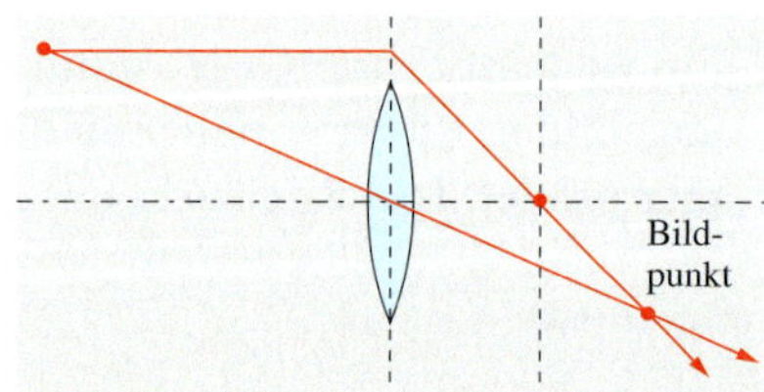

4

↻ 18–1 Simulation
Konstruktion von Bildern

Aufgaben

Mit den folgenden Aufgaben kannst du üben, wie man Bilder konstruiert.

1* Eine 4 cm hohe Kerzenflamme leuchtet 9 cm (6 cm, 4 cm) vor einer Sammellinse (Brennweite: 3 cm, Durchmesser: 5 cm). Wie groß ist das scharfe Bild und wie weit hinter der Linse muss der Beobachtungsschirm stehen? Fertige drei Zeichnungen an.
Tipp: Mit der Simulation „Linsenformeln" kannst du deine Ergebnisse überprüfen.

2* Ali möchte die abgebildete Briefmarke fotografieren. ▸5 Das Objektiv seiner Kamera hat eine Brennweite von 50 mm. Er kann mit der Kamera 20 cm an die Briefmarke herangehen. Bestimme durch zwei Zeichnungen (je eine für Höhe und Breite) die Größe des Bilds auf dem Kamerachip.

5

Aus der Technik Bilder gestalten mit Motivprogrammen

Die Blüte steht im Mittelpunkt des Bilds. ▸6 Sie soll sich von der Umgebung deutlich hervorheben. Deshalb hat der Fotograf dafür gesorgt, dass die Blüte scharf und der Hintergrund verschwommen ist. Bei der Landschaftsaufnahme dagegen ist es wichtig, dass nah und fern scharf erscheinen. ▸7

Die Bildschärfe lässt sich nicht bei jeder Kamera als Gestaltungselement einsetzen. Mit einer Handykamera wirst du es kaum schaffen. Aber bei einer Kamera mit *Motivprogrammen* ist es kein Problem. Dabei spielt die Blende hinter der Linse eine wichtige Rolle.

6 *Motivprogramm „Blume"*

7 *Motivprogramm „Landschaft"*

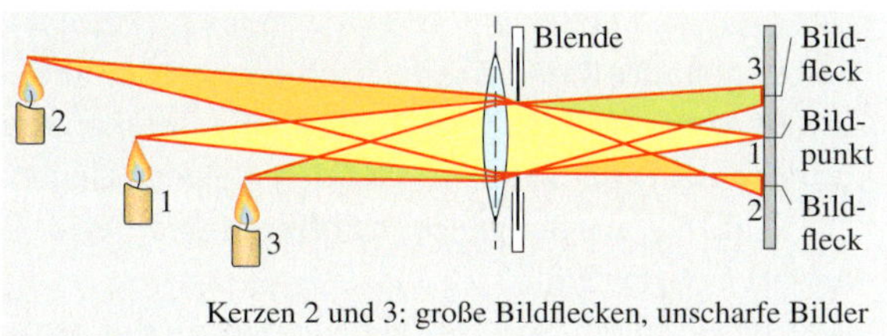

8 *Große Blendenöffnung: Nur die Kerze 1 wird scharf abgebildet.*

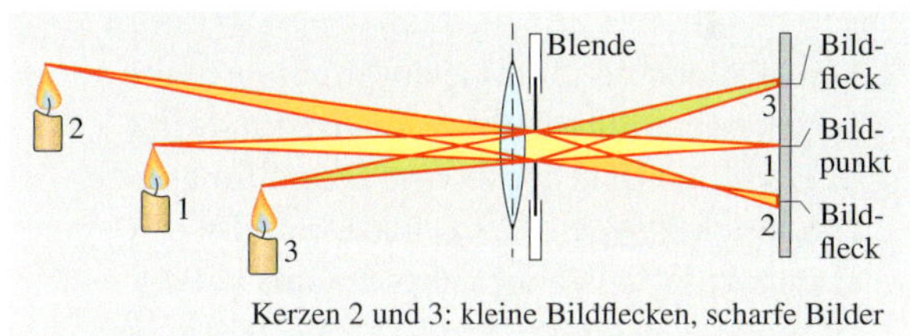

9 *Kleine Blendenöffnung: Alle Kerzen werden scharf abgebildet.*

Motivprogramm „Blume" Bei einer festen Bildweite sollten eigentlich nur Gegenstände in einer bestimmten Entfernung scharf abgebildet werden. Bei großer Blendenöffnung ist das auch so: Nur von der Kerze 1 entsteht ein scharfes Bild. ▸8

Motivprogramm „Landschaft" Bei kleiner Blendenöffnung entstehen kleinere Bildflecke, weil die Lichtbündel schmaler sind. ▸9 Wenn die Bildflecke kleiner als die Pixel des Chips sind, erscheinen auch Dinge in anderen Entfernungen noch scharf.

↻ 12-1 Simulation Fotoapparat

Aufgaben

3 Bei welchem Bild war die Blendenöffnung größer? ▸10–11 Begründe deine Antwort.

4 Beim Motivprogramm „Porträt" soll der ganze Kopf scharf abgebildet werden. Der Hintergrund soll dagegen verschwommen sein. Was kannst du über die Blendenöffnung aussagen?

10

11

Erweiterung: Große Bilder trotz großer Entfernung – Teleobjektive

▷ Manchmal ist es nicht leicht, sich dem Motiv zu nähern, um ein größeres Bild zu bekommen.

1

Untersuchen

1 Kleine Bilder Als „Sammellinsen" braucht ihr verschiedene durchsichtige Gegenstände mit gekrümmter Oberfläche: eine Glasmurmel, einen Glaskrug voll Wasser ... ▸2 Bildet mit diesen Gegenständen das Fenster des Physikraums auf der gegenüberliegenden Wand ab. *Tipp:* Haltet die „Linse" ziemlich dicht an die Wand.
Mit welcher „Linse" könnt ihr das kleinste Bild erzeugen? Achtet auf die unterschiedlichen Abstände zwischen „Linse" und Bild.

2 Verschiedene Brennweiten – verschiedene Bilder? Erzeugt das Bild eines Fensters auf der gegenüberliegenden Wand. Verwendet Sammellinsen mit unterschiedlicher Brennweite. Wie unterscheiden sich die Bilder?

2

3 Selbst gebaute Kamera mit verschiedenen Sammellinsen Verwendet bei eurer selbst gebauten Kamera unterschiedliche Linsen. Schaut den gleichen Gegenstand immer aus der gleichen Entfernung an. Wie ändert sich das Bild?
Welches Problem tritt auf, wenn ihr Linsen mit großer Brennweite verwendet?

4 Teleobjektive Die Teleobjektive von Kameras wirken wie Ferngläser.

a Vergleicht bei einer Digitalkamera die Tele-Einstellung mit der Weitwinkeleinstellung. Was fällt euch dabei am Objektiv auf?
Tipp: Ihr könnt euch auch verschiedene Objektive in einem Fotogeschäft anschauen.

b Woran erkennt man Teleobjektive sofort? ▸3

3 *Verschiedene Objektive mit Angabe der Brennweite*

Grundlagen   Verschiedene Sammellinsen – verschieden große Bilder

Bei der Lochkamera gilt: Je weiter der Beobachtungsschirm vom Loch entfernt ist, desto größer ist das Bild. ▸4
Bei der Sammellinse kann man nicht einfach den Beobachtungsschirm verschieben. Das Bild ist nur in der Bildweite scharf. Um bei gleicher Gegenstandsweite ein größeres Bild zu erhalten, muss man eine andere Linse verwenden. ▸5–6

Für jede Lochkamera und für verschiedene Sammellinsen gilt: große Bildweite – großes Bild, kleine Bildweite – kleines Bild.

Je dünner eine Sammellinse in der Mitte ist, desto größer ist ihre Brennweite (bei gleichem Durchmesser). Bei gleicher Gegenstandsweite erzeugt die Linse mit der größeren Brennweite auch das größere Bild.

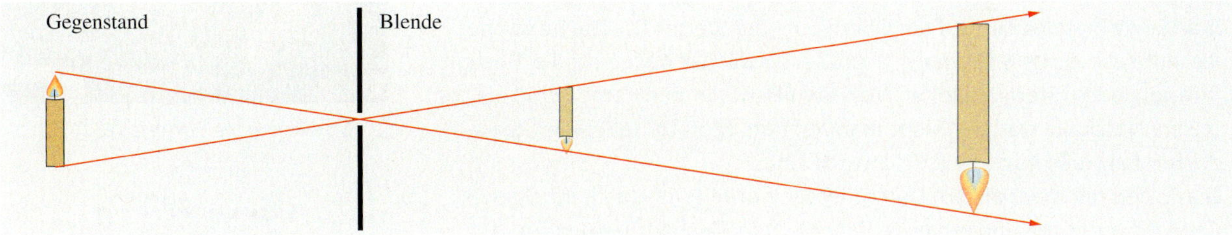

4 *Lochkamera: kleine Bildweite – kleines Bild, große Bildweite – großes Bild*

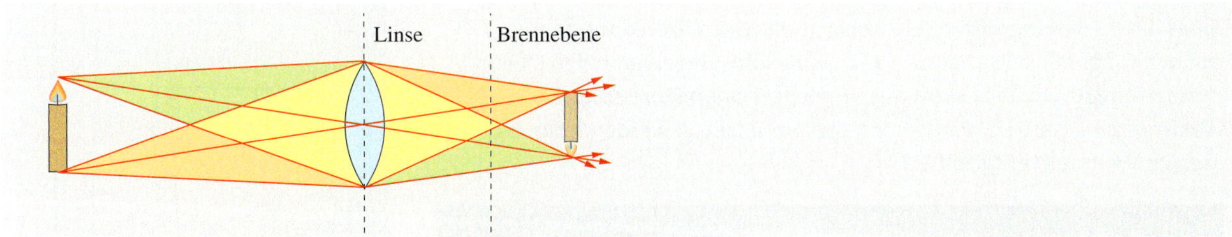

5 *Sammellinse mit kleiner Brennweite: kleine Bildweite und kleines Bild*

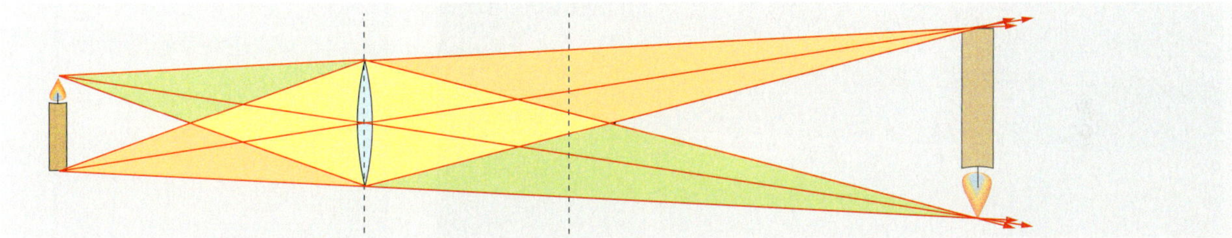

6 *Sammellinse mit großer Brennweite: große Bildweite und großes Bild*

↻ 17–1 Simulation Linsenformeln

Aufgaben

1 Bei gleicher Bildweite erzeugen Lochkamera und Sammellinse gleich große Bilder. Erkläre diese Beobachtung mit einer Skizze.

2 Fiona und Lea haben ihre Lochkameras zu Linsenkameras umgebaut. Fiona hat eine stark gekrümmte Linse verwendet, Lea eine schwach gekrümmte.

a Wer von beiden bemerkt, dass er nahe Gegenstände nicht scharf einstellen kann?
Tipp: Du kannst deine Antwort mit der Simulation „Lochkamera mit Linse“ überprüfen.

b Wer sieht von entfernten Bäumen ein größeres Bild?

3* Zwei Sammellinsen mit gleichem Durchmesser haben Brennweiten von 5 cm und 20 cm. Welche eignet sich besser als Brennglas? Begründe deine Entscheidung.

4 Tim sagt: „Mit einer Sammellinse kann man Bilder in allen möglichen Abständen erzeugen.“ Ali erwidert: „Nein, die Brennweite ist die kleinstmögliche Bildweite, die bei einer Sammellinse vorkommen kann.“ Wer von beiden hat recht und warum?

Aus der Technik Moderne Teleskope für die Astronomie

Früher verbrachten Astronomen die Nächte am Fernrohr – oft in eisiger Kälte – und schauten sich den Himmel an. Heute sitzen viele Astronomen in einem warmen Arbeitsraum vor Monitoren. Moderne Großteleskope sind nämlich keine Fernrohre, sondern Digitalkameras mit riesigen Teleobjektiven. Elektromotoren und eine Fernsteuerung dienen zum Ausrichten. Die Bilder auf dem Kamerachip werden auf einen Monitor übertragen und meist auch elektronisch ausgewertet.
Die größten Teleskope haben Durchmesser von 10 m. Aber auch sie bilden Sterne nur als Punkte ab. Selbst mit der größten Vergrößerung erkennt man keine Einzelheiten auf der Oberfläche der Sterne. Die Fläche solcher Riesenteleskope ist Millionen Mal größer als die der Augenpupille. Deshalb fällt von jedem Stern Millionen Mal mehr Licht auf den Kamerachip als auf unsere Netzhaut. Dadurch sieht man auf dem Monitor sehr viele Sterne, die für das bloße Auge zu lichtschwach sind.
Glaslinsen mit mehr als 1 m Durchmesser würden sich durch ihr eigenes Gewicht verbiegen und verzerrte Bilder liefern. Deshalb werden für besonders große Teleskope Hohlspiegel verwendet. Auch sie sammeln das Licht eines Sterns in einem Punkt.
Eines der weltweit größten Teleskope ist das *Gran Telescope Canarias* (GTC) auf der Kanareninsel La Palma. ▸**1–2** Sein Hohlspiegel hat einen Durchmesser von 10,4 m. Er besteht aus 36 sechseckigen Einzelspiegeln, die elektronisch gesteuert werden. Mit diesem Teleskop werden ferne Galaxien im Weltraum entdeckt. ▸**3**

1 *Gran Telescope Canarias (GTC)*

3 *GTC-Foto einer Galaxie*

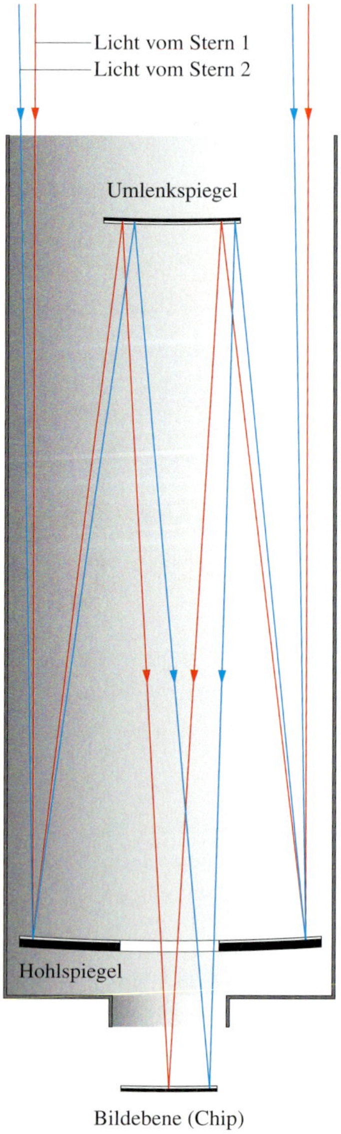

2 *Prinzip des Spiegelteleskops*

Aufgaben

1 Mit einem Teleskop sieht man viel mehr Sterne als mit dem bloßen Auge. Begründe den Unterschied.

2 Welche Teile des Spiegelteleskops entsprechen den Bauteilen einer Digitalkamera? Auf welche Bauteile der Kamera kann man beim Spiegelteleskop verzichten?

Überblick

Lochblenden erzeugen Bilder Wenn Licht von punktförmigen Lichtquellen durch eine Blendenöffnung fällt, werden Lichtbündel „ausgeschnitten". Auf einem Beobachtungsschirm erzeugen die Lichtbündel Lichtflecke mit der Form der Blendenöffnung. ▸4
Wir stellen uns vor, dass ein Gegenstand aus unzähligen Punkten besteht. Jeder Punkt sendet Licht aus. Durch die Lochblende fällt von jedem Punkt ein Lichtbündel. Man kann sich das Bild aus unzähligen kleinen Lichtflecken zusammengesetzt denken. ▸5

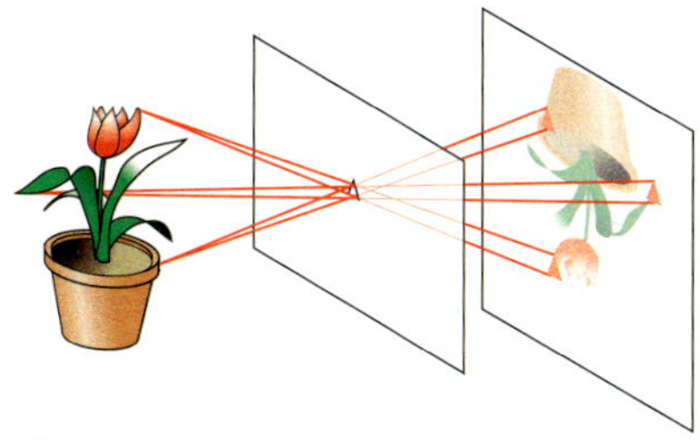
5

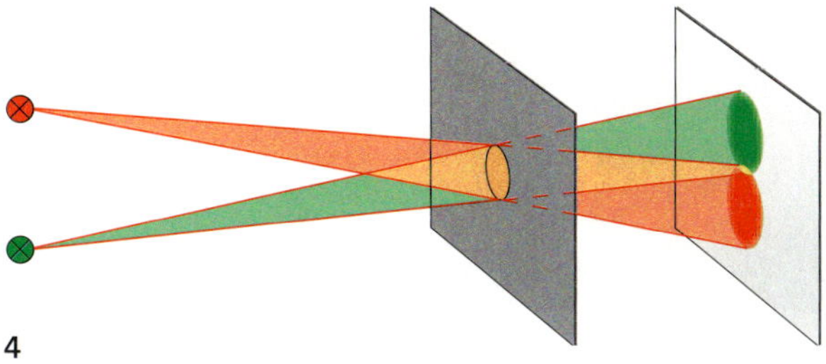
4

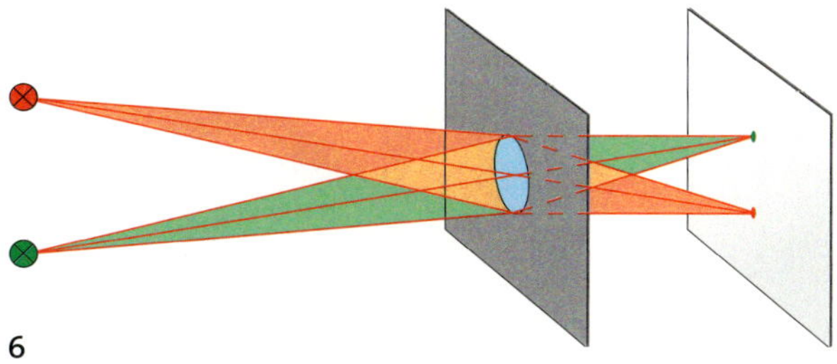
6

Bilder bei Sammellinsen Helle Bilder einer Lochkamera sind unscharf, weil sie aus Lichtflecken zusammengesetzt sind. Sammellinsen lassen das Licht so zusammenlaufen, dass von jedem Gegenstandspunkt ein Bildpunkt entsteht. Das Bild wird hell und scharf. ▸6
Ein weit entfernter Gegenstand wird verkleinert in der Brennweite hinter der Sammellinse abgebildet. ▸7 Wenn ein Gegenstand näher an die Sammellinse heranrückt, entsteht sein Bild weiter von der Linse entfernt und es wird größer. ▸8–9 ↻ 23–1

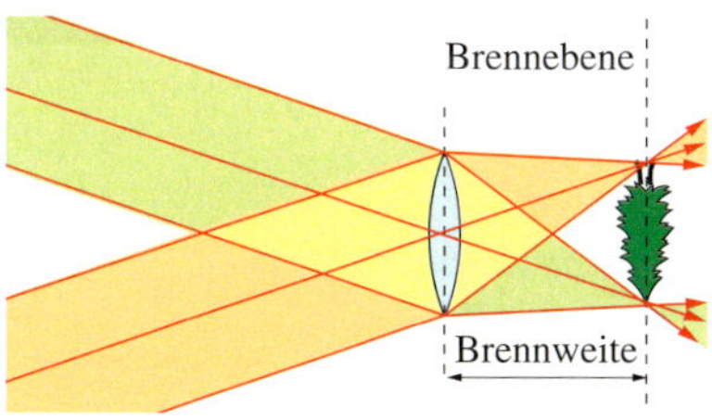

7

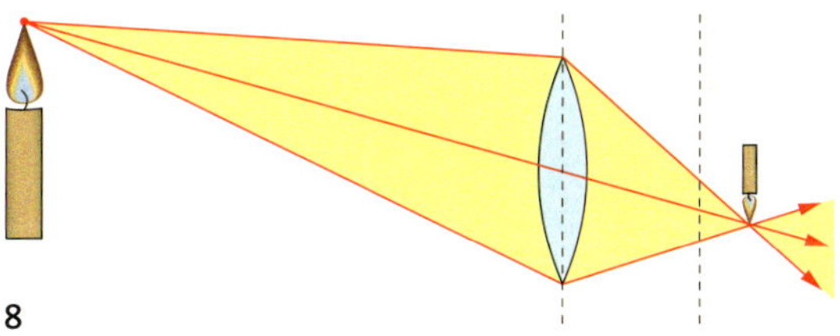
8

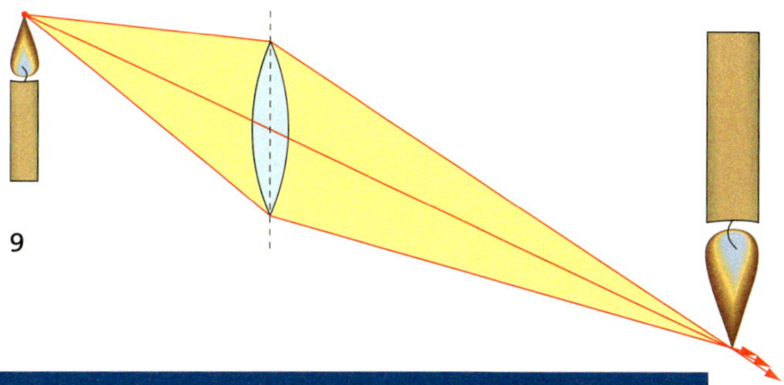
9

Alles klar?

1 Beschreibe, was die *Brennweite* einer Sammellinse ist.

2 Du sollst die Brennweite einer Sammellinse bestimmen. Erkläre einem Mitschüler, wie du vorgehst.

3 Bei welchen Gegenstandsweiten erzeugt die Sammellinse kein Bild?

4 Sportfotografen benutzen oft lange Objektive. Begründe!

5 „Der Mond ist in meiner Lochkamera als helles Scheibchen zu sehen. Mit einer Sammellinse vor dem Loch, wird das Scheibchen zum Punkt."
a Zeige mit einer Skizze, dass das „Mondscheibchen" bei gleicher Bildweite gleich groß bleibt.
b Wie verändert sich das Bild des Monds durch die Sammellinse tatsächlich?

6* Beschreibe ausführlich, welche physikalischen Sachverhalte in dem Foto zu erkennen sind. ▸10

10

Wie Bilder im Auge entstehen

▷ Die Bilder in unserem Auge sehen so ähnlich aus wie die Bilder hinter einer Glaskugel. ▸1–2 Die Bildqualität ist beim Auge schlechter als bei der Glaskugel – obwohl das Auge viel komplizierter aufgebaut ist. ▸3

1–2 *Bild hinter einer Glaskugel und Bild auf der Netzhaut*

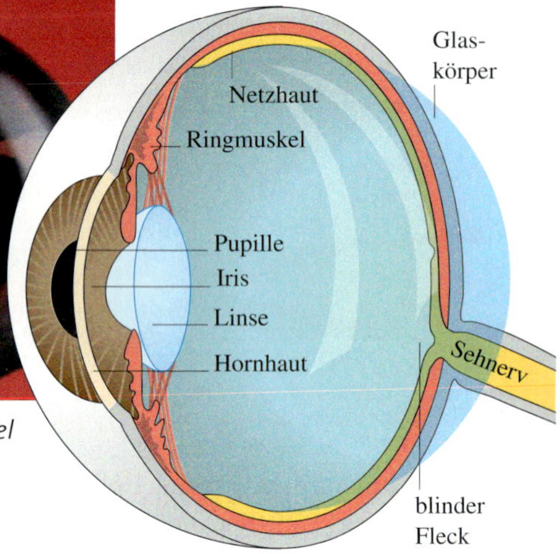

3 *Aufbau des Auges*

Beobachten Untersuchen

1 Bilder der Augenlinse Bei diesem Modellversuch stellt eine Sammellinse die Augenlinse dar. ▸4 Der Beobachtungsschirm steht für die Netzhaut.

a Stellt die Linse so auf, dass ein scharfes Bild der Kerze auf dem Schirm entsteht.

b Vergleicht Bild und Original: Wie ist das Bild orientiert? Ist es vergrößert? ... Schreibt eure Beobachtungen auf.

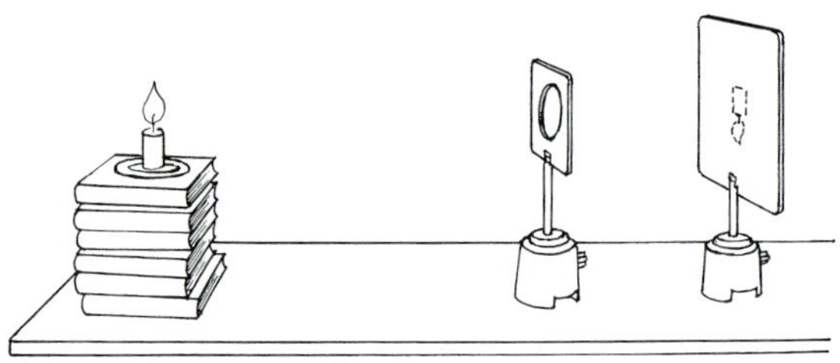

4

2* Nahpunkt und deutliche Sehweite

a Nahpunkt: Messt die geringste Entfernung zwischen Auge und Blatt, in der ihr diesen Text gerade noch scharf erkennen könnt. ▸5

b Deutliche Sehweite: Bei welchem Abstand zwischen Auge und Blatt lest ihr den Text ohne Anstrengung?

5

3* Bauanleitung: Ein einfaches Augenmodell ▸6

Ihr braucht: Tennisball, Pergamentpapier, Säge, Schere, Klebstoff, kleine Sammellinse (Brennweite ca. 6 cm).

a Sägt den Tennisball an. Schneidet dann ein Stück mit der Schere ab. Achtet auf eine gerade Schnittfläche. Schneidet gegenüber ein passendes Loch für die Linse aus. Klebt die Linse in das kleine Loch. Klebt ein Stück Pergamentpapier über das große Loch.

b Beobachtet mit eurem Augenmodell eine Landschaft in der Sonne oder eine Kerzenflamme.

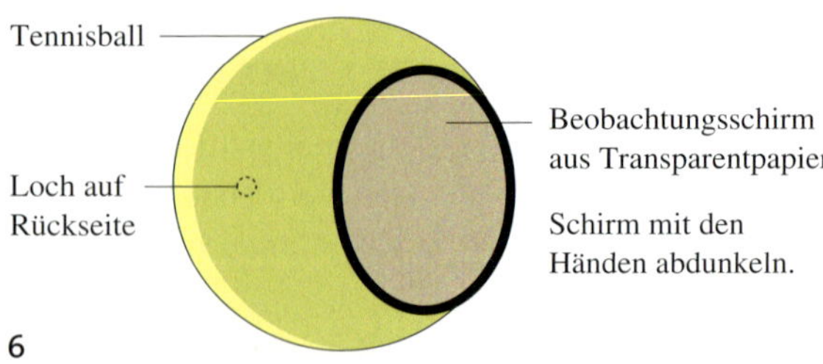

6

Grundlagen Wie das Auge Bilder erzeugt

Unser Auge funktioniert so ähnlich wie eine Kamera. ▸7 Das Licht von einem Gegenstand trifft zunächst auf die lichtdurchlässige Hornhaut. Von dort gelangt es zur Pupille. Das ist ein Loch, das von der Iris umgeben ist. Iris und Pupille bilden gemeinsam eine Blende. Bei hellem Licht ist das Loch klein (1–2 mm). Je kleiner die Pupille ist, desto schärfer sehen wir im Nahbereich. Bei wenig Licht öffnet sich die Pupille.
Hinter der Pupille trifft das Licht auf die Augenlinse. Sie sammelt zusammen mit der Hornhaut das Licht. Auf der Netzhaut entsteht ein umgekehrtes Bild des Gegenstands.
In die Netzhaut sind Sinneszellen eingebettet. Sie reagieren auf Licht. Die Sinneszellen sind über den Sehnerv mit dem Gehirn verbunden.

Das Licht fällt durch die Pupille in unser Auge. Hornhaut und Augenlinse erzeugen gemeinsam ein Bild auf der Netzhaut.

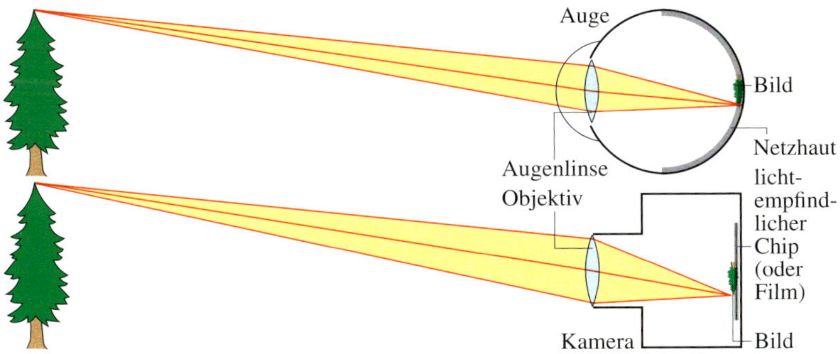

7

Erweiterung Entfernungseinstellung

Die Netzhaut hat immer den gleichen Abstand zur Augenlinse. Die Bildweite bleibt also gleich. Trotzdem sehen wir verschieden weit entfernte Gegenstände scharf. Dazu wird die elastische Linse verformt:
- Bei entspanntem Ringmuskel ist die Augenlinse groß und flach (große Brennweite). Entfernte Gegenstände werden scharf gesehen. ▸8
- Zieht sich der Muskel zusammen, wird die Linse kleiner und stärker gekrümmt (kleine Brennweite). Wir sehen nahe Gegenstände scharf. ▸9

Die Umlenkung des Lichts an der Hornhaut ist nicht mitgezeichnet.

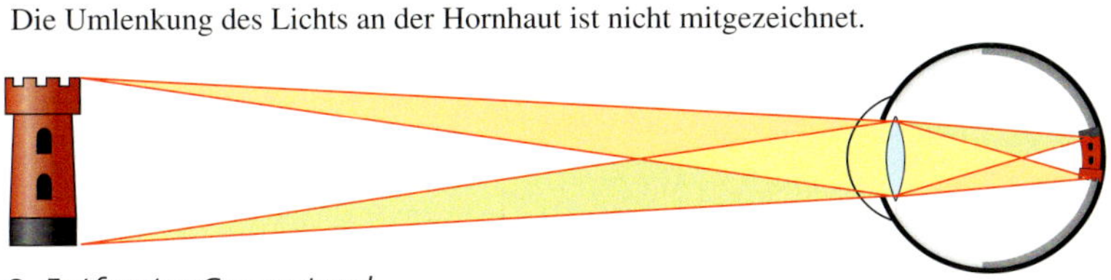

8 *Entfernter Gegenstand: schwach gekrümmte Augenlinse*

Die Form der Augenlinse wird an die Entfernung angepasst (Akkommodation).

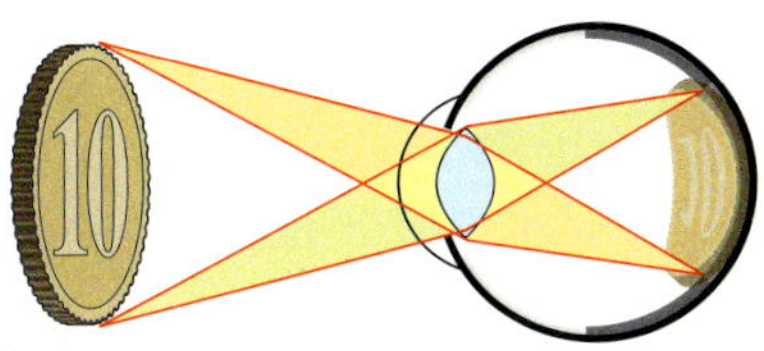

9 *Naher Gegenstand: stark gekrümmte Augenlinse*

Aufgaben

1* Wie ist deine Augenlinse beim Sehen ferner (naher) Gegenstände gewölbt?

2* Auge und Fotoapparat sind ähnlich aufgebaut. ▸7 Übertrage die Tabelle ins Heft und setze ein: Auffangen des Bilds, Bilderzeugung, Chip, Iris, Linse verformbar, Linse verschiebbar, Objektiv, Regelung des Lichteinfalls.

Auge	Kamera	Funktion
Augenlinse	?	?
?	Blende	?
Netzhaut	?	?
?	?	Scharfstellung

Untersuchen

1* Was hilft gegen Kurzsichtigkeit? Kurzsichtige Menschen brauchen eine Brille mit Zerstreuungslinsen. Ein Modellversuch zeigt, wie diese Brillen funktionieren. ▸1

a Stellt eine Zerstreuungslinse dicht vor eine Sammellinse. Die Sammellinse entspricht der Augenlinse. Verschiebt den Beobachtungsschirm, bis ein scharfes Bild der Kerze zu sehen ist.

b Wie sieht das Bild ohne Zerstreuungslinse aus?

c Verschiebt den Schirm, bis das Bild ohne Zerstreuungslinse scharf erscheint. Der Aufbau entspricht jetzt einem „normalsichtigen" Auge. Ist es kürzer oder länger als ein kurzsichtiges Auge?

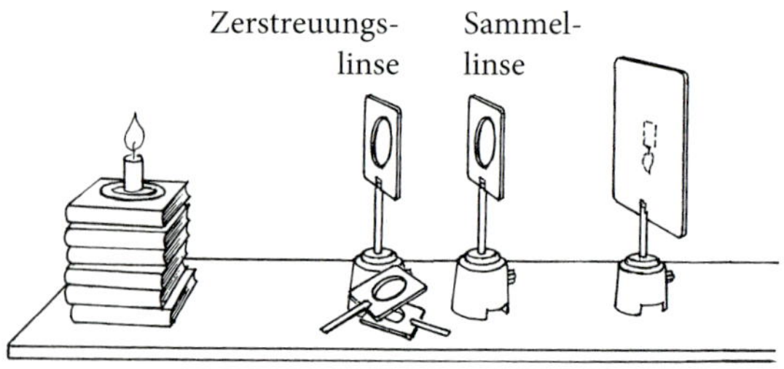

1

2* Was hilft gegen Weitsichtigkeit? Weitsichtige Menschen brauchen eine Brille mit Sammellinsen. Wie funktionieren diese Brillen? Plant einen Modellversuch und führt ihn durch.

Erweiterung Brillen korrigieren Augenfehler

26-1 Simulation Auge und Augenfehler

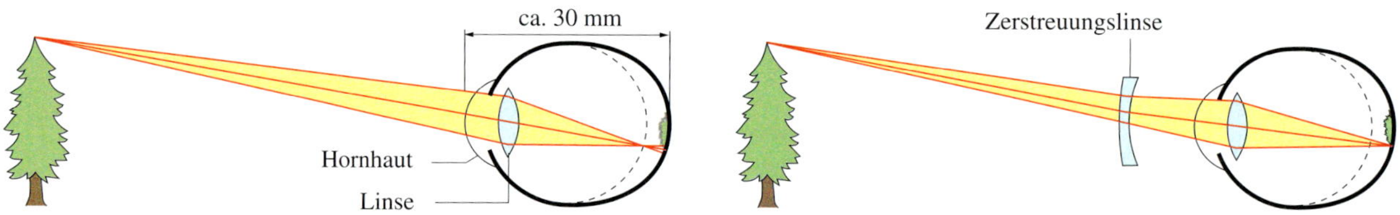

2 *Kurzsichtigkeit – Brille mit Zerstreuungslinsen*

Normalerweise beträgt der Abstand zwischen Hornhaut und Netzhaut 25 mm.

Bei *Kurzsichtigen* ist der Augapfel zu lang. ▸2 Bilder von entfernten Gegenständen entstehen vor der Netzhaut. Bei entspanntem Muskel ist die Augenlinse noch zu stark gewölbt, um ein scharfes Bild auf der Netzhaut zu erzeugen. Hier hilft eine Brille mit Zerstreuungslinsen. Sie weiten die einfallenden Lichtbündel etwas auf. Dadurch vergrößert sich die Bildweite. Das Bild entsteht auf der Netzhaut.

Bei *Weitsichtigen* ist der Augapfel zu kurz. ▸3 Das Bild naher Gegenstände würde erst hinter der Netzhaut entstehen. Auch die größtmögliche Wölbung der Augenlinse ist noch zu gering, um das Bild scharf zu stellen. Eine Brille mit Sammellinsen korrigiert diesen Augenfehler.

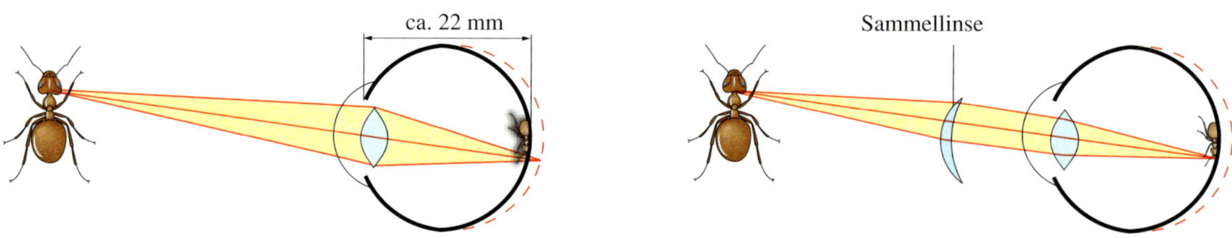

3 *Weitsichtigkeit – Brille mit Sammellinsen*

Aufgaben

1* Kurzsichtige sehen ferne Gegenstände unscharf. Erkläre, wie es dazu kommt.

2* Mit normalsichtigen Augen liest man in einem Abstand von 25 bis 30 cm. Manche Kinder beugen aber ihren Kopf beim Lesen viel tiefer über ein Buch. Worauf deutet dieses Verhalten hin?

3* Viele ältere Menschen sind altersweitsichtig. Ihre Augenlinsen sind nicht mehr elastisch. Wie wird dadurch das Sehen beeinträchtigt?

4* Was bewirken Kontaktlinsen? Lasst Mitschüler berichten, die Kontaktlinsen tragen. Informiert euch über verschiedene Typen von Kontaktlinsen.

Erweiterung Die Netzhaut

In der Netzhaut des Menschen sind rund 125 Millionen lichtempfindliche Sehsinneszellen. Sie sind über den Sehnerv mit dem Gehirn verbunden. Wo der Sehnerv den Augapfel verlässt, liegt der *blinde Fleck.* ▸4 Dort fehlen Sehsinneszellen.

Es gibt zwei Arten von Sinneszellen: ▸5

– Die längeren, schlanken *Stäbchen* dienen dem Hell-Dunkel- und dem Dämmerungssehen. Sie sprechen schon auf sehr wenig Licht an.
– Die kürzeren, dicken *Zapfen* brauchen viel mehr Licht. Sie sind für das Farbensehen zuständig.

Im Randbereich der Netzhaut sind immer *mehrere* Sinneszellen gemeinsam mit einer Nervenzelle verbunden. Im Zentrum ist *jede einzelne* Sinneszelle mit einer Nervenfaser verbunden. Daher liegt dort die Stelle des schärfsten Sehens, der *gelbe Fleck.*

Bei großer Helligkeit verringern die Zapfen ihre Empfindlichkeit. Nur im Dunkeln trägt die Pupille zur Anpassung an die Lichtverhältnisse bei.

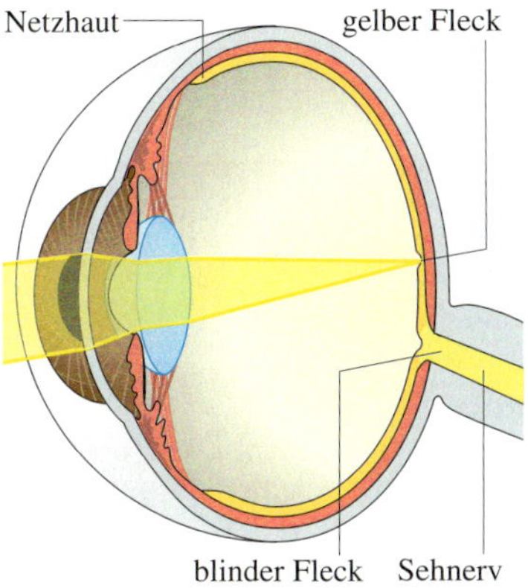

4 *Blinder Fleck und gelber Fleck*

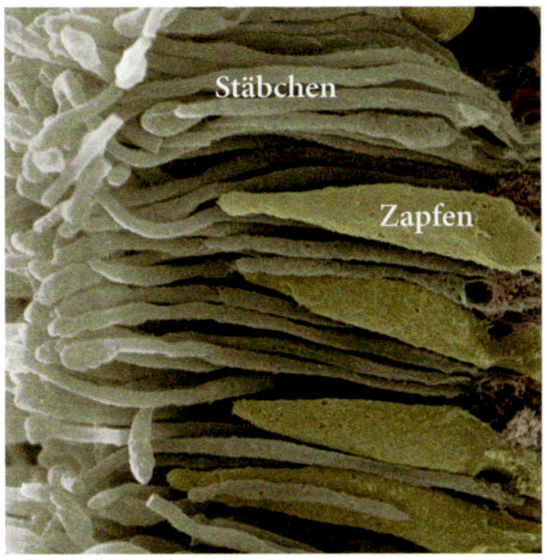

5 *Schnitt durch die Netzhaut*

Aufgaben

5* Begründe, warum am blinden Fleck keine Lichtreize aufgenommen werden.

6* Schließe das linke Auge. Blicke mit dem rechten Auge fest auf den linken Punkt. ▸6 Nähere dich dann langsam dem Blatt. Was beobachtest du?
Wie kannst du die Beobachtung erklären?

6

7* Auf Farbfotos vom Nachthimmel sieht man rötliche, gelbe oder bläuliche Sterne. Mit bloßem Auge erkennt man kaum Farbunterschiede. Erkläre!

Aus der Natur Vogelaugen

Die meisten Tiere sehen die Welt nicht so scharf wie wir. Eine Ausnahme bilden die Vögel. Greifvögel wie Falken, Bussarde und Adler sind Meister im Scharfsehen. ▸7 Bei ihnen enthält der gelbe Fleck bis zu achtmal so viele Sehsinneszellen pro Quadratmillimeter wie beim Menschen. Ein Mäusebussard erkennt eine Maus noch aus 300 m Höhe!

Bei nachtaktiven Wirbeltieren enthält die Netzhaut vor allem Stäbchen zum Hell-Dunkel-Sehen. Tagaktive Tiere besitzen Stäbchen und Zapfen. Eulen jagen nur in der Dämmerung und Dunkelheit. Die großen Augen lassen viel von dem noch vorhandenen Licht einfallen. Bei absoluter Dunkelheit sehen auch Eulen nichts. ▸8

7 *Adler*

8 *Uhu*

Aufgabe

8 Welche Vorteile bietet die Netzhaut der jeweiligen Vogelart?

Das Gehirn bestimmt, was wir sehen

▷ Was wir sehen, hängt offenbar nicht nur vom Bild auf unserer Netzhaut ab!

1 *Ein Hase? Eine Ente?*

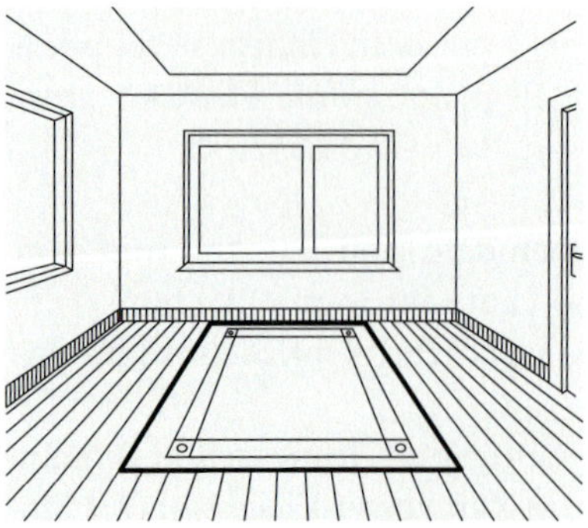

2 *Die Vorderkante des Teppichs ist genauso breit wie die Zimmerwand im Hintergrund. Miss nach!*

3 *Nur unregelmäßige schwarze Flecke – oder stellen sie etwas dar?*

Beobachten

1 **Merkwürdige Treppen** Was fällt dir auf? ▸4–5 Beschreibe es.

28-1 Simulation Drehwürfel

4

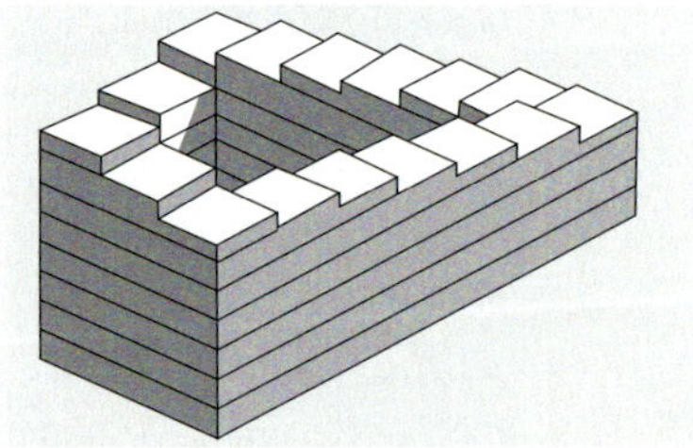

5

6

2 **Ungewöhnliche Vase** Siehst du eine Vase oder zwei Gesichter? ▸6 Kannst du Vase und Gesichter gleichzeitig sehen? Beschreibe, wie du von der Vase zu den Gesichtern wechselst.

3 **Auf den Kopf gestellt** Drehe das Buch mal auf den Kopf. ▸7 Warum fallen dir die Fehler nicht schon vorher auf?

4 **Schachbrett mit Stufe?**

a Was stimmt nicht an diesem Schachspiel? ▸8 Beschreibe es.

b* Was du als Stufe siehst, ist ein ebenes Blatt Papier. Versuche das Blatt nachzuzeichnen, auf dem die Figuren stehen.

5 **Vertracktes Dreieck** Halte bei dem Gegenstand eine Ecke zu. ▸9 Kann man ihn so nachbauen? Nimm dann den Finger weg … Beschreibe, was du jeweils siehst.

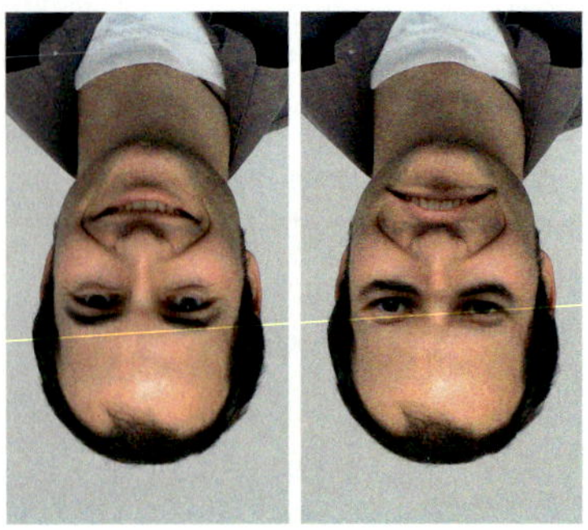

7

8

9

Grundlagen Sehen mit Auge und Gehirn

Das Netzhautbild der Blume steht auf dem Kopf. ▸10 Wir sehen die Welt aber aufrecht.

Der Seheindruck von unserer Umgebung entsteht im Gehirn.

Das Gehirn „betrachtet“ das Netzhautbild nicht einfach wie ein Foto. Vielmehr wertet es die Signale der Netzhaut aus und vergleicht sie mit seiner bisherigen Erfahrung. Unsere Erfahrung ist, dass eine Blume aufrecht steht. Das Gehirn schließt daher aus dem umgekehrten Netzhautbild auf einen aufrecht stehenden Gegenstand.
Wir erkennen am Netzhautbild nur Dinge, mit denen das Gehirn „etwas anfangen“ kann: Wenn ein Kind in einem Dorf im Senegal aufwächst, hat es vielleicht noch nie ein Motorrad gesehen. Die Flecke, in denen wir ein Motorrad erkennen, bleiben für das Kind nur schwarze Flecke. ▸3

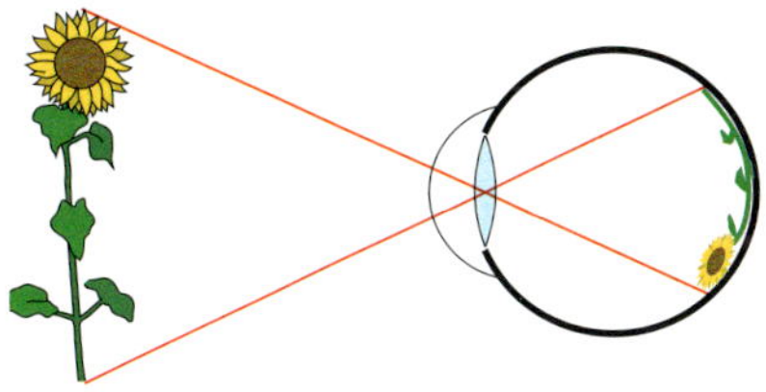

10

29–1 Bilderserie
Sehen – mit Auge und Gehirn

Aufgaben

1 Warum sehen wir Gegenstände aufrecht, obwohl das Netzhautbild in unserem Auge doch auf dem Kopf steht?

2 Mit einer Umkehrbrille siehst du alles auf dem Kopf. ▸11 Und augenblicklich kannst du weder lesen, noch schreiben, etwas fangen, deine Schuhe anziehen ... Wie kommt das?

3 „Nur ein geschultes Auge kann kranke Bäume von gesunden unterscheiden“, sagt ein Förster. „Man sieht nur, was man weiß“, heißt ein Sprichwort. Erläutere, was damit jeweils gemeint ist.

11 *Fangversuch mit der Umkehrbrille*

blau grün rot gelb blau gelb grün rot blau weiß schwarz weiß

12

4 Die Liste mit den Farbnamen hat es in sich. ▸12
a Lies nicht die Wörter vor, sondern nenne laut und möglichst schnell nur die Farben, in denen sie gedruckt sind. Schaffst du es ohne Fehler?
b Fünfjährige hätten keine Schwierigkeiten mit dieser Aufgabe. Wie erklärst du das?

5* Schau dir die Zeichnung genau an. ▸13 Was stimmt daran nicht?
Decke abwechselnd die untere und obere Hälfte ab. Klappe schließlich das Buch zu. Versuche die Zeichnung „auswendig“ auf ein Papier mit Rechenkästchen zu übertragen. Beginne mit der oberen Bildhälfte. Das ist noch einfach ...
Notiere, wie oft du im Buch kurz nachschauen musst, um auch die untere Bildhälfte richtig zu zeichnen.

6* Sucht im Internet nach „optischen Täuschungen“ und „Kippbildern“. Druckt besonders beeindruckende Zeichnungen aus. Vielleicht organisiert ihr eine Ausstellung in der Schule? *Tipp:* Bewegte optische Täuschungen findet ihr mithilfe der Suchworte „optische Täuschungen Bach“.

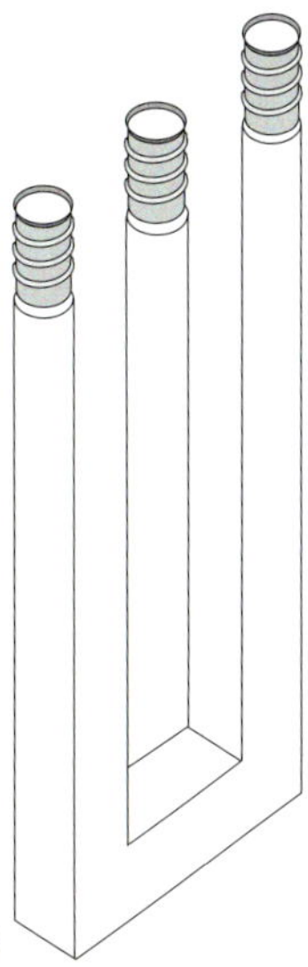

13

Groß und klein – nah und fern

▷ Eine Turmuhr und ihre Zeiger: Wie kommt es, dass uns die wirkliche Größe der Zeiger so überrascht? ▸1–2

1

2

Untersuchen

1 Konstante Größe? Lege einen Bleistift quer vor dich auf den Tisch. Entferne dich einige Meter von dem Stift, ohne ihn aus den Augen zu lassen. Hast du den Eindruck, dass der Stift kleiner wird?
Halte nun einen zweiten, gleich großen Stift mit ausgestrecktem Arm so vor dein Auge, dass du die beiden Stifte gleichzeitig siehst. Entferne dich wieder von dem ersten Stift. Was fällt dir auf?

Grundlagen Groß und klein – nah und fern

Bei Heißluftballons erkennen wir leicht, welche nah und welche weiter weg sind. ▸3 Unsere Erfahrung sagt nämlich, dass alle Heißluftballons etwa gleich groß sind. Gleich große Gegenstände sehen umso kleiner aus, je weiter sie entfernt sind. Denn das Netzhautbild ist bei großer Entfernung kleiner. ▸4

3

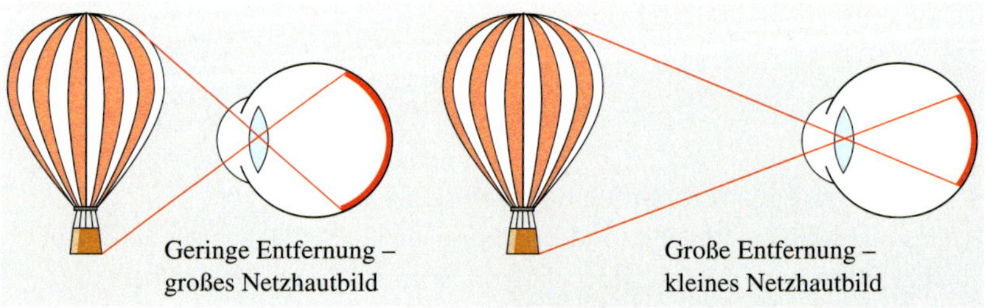

4

Bei Gegenständen, deren Größe uns vertraut ist, schließt das Gehirn aus der Größe des Netzhautbilds auf die Entfernung.

Bei Seifenblasen können wir die Entfernung nicht so leicht einschätzen. ▸5 Sie sind unterschiedlich groß. Deshalb können wir kaum beurteilen, ob wir eine kleine oder eine weiter entfernte Seifenblase sehen.
Bei Zeigern von Turmuhren fehlt uns die Erfahrung, wie groß sie sind. Deshalb sind wir von ihren Ausmaßen überrascht, wenn wir sie aus der Nähe sehen. ▸1–2
Meist fällt es uns gar nicht auf, dass weiter entfernte Gegenstände kleiner aussehen. Das Gehirn schließt aus der Größe des Netzhautbilds sofort auf die Entfernung.

5

Aus Natur und Umwelt Nah und fern in Bildern

31–1 Bilderserie Räumliche Bilder

Wenn wir ein Foto betrachten, haben alle Punkte des Fotos ungefähr den gleichen Abstand von unseren Augen. Trotzdem erkennen wir meist sofort, welche Teile des Fotos nahe Dinge und welche ferne Gegenstände darstellen.
Einige Wahrnehmungsregeln helfen uns, nah und fern auf Bildern und in der Natur einzuschätzen.

- Bei gleich großen Gegenständen gilt: Je kleiner sie zu sehen sind, desto weiter sind sie entfernt. ▸6
- Parallele Linien, die von uns wegführen, scheinen in der Ferne zusammenzulaufen. ▸7
- Nahe Gegenstände verdecken fernere Gegenstände.
- In der Ferne verblassen die Farben. Oft bekommen sie auch einen leichten Blauton. ▸8

6

7

8

Aufgaben

1 Obwohl der Durchmesser der Sonne ungefähr 400-mal so groß ist wie der des Monds, erscheinen uns beide Himmelskörper ungefähr gleich groß. Erkläre diese Beobachtung.

2 Warum passt die Sonne in die Hand? ▸9

3 Filme und Fotos können einen Betrachter leicht über die tatsächlichen Größenverhältnisse hinwegtäuschen. In Bild ▸10 siehst du zwei Autos. Die wahre Größe des Autos im Vordergrund erkennst du aber erst in Bild ▸11. Woraus schließen wir bei einem Foto, wie groß der abgebildete Gegenstand ist?

9

10

11

Sehen – mit beiden Augen

▷ Warum sehen wir eigentlich nicht alles doppelt? Wir haben doch zwei Augen und damit auch zwei Netzhautbilder.

▷ Bei diesem Versuch kannst du erleben, wie das Gehirn die beiden Netzhautbilder zu einem einzigen zusammenfügt. ▸1

1

Untersuchen

Die Versuche sind für das Stationenlernen geeignet.

1 **Ein Loch in der Hand?** Halte eine Röhre aus Papier vor ein Auge. Mit dem anderen Auge blickst du auf die Hand, die sich direkt neben der Röhre befindet. Schau nun in die Ferne ... ▸1

2 **Die springende Münze** Halte eine Münze zwischen dieses Buch und deine Augen. Blicke sie abwechselnd mit dem rechten und dem linken Auge an. Was fällt dir auf?

3 **Doppelt sehen** Drücke vorsichtig mit dem Zeigefinger seitlich gegen ein Auge. Du siehst nun alles doppelt. Überlege, woran das liegen könnte.

4 **Fingerspitzen** Stell dich ans Fenster. Bei gestreckten Armen sollen sich die Spitzen deiner Zeigefinger berühren. ▸2 Blicke nicht auf die Finger, sondern über sie hinweg zum Himmel. Ziehe die Fingerspitzen etwas auseinander. Was siehst du?

2

5 **Einäugig zielen** Ein leere Flasche steht auf dem Tisch. Versucht von oben einen Stift in die Flasche zu stecken, während ihr ein Auge geschlossen haltet. Überprüft mit beiden Augen, warum es nicht gelingt. Erklärt!

6 **Stereobild** Stellt eine Postkarte auf die gestrichelte Linie der Zeichnung. ▸3 Blickt von der Oberkante der Postkarte mit dem rechten Auge auf den rechten Teil der Figur und mit dem linken Auge auf den linken Teil. Bei entspannten Augen verschmelzen die Teilbilder zu einer räumlichen Figur.

a Wo scheint der Kreis zu liegen?

b Zeichnet die Figur so in euer Heft, dass sich der Tiefeneindruck genau umkehrt.

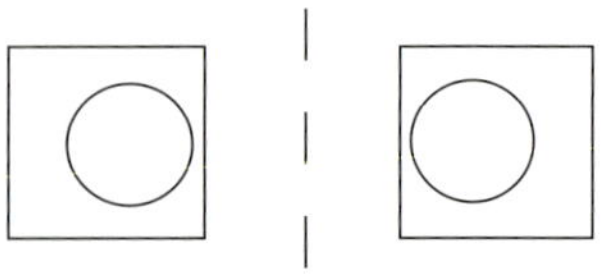

3

Grundlagen Räumlich sehen

Die Netzhautbilder, die unsere beiden Augen liefern, sind etwas verschieden. Gegenstände in der Nähe liegen vor anderen Stellen des Hintergrunds. ▸4–5 Unser Gehirn nutzt diesen Unterschied für die Erzeugung eines räumlichen Eindrucks. 33–1

Die beiden Netzhautbilder werden vom Gehirn zu einem gemeinsamen räumlichen Eindruck unserer Umwelt verarbeitet.

4 *Linkes Auge offen*

5 *Rechtes Auge offen*

Aus Natur und Umwelt Räumlich sehen im Tierreich

Das Chamäleon kann seine Augen unabhängig voneinander bewegen. Es sieht damit völlig unterschiedliche Teile der Umgebung. Die Unterschiede zwischen den Netzhautbildern ergeben keinen räumlichen Eindruck. Aber wenn das Chamäleon eine Fliege sieht, richtet es beide Augen darauf. Beide Netzhautbilder zeigen die Fliege in unterschiedlichen Positionen – das Chamäleon kann die Entfernung dann genau einschätzen. ▸6

Auch bei Vögeln sitzen die Augen seitlich am Kopf. Sie sehen mit jedem Auge etwas anderes. Die Blickfelder beider Augen können sich aber teilweise überschneiden. So sehen z. B. Greifvögel nach vorne mit beiden Augen. In diesem Bereich können sie gut räumlich sehen. ▸7

Katzen, Füchse und andere Beutegreifer müssen den Abstand zur Beute genau erfassen. Nur dann können sie die Beute mit einem Sprung packen. Sie besitzen zwei nach vorn gerichtete Augen, deren Blickfeld sich überlappt. Die unterschiedlichen Netzhautbilder lassen eine genaue Entfernungsbestimmung zu. ▸8

Für Beutetiere ist es lebenswichtig, Gefahren frühzeitig zu bemerken. Ihre Augen stehen links und rechts des Kopfs und können ein Blickfeld von fast 360° überschauen. Das räumliche Sehen ist nicht so wichtig. ▸9

6 *Chamäleon*

7 *Weißkopfseeadler*

8 *Rotfuchs*

9 *Präriehund*

Aus der Technik In die Bilder kommt Bewegung

1

Jeder Film im Kino oder Fernsehen besteht aus einzelnen stehenden Bildern. ▸1 Die benachbarten Bilder unterscheiden sich nur wenig voneinander. Obwohl der Film aus lauter einzelnen Bildern besteht, nehmen wir bei der Vorführung Bewegungen wahr.
Ein Lexikon von 1900 erklärt den Eindruck von Bewegung so: „Unsere Augen reagieren träge. Schauen wir schnelle Bildfolgen an, von denen jedes Einzelbild nur 0,05 Sekunden lang zu sehen ist, haben wir den Eindruck eines Bewegungsablaufs.“
Zu dieser Zeit gab es schon „bewegte Bilder“. Beim „Schnellseher“ liefen hinter einem Guckloch 24 Einzelbilder schnell entlang – von hinten beleuchtet. ▸2 Der „Kurzfim“ dauerte nur eine Sekunde und wiederholte sich dann.
Bald verbesserten Erfinder aus aller Welt die Aufnahme- und Wiedergabetechnik: Tausende Bilder wurden auf einem Filmstreifen angeordnet. Löcher am Rand ermöglichten einen ruckweisen, schnellen Weitertransport der Bilder. Aber noch war es ein langer Weg bis zum Kinofilm.
Zwei Dinge sind beim Film bis heute gleich geblieben:
- Pro Sekunde werden dem Zuschauer 24 einzelne Fotos gezeigt. Das Gehirn verschmilzt sie zu bewegten Bildern.
- Während die Bilder gewechselt werden, deckt eine Metallblende das Motiv für kurze Zeit ab.

2 *Schnellseher (1882)*

Aufgaben

1 Die Trägheit des Auges

a Knicke einen 10 cm · 30 cm großen Papierstreifen in der Mitte. Klappe das obere Blatt zurück. Zeichne auf das untere eine einfache Figur. ▸3–4

b Wenn du das obere Blatt darüberklappst, schimmert die Figur durch. Male sie leicht verändert nach.

c Wickle das obere Blatt mit der zweiten Figur über einen Bleistift. Jetzt ist nur die erste Figur des unteren Blatts zu sehen.
Rolle nun mit dem Bleistift die zweite Figur ganz schnell über die erste und zurück …

2 Was hat der „Schnellseher“ mit dem heutigen Kino gemeinsam?

3 Langsamer als mit 18 Bildern pro Sekunde darf man keinen Film laufen lassen. Erkläre diese Regel.

4 Ein „Daumenkino“: Nimm ein altes Taschenbuch. Zeichne in die obere Ecke einer Seite ein einfaches Bild – als erstes einer ganzen Bildfolge. Auf die nächste Seite kommt das zweite, leicht veränderte Bild usw. Zum Vorführen ziehst du den Daumen an den Ecken des geschlossenen Buchs entlang. Erkläre deine Beobachtung.

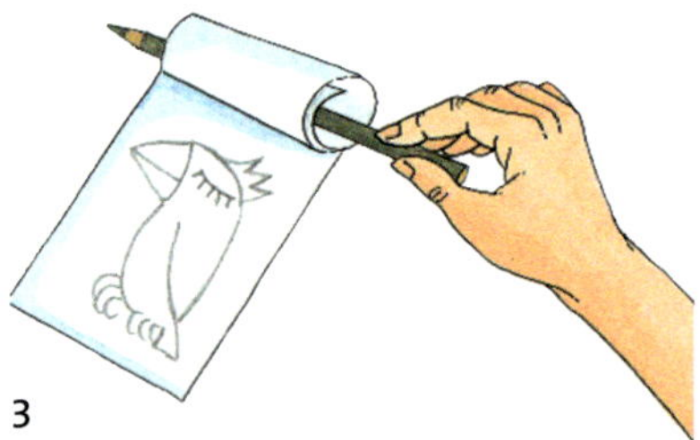

3

4

34–1 Simulation Film als Bilderfolge

Überblick

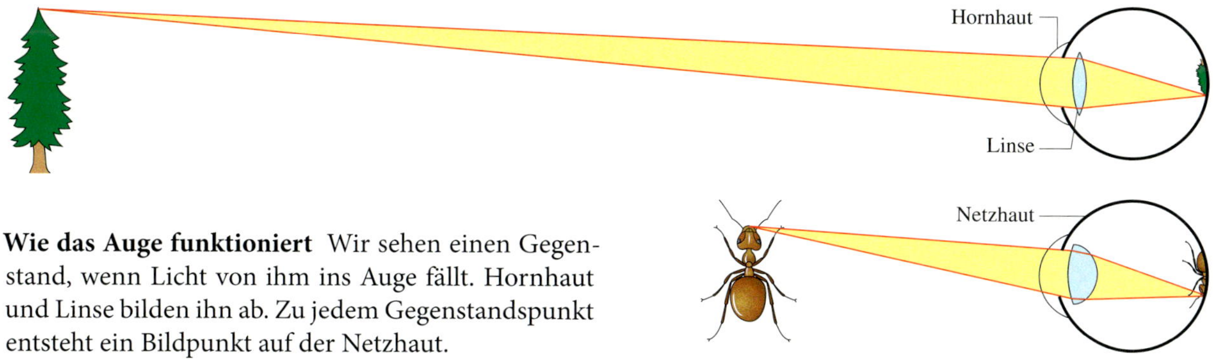

5 *Abbildung durch das Auge*

Wie das Auge funktioniert Wir sehen einen Gegenstand, wenn Licht von ihm ins Auge fällt. Hornhaut und Linse bilden ihn ab. Zu jedem Gegenstandspunkt entsteht ein Bildpunkt auf der Netzhaut.
Der Abstand zwischen Augenlinse und Netzhaut lässt sich nicht verändern. Das Auge stellt Gegenstände in verschiedenen Abständen trotzdem scharf. Dazu wird die Form der Augenlinse verändert. ▸5

Die Rolle des Gehirns Die lichtempfindlichen Sehzellen auf der Netzhaut sind durch den Sehnerv mit dem Gehirn verbunden. Dort entsteht der Seheindruck. Das Gehirn entscheidet, was wir sehen. Dabei spielt die Erfahrung eine große Rolle. 35-1

Je weiter ein Gegenstand entfernt ist, desto kleiner ist sein Bild auf der Netzhaut. ▸6 Bei Gegenständen bekannter Größe schließt das Gehirn von der Größe des Netzhautbilds auf die Entfernung.
Von einem Gegenstand in der Nähe entstehen in beiden Augen etwas verschiedene Bilder. ▸7 Das Gehirn nutzt diesen Unterschied, um einen räumlichen Seheindruck zu erzeugen.

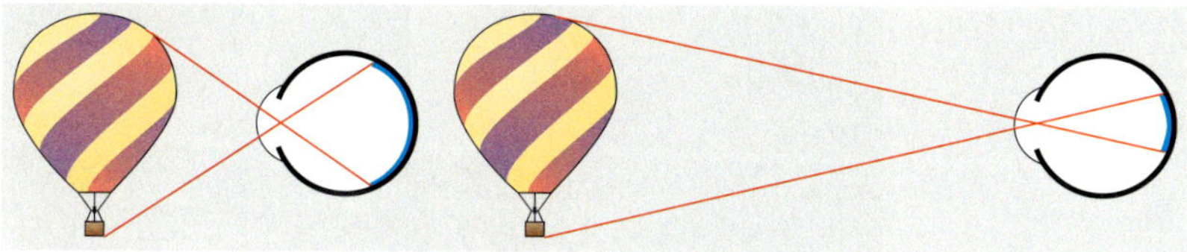

6 *Nah und fern – verschieden große Netzhautbilder*

7 *Räumlich sehen*

Alles klar?

1 Wie ändert sich das Netzhautbild eines Autos, wenn es auf dich zufährt?

2 Du siehst ein Zimmer zunächst so wie im Bild ▸8 und dann so wie im Bild ▸9. Beschreibe, wie sich deine Augenlinse dabei verändert.

3 Du gehst von einem dunklen Raum auf die helle Straße. Wie ändert sich deine Pupille dabei?
Beschreibe den Einfluss der Pupillenöffnung auf das Netzhautbild.

4* Stich mit einer Stecknadel ein Loch in ein Blatt Papier. Betrachte deinen Finger aus 4 cm Entfernung – erst ohne Hilfsmittel, dann durch das Loch (direkt vor das Auge halten). Beschreibe und erkläre deine Beobachtung.

5 Die Netzhaut hat einen Bereich ohne lichtempfindliche Zellen („blinder Fleck"). Trotzdem nehmen wir einwandfreie Bilder wahr. Erkläre dies.

6 Die Sterne nehmen wir so wahr, als wären sie alle gleich weit von uns entfernt. In Wirklichkeit ist ihr Abstand von der Erde ganz unterschiedlich. Erkläre, weshalb wir davon nichts merken.

8

9

Aus Umwelt und Technik Augenoptiker/-optikerin

Lena (im 3. Lehrjahr) erzählt:

Als ich im 9. Schuljahr einen Praktikumsplatz suchte, schrieb ich zuerst meine Interessengebiete auf. Im Lexikon „Beruf aktuell" suchte ich dann nach dazu passenden Ausbildungsberufen. Dabei entdeckte ich für mich den Beruf der Augenoptikerin.
Weil ich selbst Kontaktlinsen trage, fragte ich meinen Optikermeister nach einem Ausbildungsplatz. Er testete mein räumliches Sehen und meine Farbtüchtigkeit. Dann fragte er nach meinen Noten in Mathematik und Physik. Da mir das Praktikum so viel Freude machte, gab ich meine schriftliche Bewerbung um einen Ausbildungsplatz ab.
Die Arbeit als Augenoptikerin ist sehr abwechslungsreich: Ich bin nicht nur Handwerkerin, sondern auch Kunden- und Modeberaterin. Ich zeige den Kunden Brillenfassungen, die zu ihrem Gesicht passen. Ich berate sie auch bei der Auswahl der Gläser, nehme die Augenglasbestimmung vor und messe den Augenabstand. Außerdem schleife ich die Gläser und setze sie ein, passe das Gestell an usw.
Immer mehr Kunden wünschen Kontaktlinsen. Hier dauert die Beratung besonders lange: Messlinse einsetzen, prüfen, Typ und Farbe aussuchen, Linsen einsetzen, rausnehmen, pflegen ...
Das Lernniveau der Berufsschule hat's ganz schön in sich (vor allem in Mathe und Physik). Zurzeit bereite ich mich auf die Prüfung vor. Ich muss aus Metall oder Kunststoff eine Brille entwerfen und bauen.

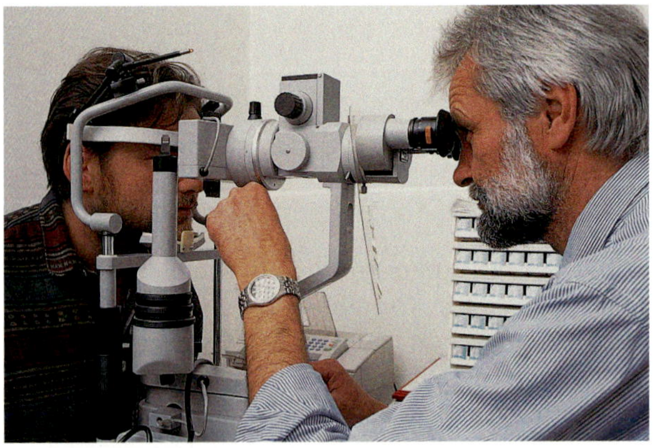

1 *Anpassung von Kontaktlinsen: Die Krümmung der Hornhaut wird gemessen.*

2 *Kundenberatung: Welches Brillengestell ist das richtige?*

Zur Geschichte des Berufs Bereits im Mittelalter gab es die Zunft der Brillenmacher. Der „Zentralverband der Augenoptiker" wurde 1951 gegründet.
Neben den Augenärzten dürfen auch Augenoptiker eine Brillenglasbestimmung vornehmen.
Heute brauchen etwas mehr als 60 % aller Deutschen eine Sehhilfe.

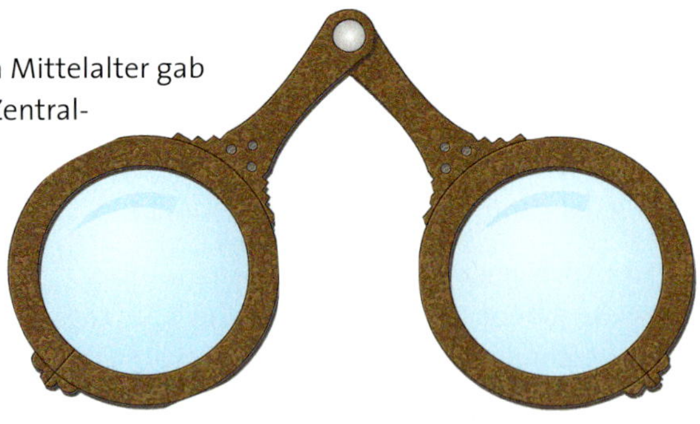

3 *Nietbrille (15. Jahrhundert)*

Berufsbild Der Augenoptiker hat die Aufgabe, individuelle Sehhilfen aufgrund eigener Augenglasbestimmungen oder nach der Verordnung des Augenarztes anzufertigen und anzupassen.

Arbeitssituation:
- Arbeit in der Werkstatt und im Laden
- meist kleine Meisterbetriebe mit wenigen Beschäftigten
- enge Zusammenarbeit zwischen Meister und Mitarbeiter
- Arbeitszeit entsprechend den Ladenöffnungszeiten
- Verkauf von Thermometern, Mikroskopen, Ferngläsern ...

Typische Werkzeuge:
- etwa 25 verschiedene Zangen
- ganz kleine Schraubendreher
- kleine Bohrmaschine
- Handschleifsteine
- Schleifautomaten
- Rillenschleifgerät
- Ultraschall-Reinigungsbad
- Scheitelbrechwert-Messgerät (zum Vermessen der Gläser)
- Refraktometer (zum Bestimmen der Augenfehler)

Geforderte Eigenschaften:
- handwerkliches Geschick
- Verantwortungsbewusstsein
- Konzentrationsfähigkeit
- Genauigkeit
- Freude am Beraten/Verkaufen
- Sprachgewandtheit
- Einfühlungsvermögen
- Kontaktfreude
- ästhetischer Geschmack
- Sinn für Formen
- Computerkenntnisse
- gute Umgangsformen

Voraussetzungen für diesen Beruf:
- keine Allergie auf Metalle und Kunststoffe
- kein Handschweiß
- keine Schwerhörigkeit
- keine Sprachstörung

4 *Qualitätsprüfung der Oberfläche einer Kontaktlinse mit Lupe*

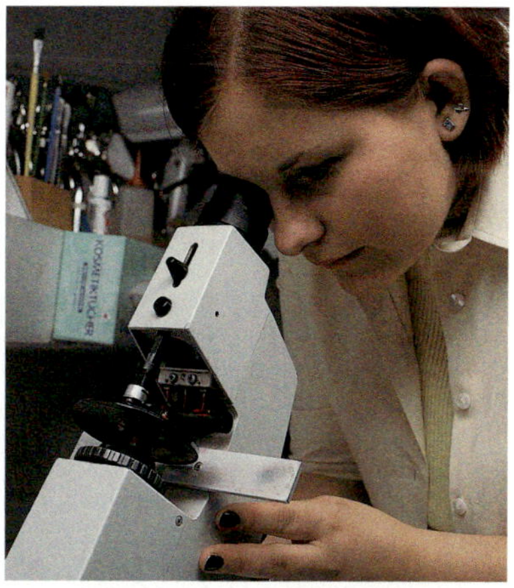

5 *Prüfung von Brillengläsern mit dem Scheitelbrechwert-Messgerät*

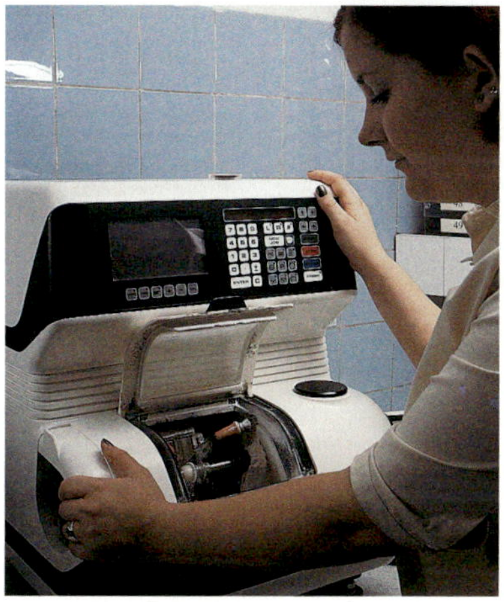

6 *Arbeit mit modernen Maschinen wie z. B. dem Schleifautomaten*

7 *Handarbeit beim Einpassen der Brillengläser in das Brillengestell*

Körperliche Anforderungen:
- volles Sehvermögen (Ausgleich durch Brille möglich)
- räumliches Sehvermögen und volle Farbtüchtigkeit
- unempfindliche Haut und normales Temperaturempfinden
- gesunde Wirbelsäule
- Hand-, Fingergeschicklichkeit

Weiterbildungsmöglichkeiten:
- Kurse von Handwerkskammern und optischer Industrie
- Augenoptikermeister/-meisterin
- staatlich geprüfter Augenoptiker/staatlich geprüfte Augenoptikerin
- Bachelor und Master Augenoptik/Optometrie

Ausbildung und Berufsaussichten:
Die Ausbildung dauert 3 Jahre. Die mathematischen und naturwissenschaftlichen Anforderungen sind recht hoch. In Deutschland gibt es 12 000 Betriebe mit rund 49 000 Beschäftigten (Frauenanteil: etwas mehr als 70 %).

Experimente mit Spiegeln

▷ Nadine und Philipp haben sich eine Vorführung ausgedacht, die an Zauberei grenzt: Philipps Kopf auf Nadines Körper! Die Zuschauer stehen hinter Philipp und sehen Nadine durch die Glasplatte.

1

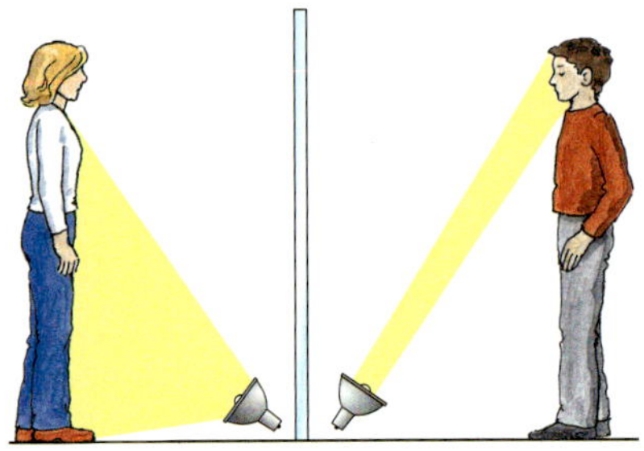

2

38–1 Bilderserie Spiegelungen

Untersuchen

1 Wo liegt das Spiegelbild? Ein Spiegel steht senkrecht auf dem Tisch. Ein Teller schaut hinter dem Spiegel hervor. ▸3 Stellt einen gleichen Teller vor den Spiegel. Sein Spiegelbild soll in den Teller hinter dem Spiegel übergehen. Messt die Abstände der beiden Teller vom Spiegel. Was stellt ihr fest?

2 Welche Richtung kehrt ein Spiegelbild um? Stellt einen Taschenspiegel senkrecht auf ein Blatt Papier. Zeichnet Pfeile, die in die gleiche Richtung wie ihre Spiegelbilder zeigen. Zeichne auch Pfeile, die genau in entgegengesetzte Richtungen wie ihre Spiegelbilder weisen.

3* Original und Spiegelbild Stellt euch hinter eine Person, die vor einem Spiegel steht. Wie seht ihr die Person im Original? Wie seht ihr sie im Spiegel?

4* Die Größe des Spiegelbilds Stelle dich vor einen Spiegel. Male den Umriss deines Kopfs auf den Spiegel. Vergleiche die Größe des gezeichneten Kopfs mit der deines eigenen. ▸4

5* Spiegelflirt Wo muss Klaus stehen, damit er Marie im Spiegel in die Augen blicken kann? ▸5 Probiert es aus. Kann Marie dann auch in Klaus' Augen blicken? Was passiert, wenn sie sich nach links bewegt?

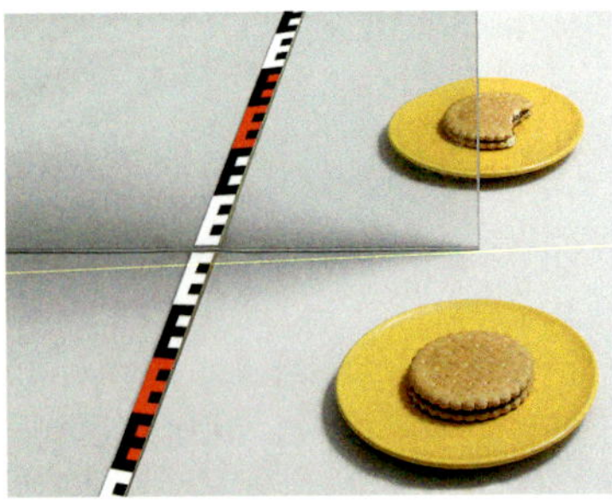

3

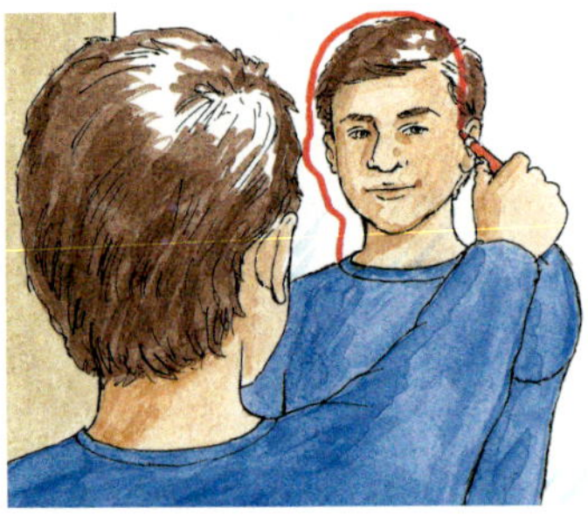

4

5

6 Der Lichtweg am Spiegel ▸6 Ihr benötigt eine Taschenlampe mit einem Spalt. Klebt dazu die Öffnung mit Klebeband ab.

a Legt die Lampe auf ein Blatt Papier. Haltet einen Taschenspiegel in den Lichtweg. Zeichnet die Stellung des Spiegels und Punkte auf den Lichtwegen ein. Zeichnet dann den Lichtweg sorgfältig nach.

b Verändert den Winkel zwischen Lichtbündel und Spiegel und zeichnet erneut.

c Was fällt euch auf?

7* Gespiegeltes Licht im Visier ▸7

a Dein Partner leuchtet mit der Taschenlampe durch seine Papprohre auf den Spiegel. Verschiebe und drehe deine Papprohre, bis Licht in dein Auge fällt.

b Verändert die Stellung der ersten Röhre. Suche wieder das umgelenkte Licht. Wie muss deine Röhre gehalten werden? Versucht Regeln aufzustellen.

8* Wie wird das Licht vom Rückstrahler reflektiert? Als Lichtquelle dient ein Laserpointer. Der Verlauf des Lichts wird mit Kreidestaub sichtbar gemacht. Achtung: Nicht in das Laserlicht blicken! Niemandem in die Augen leuchten!

a Untersucht, in welche Richtung ein Rückstrahler Licht reflektiert.

b Wie funktioniert ein Rückstrahler? Ihr könnt es euch mit einer Spiegelecke klarmachen. ▸8 Baut sie aus drei Spiegelfliesen (oder Taschenspiegeln) selbst zusammen. Leuchtet in die Spiegelecke hinein. Wie verläuft das austretende Licht?

9* Anderen über den Kopf sehen Ihr möchtet auch in der größten Menschenmenge immer eine gute Aussicht haben? Erfindet ein einfaches Gerät dafür. Ihr braucht nur zwei Taschenspiegel, Pappe und Klebstoff.

6

7

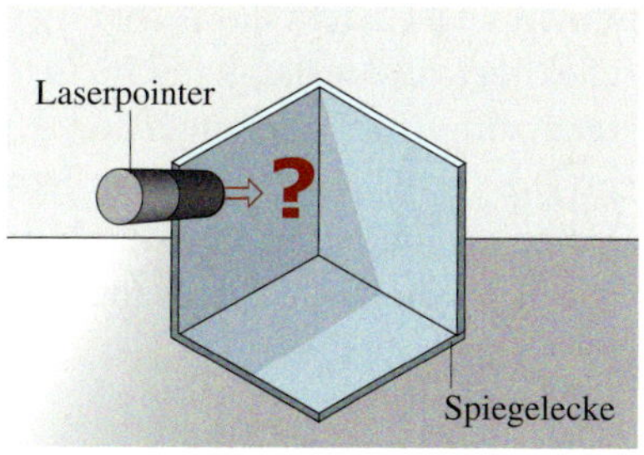

8

Grundlagen Eigenschaften von Spiegelbildern

Im Spiegel sehen wir Gegenstände an Orten, wo sie gar nicht sein können. Sie liegen hinter der Spiegelfläche – und dort befindet sich meist eine Wand. Von dort kann kein Licht in unser Auge gelangen. Spiegelbilder sind *Scheinbilder (virtuelle Bilder)*.
Hinter einer Sammellinse entstehen dagegen wirkliche Bilder *(reelle Bilder)*. In ihren Bildpunkten läuft das Licht vom Gegenstand zusammen.

Ein Spiegelbild ist genauso weit hinter dem Spiegel zu sehen, wie der Gegenstand vor dem Spiegel steht. ▸9

Für einen senkrecht stehenden Spiegel gilt: Die rechte Seite des Gegenstands zeigt auch im Spiegelbild nach rechts, die linke nach links. Auch oben und unten bleiben erhalten. Aber die vordere Seite des Gegenstands liegt beim Spiegelbild hinten. ▸10

Der Spiegel kehrt immer die Richtung um, die senkrecht zur Spiegelebene verläuft.

39-1 Simulation Spiegelbild

9 *Original und Spiegelbild*

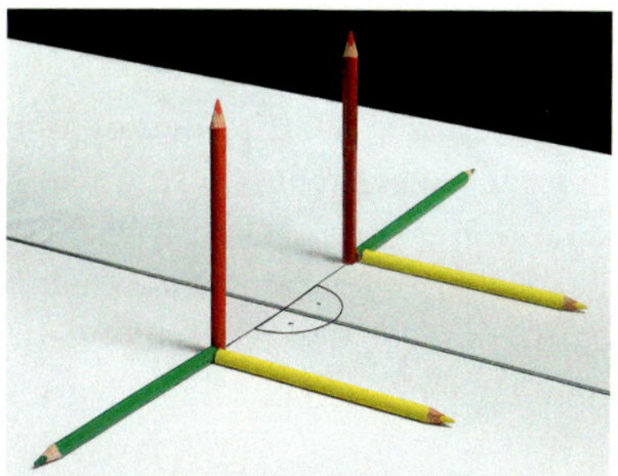

10 *Richtungen im Spiegelbild*

Grundlagen Reflexion von Licht am Spiegel

Das Reflexionsgesetz Spiegel lenken das Licht um. Man sagt, das Licht wird *reflektiert*. Reflexion von Licht tritt an glatten Oberflächen auf, z. B. bei Metallen, Glas oder Flüssigkeiten.
In welche Richtung das Licht vom Spiegel umgelenkt wird, kannst du mit dem *Reflexionsgesetz* vorhersagen:

Der Einfallswinkel ist so groß wie der Reflexionswinkel: ▸1
Einfallswinkel = Reflexionswinkel.
Einfallender und reflektierter Lichtstrahl liegen in einer Ebene mit dem Einfallslot.

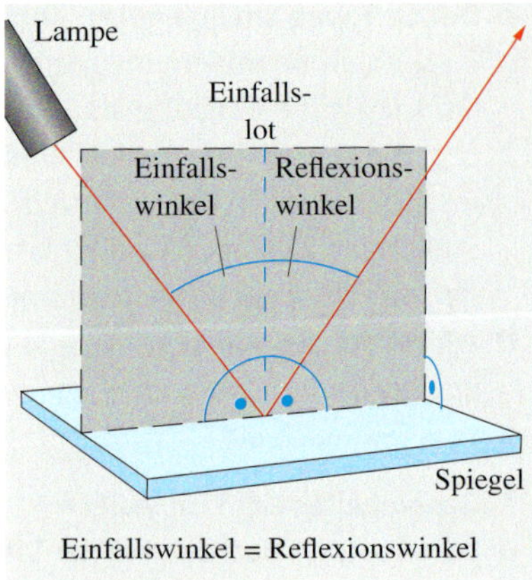

1 *Reflexionsgesetz*

Einfallswinkel und Reflexionswinkel misst man zwischen dem Licht und dem Einfallslot. Das Lot steht immer senkrecht auf der Spiegelebene.

Wieso wir Spiegelbilder sehen Eine Kerze sehen wir, wenn ihr Licht direkt in unsere Augen fällt. ▸2
Beim Spiegel macht das Licht einen Umweg. Es fällt auf den Spiegel, wird reflektiert und gelangt dann ins Auge. ▸3 Dabei entsteht das gleiche Netzhautbild wie von einer Kerze im gleichen Abstand hinter dem Spiegel. Das Gehirn meldet daher: Es steht eine Kerze hinter dem Spiegel.
Das Spiegelbild wird erst durch das Auge erzeugt. Ohne das Auge läuft das Licht von den Gegenstandspunkten in alle Richtungen auseinander.

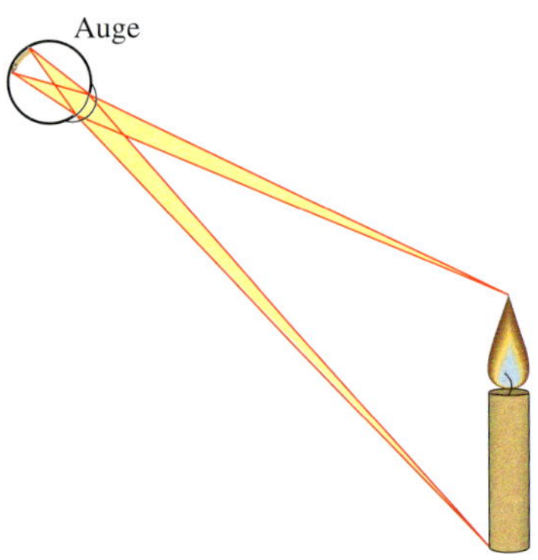

2 *Wir sehen die Kerze direkt.*

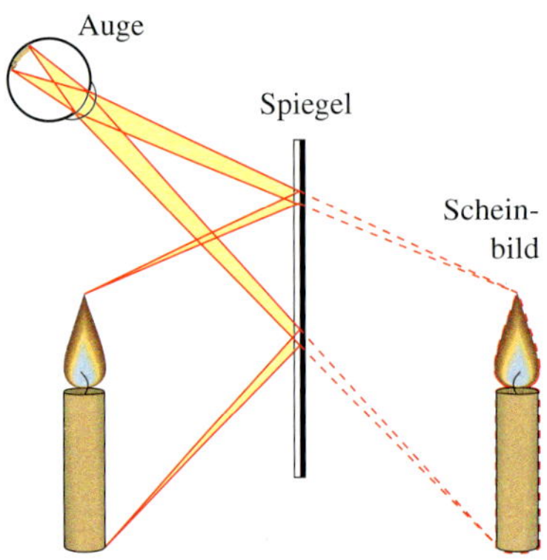

3 *Wir sehen das Spiegelbild der Kerze.*

40-1 Simulation Reflexion

Erweiterung Der Kopf im Spiegel

Wenn du den Umriss deines Kopfs mit ausgestrecktem Arm auf den Spiegel malst, stellst du fest: Die Zeichnung ist genau halb so groß wie dein Kopf.
Die Erklärung dafür ist gar nicht so schwer. Das Spiegelbild deines Kopfs ist doppelt so weit entfernt wie der Spiegel. Deshalb ist der Umriss auf dem Spiegel auch nur halb so groß wie dein Kopf. ▸4

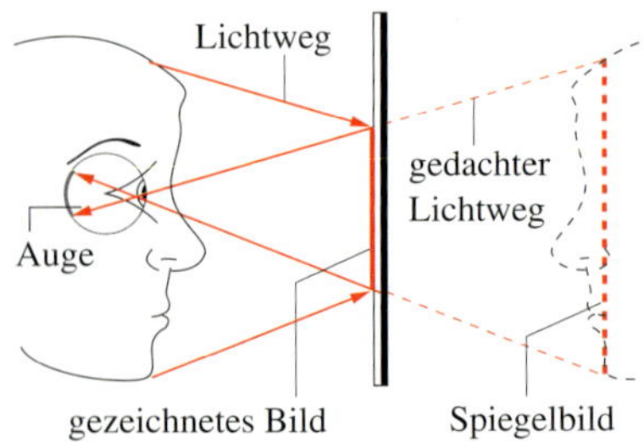

4

Aufgaben

1 Eine Kerze brennt unter der Wasseroberfläche. ▸5 Erkläre den „Trick".

2 Beim Blick in den Rückspiegel sieht der Fahrer ein Auto. In welche Richtung wird es abbiegen? ▸6

3 Tina sieht Martins Spiegelbild. ▸7 Wie gelangt das Licht von Martin zu ihr? So kannst du es herausfinden: Übertrage die Skizze ins Heft. Ermittle Martins Standort. Zeichne den Lichtweg von seiner Nase in Tinas Auge.

4* Du willst in deinem Zimmer einen Spiegel aufhängen, in dem du dich von Kopf bis Fuß siehst.

a Wie hoch muss der Spiegel mindestens sein? *Tipp:* Übernimm die Zeichnung in dein Heft. ▸8 Zeichne zuerst die Strahlen von A' und B' zum Auge. Ergänze dann die Lichtwege für die Punkte A und B zum Auge.

b In welche Höhe musst du die Oberkante des Spiegels hängen?

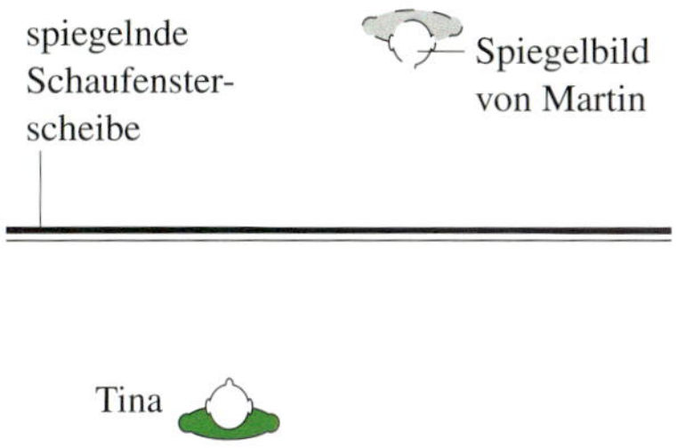

7

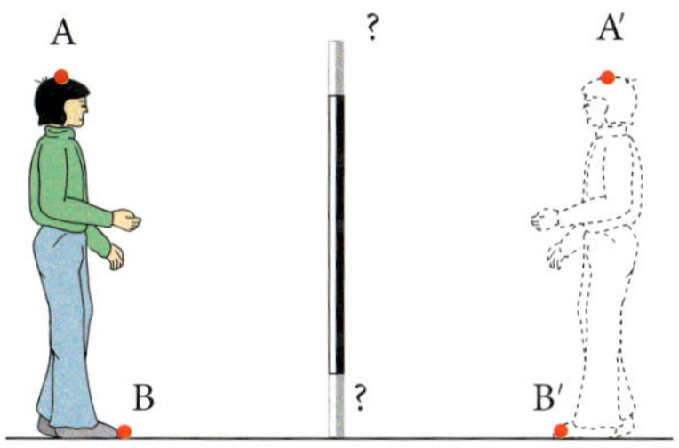

8

5

6

Aus der Technik Ein Spiegel auf dem Mond

In der Spiegelecke stehen drei Spiegel senkrecht aufeinander. ▸9 Das einfallende Licht wird dreimal reflektiert. Danach läuft es in die Richtung zurück, aus der es gekommen ist.
Die Besatzung des Raumschiffs Apollo 11 stellte im Jahr 1969 einen besonderen Spiegel auf dem Mond auf. Er ist rund 25 cm · 25 cm groß und besteht aus 100 einzelnen Spiegelecken. ▸10 Mit ihm lässt sich die Entfernung zwischen Erde und Mond auf 20 cm genau bestimmen. Der Spiegel wird dazu mit einem Laserstrahl angeblitzt. Vom Spiegel wird das Licht wieder zur Erde zurückgeworfen. Aus der Laufzeit des Lichts berechnet man die Entfernung.

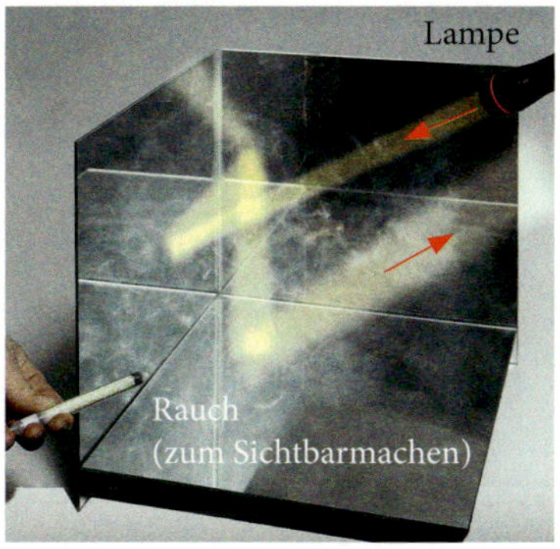

9 *Licht in einer Spiegelecke*

10 *Dreifachspiegel auf dem Mond*

Aufgaben

5 Übertrage die Zeichnung vom *Winkelspiegel* in dein Heft. ▸11 Setze die Lichtwege fort. Was fällt dir auf?

6 Berechne den Abstand Mond–Erde. Verwende dafür folgende Daten:
- Licht legt in einer Sekunde 299 792 km zurück.
- Der Laserblitz braucht zum Mond und wieder zurück 2,56 s.

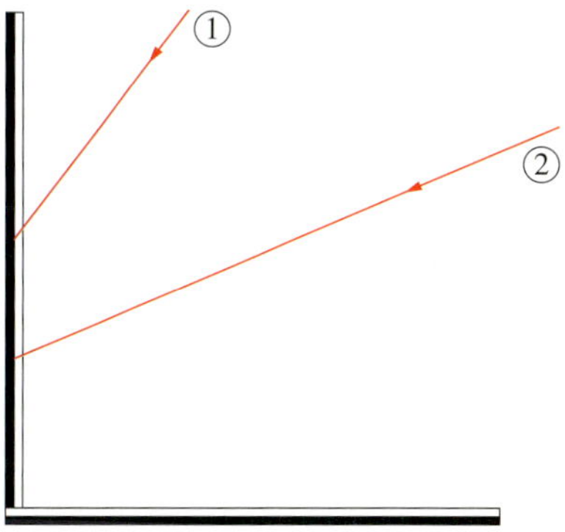

11 *Winkelspiegel*

Scheinbilder durch Brechung

▷ Die Ureinwohner Australiens erlegen Fische vom Ufer aus mit einem Speer. Für diese Art zu fischen braucht man viel Erfahrung. Es ist gar nicht so einfach, einen Fisch zu treffen …

↻ 42–1 Simulation Fische jagen

1

Beobachten

1 „Fische erlegen" Zielt mit dem Glasrohr genau auf die Münze. Blickt dazu durch das Rohr. ▸2 Schiebt nun einen dünnen Stab als Speer durch das Rohr. Trefft ihr die Münze?
Leuchtet dann mit einem Laserpointer durch das Glasrohr …

2 Die unsichtbare Münze Legt eine Münze in eine Tasse. ▸3 Blickt so über den Rand, dass ihr sie nicht seht. Bewegt den Kopf nicht, während ihr Wasser eingießt. ▸4 Was beobachtet ihr?

3 Lineal im Wasser Füllt eine kleine Schale mit Wasser. Stellt ein Lineal senkrecht hinein. Schaut darauf – zuerst schräg, dann fast parallel zur Wasseroberfläche. Was fällt euch an der Skala des Lineals auf? ▸5

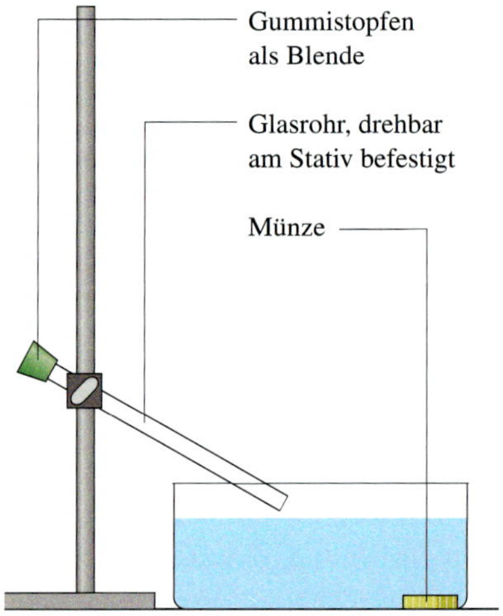

2

3

4

5

Grundlagen Geknickt und angehoben – Scheinbilder im Wasser

Beim Blick ins Wasser kannst du seltsame Dinge sehen: Die Beine eines Menschen schrumpfen, Schilfrohre haben einen Knick. ▸6–7 In einer Tasse kannst du eine Münze sehen, die durch den Tassenrand verdeckt ist. ▸3–4 Wenn du eine Münze im Wasser durch ein Rohr anpeilst, dann trifft ein durch das Rohr geschobener Stab die Münze nicht. ▸2 Die Münze ist nicht da, wo sie unseren Augen erscheint. Wir sehen nicht die Münze, sondern ein *Scheinbild* an einer anderen Stelle.
Beim Vergleich dieser Beobachtungen fällt eine Gemeinsamkeit auf:

Beim Blick ins Wasser scheinen uns die Dinge unter Wasser angehoben.

Das Lineal in Bild ▸5 scheint unter Wasser gestaucht zu sein. Alle Punkte unter Wasser werden scheinbar angehoben: tief im Wasser liegende Punkte mehr, dicht unter der Wasseroberfläche weniger. Auch der Knick im Schilfrohr ist so zu erklären. ▸8
Die Tiefe eines Schwimmbeckens ist kaum einzuschätzen. Es sieht flacher aus, als es wirklich ist. Je schräger du ins Wasser blickst, desto stärker scheint der Boden angehoben zu sein.

43–1 Animation Optische Hebung

6

7

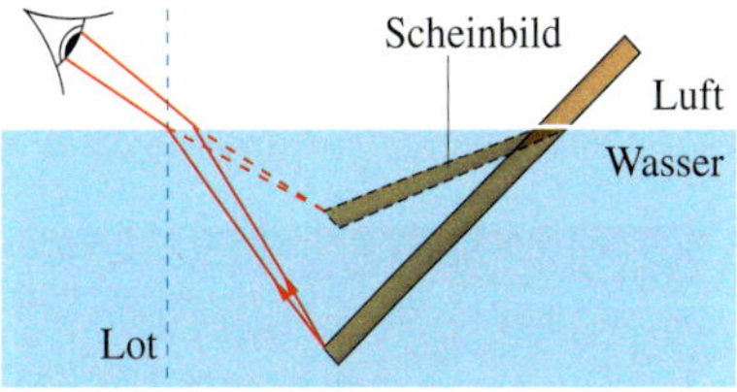

8

Grundlagen Der Knick im Licht – Brechung

Warum siehst du die Münze durch das Glasrohr, obwohl ein durchgeschobener Stab sie nicht trifft? ▸2 Zielst du mit einem Laserpointer durch das Rohr, so trifft er die Münze!
Das Licht verläuft nicht gerade wie ein Stab. Es wird an der Wasseroberfläche abgelenkt und hat einen Knick. ▸9
Wir sehen die Münze, weil sie Licht streut. Auf seinem Weg von der Münze zum Auge wird das Licht an der Wasseroberfläche geknickt. ▸10
Durch diesen Knick wird das Netzhautbild der Münze verschoben. Wir sehen die Münze ein Stück höher.
Die Richtungsänderung des Lichts an der Oberfläche von Wasser oder anderen durchsichtigen Stoffen wie Glas heißt *Brechung*.

Licht wird immer dann gebrochen, wenn es von einem durchsichtigen Stoff in einen anderen gelangt, z. B. von Wasser in Luft.

9 *Brechung an der Wasseroberfläche (Licht kommt von rechts unten)*

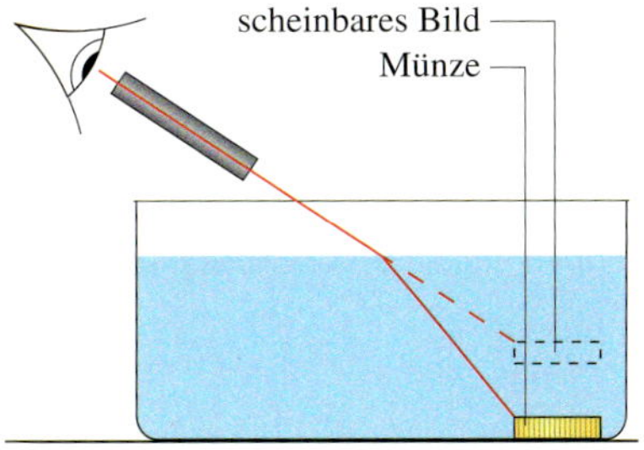

10 *Scheinbild durch Brechung des Lichts*

Aufgaben

1 Beschreibe, was man unter der Brechung des Lichts versteht.

2 Die Beine des Jungen sehen verkürzt aus. ▸6 Erkläre diese Beobachtung.

3 „Wenn man in ein Aquarium blickt, sieht man nur Scheinbilder der Fische.“ Begründe die Aussage.

4 Wo sieht das Wasser im Schwimmbecken flacher aus: direkt vor dir oder auf der gegenüberliegenden Seite? Begründe deine Antwort.

Erweiterung: Die Brechung – genauer betrachtet

▷ Was geschieht, wenn Licht durch die Oberfläche von Glas oder Wasser hindurchgeht?

▷ Wieso ändern Sammellinsen den Verlauf von Lichtbündeln?

1

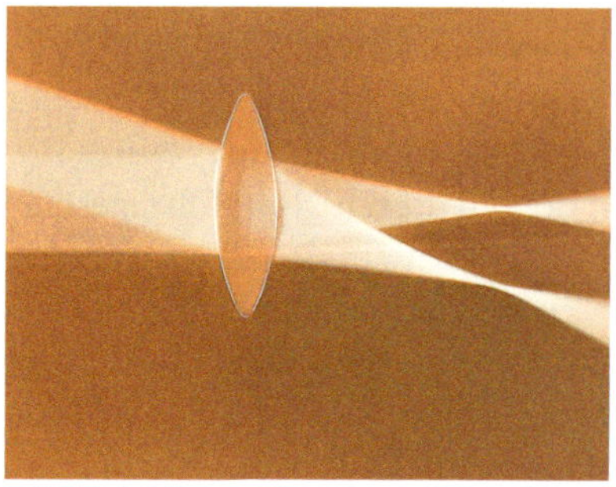

2

Untersuchen Experimentieren

1 **Wenn Licht auf Wasser trifft** Lasst ein schmales Lichtbündel in ein Becken mit Wasser fallen – erst senkrecht zur Wasseroberfläche und dann immer flacher. ▸3 Beschreibt eure Beobachtungen.
Tipp: Man kann den Lichtverlauf auch mit einem Beobachtungsschirm sichtbar machen. Dazu stellt man den Schirm so auf, dass das Licht an seiner Oberfläche „entlangstreift".

2 **Wenn Licht aus dem Wasser kommt** Wie verhält sich Licht, wenn es aus Wasser an die Luft gelangt? ▸4 Beschreibt die Richtungsänderungen.

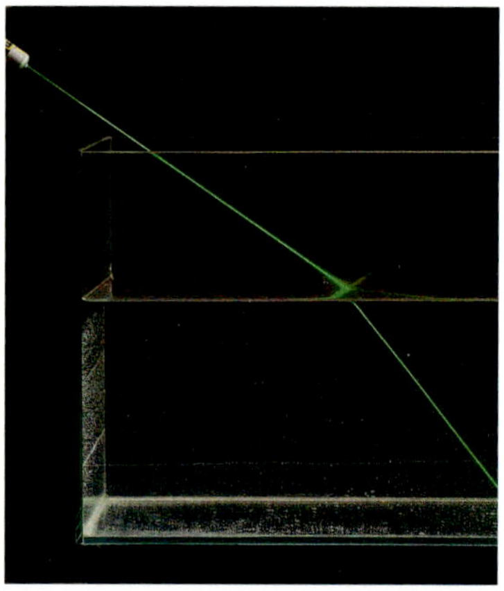

3 *Übergang von Luft in Wasser*

4 *Übergang von Wasser in Luft*

3 **Wenn Licht auf Glas trifft** Lasst Licht aus unterschiedlichen Richtungen auf die Oberfläche eines Glasblocks treffen. ▸5 Was fällt euch auf, wenn das Licht immer schräger auf die Glasoberfläche einfällt? Was geschieht bei senkrechtem Lichteinfall?

4* **Glasplatte, Prisma, Sammellinse** Lasst ein schmales Lichtbündel durch verschiedene Glasplatten hindurchlaufen:
– eine dicke Glasplatte
– ein dreieckiges Glasprisma
– eine Glasplatte mit linsenförmig gekrümmten Rändern
Untersucht und skizziert jeweils den Verlauf des Lichts.

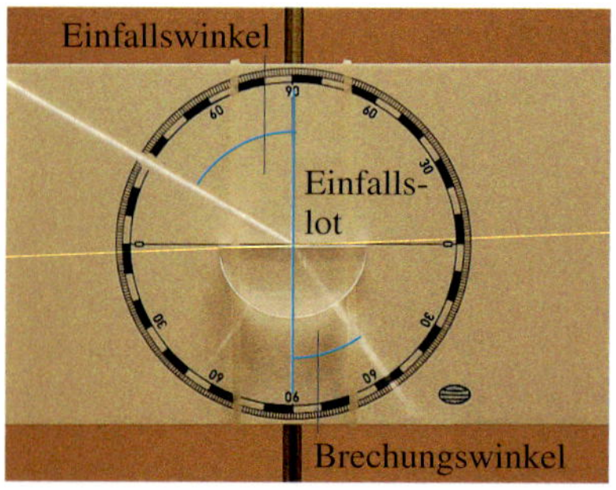

5

Grundlagen Regeln bei der Brechung des Lichts

Wenn Licht aus der Luft in Glas übergeht (und umgekehrt), wird es gebrochen. ▸1 Das geschieht auch beim Übergang aus Luft in Wasser oder andere durchsichtige Stoffe.
Je flacher das Licht auf die Grenzfläche trifft, desto stärker wird es gebrochen. Dabei ist der Winkel zum Einfallslot in Luft stets größer als der in Glas. *Beachte:* Die Winkel werden immer zwischen Lichtweg und Einfallslot gemessen! Im Auftreffpunkt kreuzt der Lichtweg das Einfallslot.

Beim Übergang aus Luft in Glas wird Licht zum Einfallslot hin gebrochen. Der Brechungswinkel in Glas ist kleiner als der Einfallswinkel in Luft. ▸6

Senkrecht auf die Grenzfläche fallendes Licht wird nicht aus seiner Richtung abgelenkt. Normales Glas bricht das Licht stärker als Wasser, Diamant bricht Licht stärker als alle anderen Stoffe.

Beim Übergang aus Glas in Luft wird Licht vom Einfallslot weg gebrochen. Der Brechungswinkel in Luft ist größer als der Einfallswinkel in Glas.

↻ 45-1 Simulation Brechung

Erweiterung Brechung an der Sammellinse

Stell dir eine Sammellinse vor, die aus kleinen Glasprismen zusammengesetzt ist. ▸9 Das Licht wird zweimal gebrochen. Die Einfallslote haben bei jedem Prisma eine andere Richtung. Das Licht wird umso stärker gebrochen, je flacher es auf die Glasoberfläche trifft. Die verschieden starken Brechungen sorgen dafür, dass das Licht in einem Punkt hinter der Linse gesammelt wird.
Der Strahl durch die Linsenmitte hat hinter der Linse die gleiche Richtung wie vorher. Er wird nur parallel versetzt. Bei dünnen Linsen ist diese Versetzung kaum zu bemerken. In Zeichnungen stellen wir nur die gesamte Brechung als einen einzigen „Knick“ dar. Den Mittelpunktstrahl zeichnen wir geradlinig durch die Linsenmitte.

↻ 45-2 Simulation Brechung an Sammellinsen

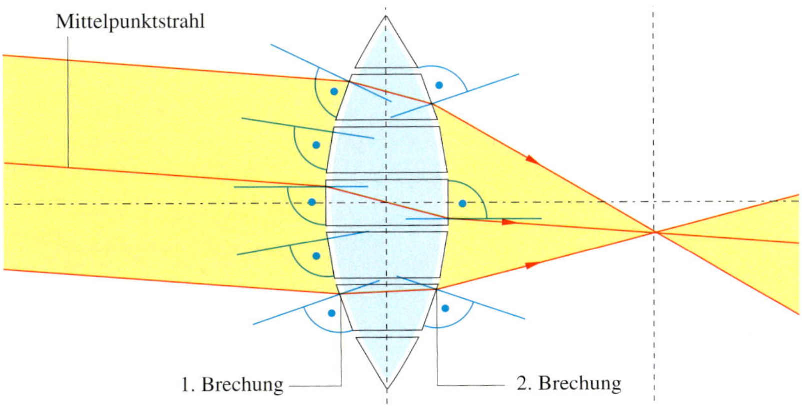

9 *Brechung an einer Sammellinse (Modell)*

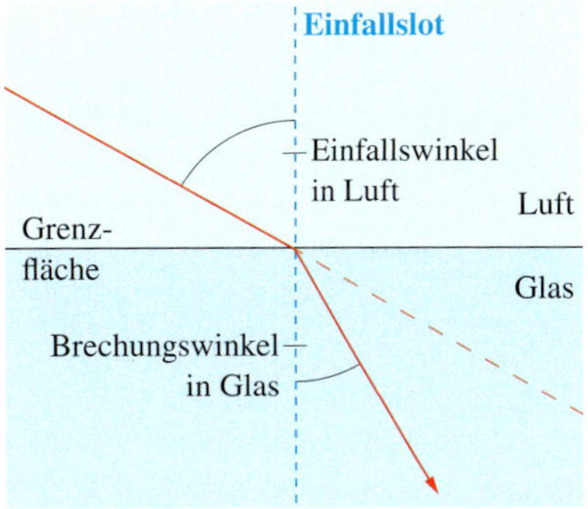

6 *Brechung des Lichts an der Grenzfläche zwischen Luft und Glas*

Aufgabe

1 Von den drei gebrochenen Lichtstrahlen ist jeweils nur einer richtig eingezeichnet. ▸7–8

a Welche beiden Lichtstrahlen sind richtig? Begründe deine Antwort jeweils.

b Übertrage die Zeichnungen in dein Heft. Zeichne aber nur die richtigen Lichtstrahlen ein. Trage außerdem jeweils den Einfallsund den Brechungswinkel ein.

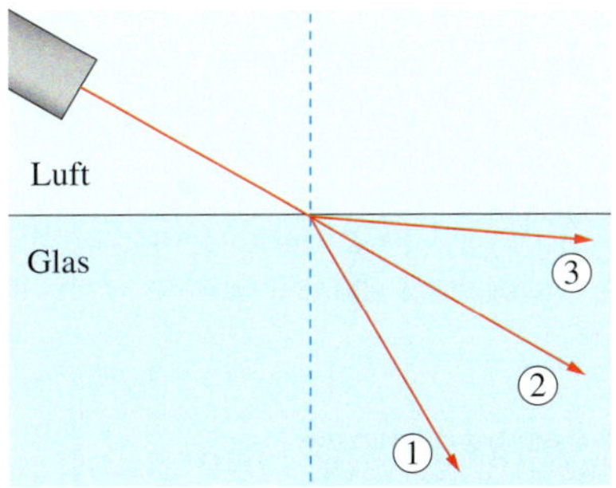

7

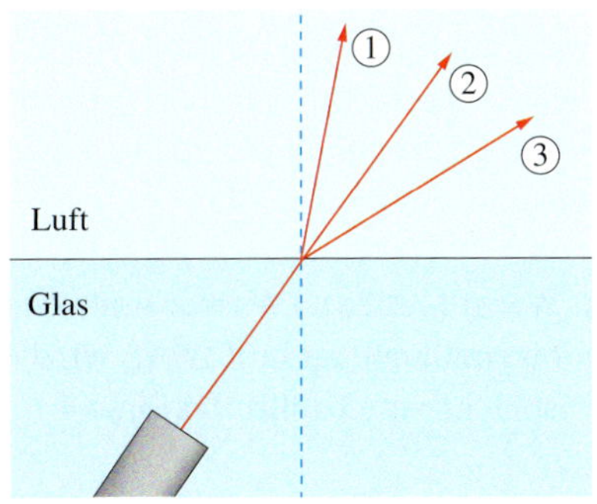

8

Die Totalreflexion

▷ Eine Hand im Aquarium – von unten betrachtet …

1

Untersuchen

1 Wasser als Spiegel? Füllt ein Glas mit Wasser. Haltet einen Finger dicht über das Wasser. Blickt schräg von unten auf die Wasseroberfläche. Seht ihr den Finger? Taucht nun den Finger in das Wasser. Welche Teile des Fingers seht ihr, welche nicht?

2 Silber im Reagenzglas? Haltet ein leeres Reagenzglas in ein Glas mit Wasser. Betrachtet das Glas schräg durch das Wasser hindurch. Beschreibt eure Beobachtung.

3 Wasserspiegel Lasst Licht vom Wasser in die Luft eindringen. ▸2 Richtet das Licht immer flacher auf die Wasseroberfläche (größerer Einfallswinkel). Was geschieht?

4* Ab welchem Einfallswinkel geht Licht nicht mehr vom Glas in Luft über? ▸3 Plant einen Versuch, um diese Frage zu beantworten.

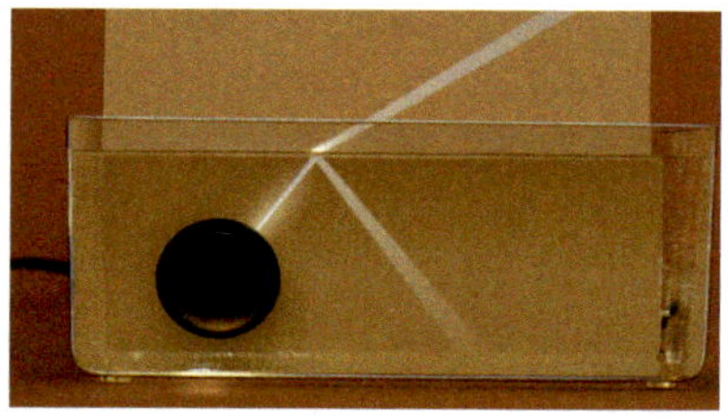

2

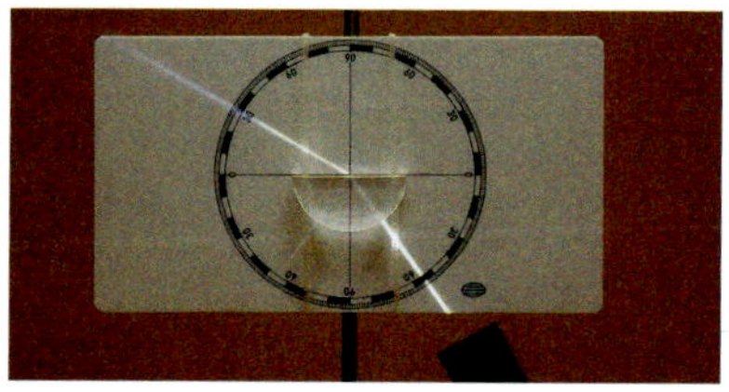

3

Grundlagen Brechung und Reflexion

Licht wird an einer Grenzfläche nicht nur gebrochen. Ein Teil des Lichts wird auch reflektiert. Je flacher das Licht einfällt (größerer Einfallswinkel), desto mehr Licht wird reflektiert. ▸4
Beim Übergang des Lichts von Wasser oder Glas in Luft kann man etwas Besonderes beobachten:

Wenn Licht aus Wasser oder Glas kommt und sehr flach auf die Grenzfläche zu Luft trifft, wird es vollständig reflektiert. Man spricht von Totalreflexion. ▸4

Totalreflexion tritt auf, wenn der Einfallswinkel einen bestimmten Wert überschreitet. Dieser Winkel heißt *Grenzwinkel der Totalreflexion.* ▸5
Durch Totalreflexion kann eine Wasser- oder Glasfläche wie ein Spiegel wirken.

45-1

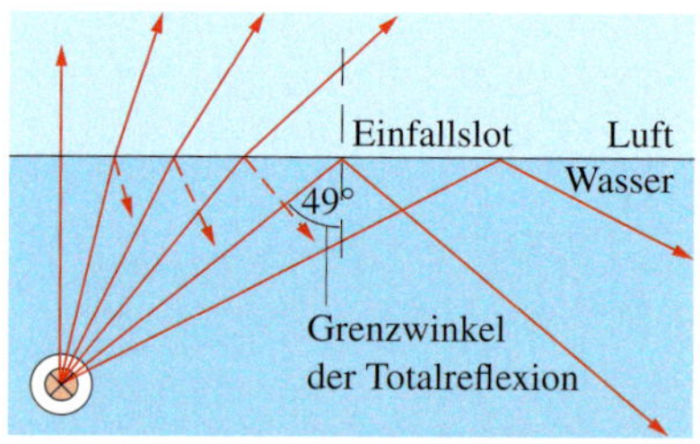

4

Übergang von ...	Grenzwinkel
Wasser in Luft	48,5°
Plexiglas in Luft	42°
Flintglas in Luft	38°
Diamant in Luft	24°

5

Aus Umwelt und Technik Glasfasern als Lichtleiter

Nachrichtenübertragung durch Glasfasern Wird Glas zu feinen Fasern gezogen, dann kann man es biegen. Wenn Licht an einem Ende in die Glasfaser eintritt, bleibt es im Innern und folgt jeder Biegung. Denn in der Glasfaser wird das Licht ständig total reflektiert und breitet sich in Richtung der Faser aus. Solche Glasfasern nennt man *Lichtleiter*. Viele sehr dünne Glasfasern bündelt man zu Glasfaserkabeln. ▸**6–8**

Glasfaserkabel übertragen Telefongespräche, Fernsehsignale und Daten für das Internet. Sprache oder Zeichen werden dazu in elektrische Signale und dann in Lichtblitze umgewandelt. Beim Empfänger werden die Informationen wieder zurückverwandelt. In modernen Glasfasernetzen können bis zu 30 Billionen Lichtblitze pro Sekunde übertragen werden. Bei größeren Entfernungen werden sie unterwegs von weiteren Lichtquellen erneuert und verstärkt.

Mit einer einzigen Glasfaser lassen sich Zehntausende von Telefongesprächen gleichzeitig störungsfrei führen. Im selben Leitungsnetz kann man auch Computerdateien, Fernseh- und Rundfunkprogramme übertragen.

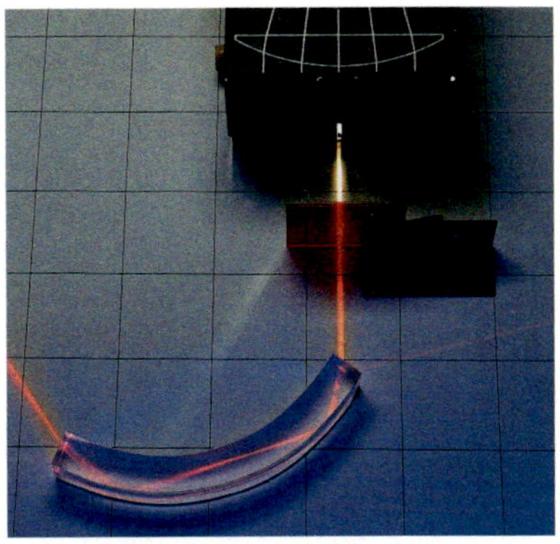

6 *Licht geht um die Ecke.*

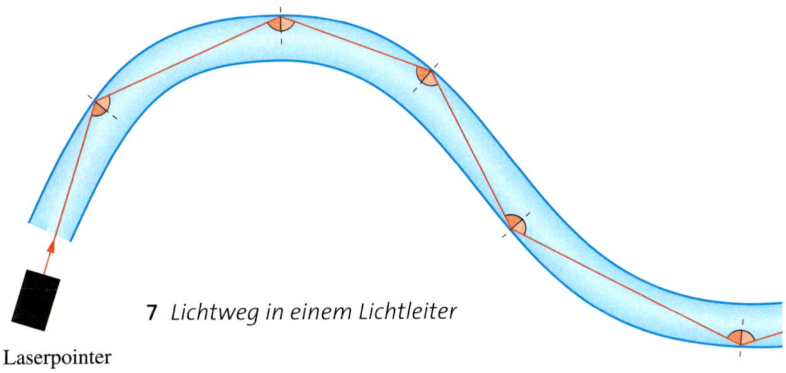

7 *Lichtweg in einem Lichtleiter*

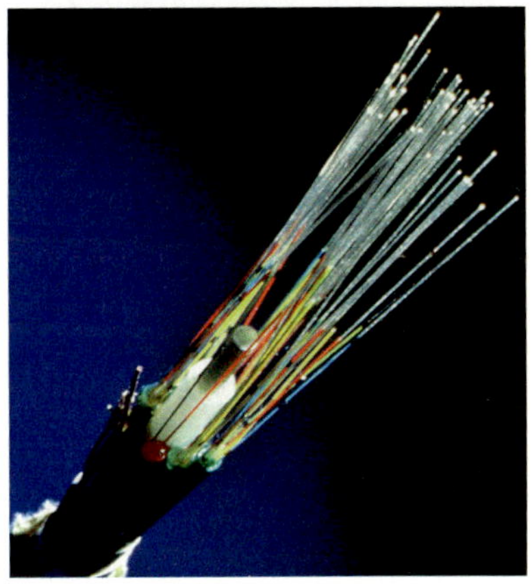

8 *Glasfaserkabel*

Blick in den Magen Manchmal müssen Ärzte einen Blick in den Magen werfen. Dazu benutzen sie ein *Endoskop*. Das schlauchartige Gerät wird über die Speiseröhre eingeführt. Es besteht im Wesentlichen aus zwei Glasfaserbündeln. ▸**9** Durch das äußere Bündel wird Licht in den Magen geleitet (1). Vor dem Ende des inneren Glasfaserbündels befindet sich ein Objektiv (2). Es erzeugt ein Bild. Das Bild wird durch die Lichtleiter Punkt für Punkt nach außen übertragen. Dort betrachtet es der Arzt mit einer Lupe. Oder das Bild wird mit einer winzigen Videokamera aufgenommen und auf einem Monitor betrachtet.

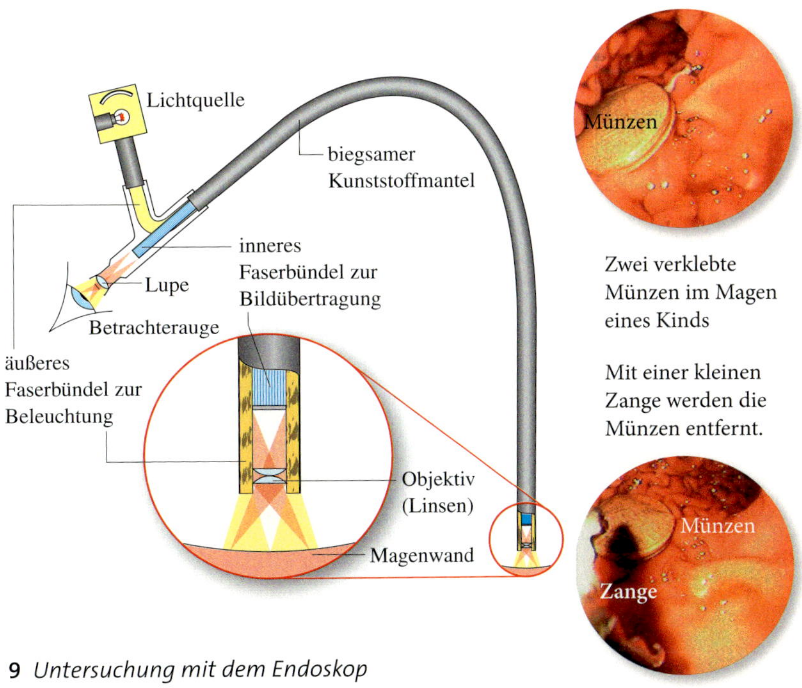

9 *Untersuchung mit dem Endoskop*

Aus Natur und Umwelt Ein Fenster zum Himmel

Aus einer Zeitschrift für Tauchsport:
... und wenn du dich sattgesehen hast an all den Wundern unter Wasser, den Korallen und den exotischen Fischen, dann schau mal nach oben! Genau über dir wirst du einen hellen Kreis sehen. Es wird dir nicht gelingen, an seinen Rand zu schwimmen – der helle Kreis bewegt sich mit dir und ist immer genau über dir. Und wenn du das Glück hast, dass die Wasseroberfläche spiegelglatt ist, wirst du merken, dass dieser Kreis ein Fenster ist, ein Fenster zum Himmel. Du kannst die Bäume am Ufer und die Vögel am Himmel sehen. Dieses Fenster nach außen heißt Snellius' Fenster.
Was siehst du, wenn du neben dem Fenster schräg nach oben blickst? Korallen, Steine, Wasserpflanzen – alles, was du eigentlich unten auf dem Meeresgrund erwartest. Schwimmt ein Fisch nach oben, dann kommt ihm plötzlich ein Doppelgänger entgegen, der jede Bewegung mitmacht ...
Snellius (1580–1626) hat die Lichtbrechung erforscht und als Erster eine mathematische Formel dazu angegeben.

1 *Blick eines Tauchers nach oben*

Aufgaben

1 Der Text aus der Zeitschrift enthält mehrere Beobachtungen. Listet sie auf. Erklärt jede mit einer Zeichnung, in der ihr den Lichtverlauf einzeichnet. ▸2 Fertigt dazu ein Poster mit den Zeichnungen und Erklärungen an.

2 Sucht im Internet unter den Suchwörtern *snell's window* oder *optical manhole* nach Texten und Bildern.

2 *Musterzeichnung*

Aus Natur und Umwelt Die Abendsonne ist nicht rund

Beim Sonnenuntergang erscheint uns die Sonne platt gedrückt. ▸3 Das hat folgenden Grund: Wir sehen ein Scheinbild der Sonne. Es entsteht, weil das Sonnenlicht in der Lufthülle der Erde gebrochen wird. Die Lufthülle wird zur Erdoberfläche hin immer dichter. Wenn das Licht in die Lufthülle eindringt, wird es nach und nach immer mehr gebrochen. Dadurch macht es eine Kurve. Unsere Augen bekommen diese Kurve nicht mit. Sie sehen die Sonne in der Richtung, aus der das Licht ins Auge fällt. ▸4
Die Sonne wird scheinbar angehoben. Das Licht von ihrem unteren Rand wird stärker gebrochen als das vom oberen. Der untere Rand wird somit stärker angehoben als der obere. So kommt es zur Abplattung.

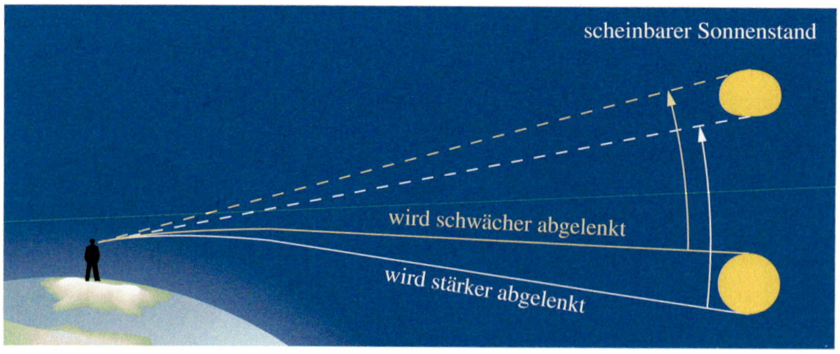

4 *Erklärung der Abplattung der Sonne*

3 *Untergehende Sonne*

48-1
Bilderserie Sonnenuntergang am Meer
Animation Ovale Sonne

Aufgabe

3 Warum sieht die Sonne beim Untergang oval aus? Erkläre es einem Mitschüler mithilfe von Bild ▸4.

Überblick

Eigenschaften von Spiegelbildern
Spiegelbilder sind Scheinbilder (virtuelle Bilder). Sie liegen hinter der Spiegelebene, also an einem Ort, von dem kein Licht in unser Auge gelangen kann.
Beim Spiegelbild wird die Richtung senkrecht zur Spiegelebene umgekehrt. Daher sind vorne und hinten vertauscht. ▸5

Reflexion von Licht Einfalls- und Reflexionswinkel sind gleich groß. Beide Strahlen und das Einfallslot liegen in einer Ebene. ▸6
Licht vom Gegenstand wird am Spiegel umgelenkt und gelangt ins Auge. Wir sehen den Gegenstand in der Richtung, aus der das reflektierte Licht ins Auge fällt. ▸7

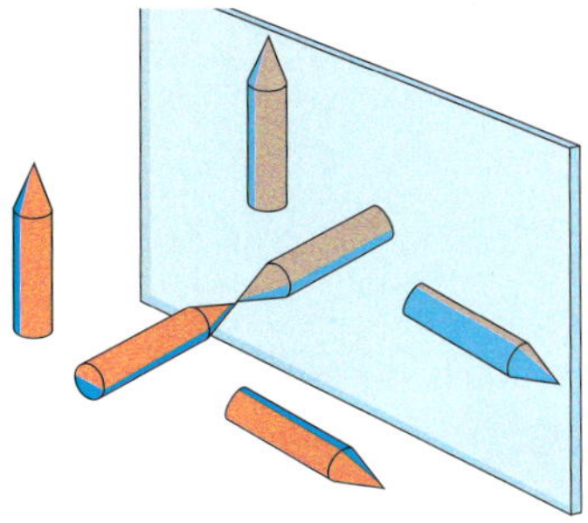
5 *Richtungen im Spiegelbild*

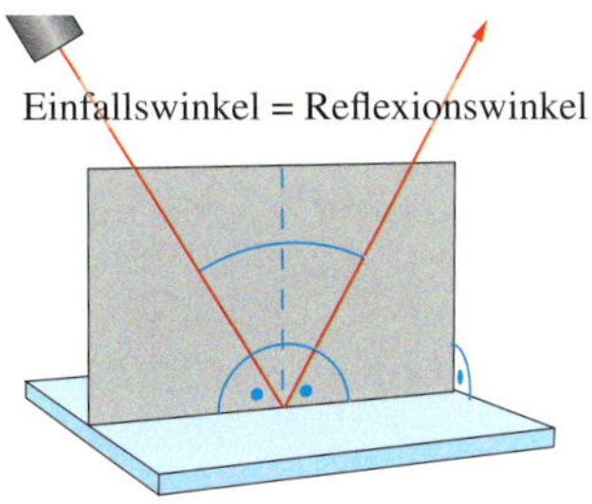

6 *Reflexionsgesetz*

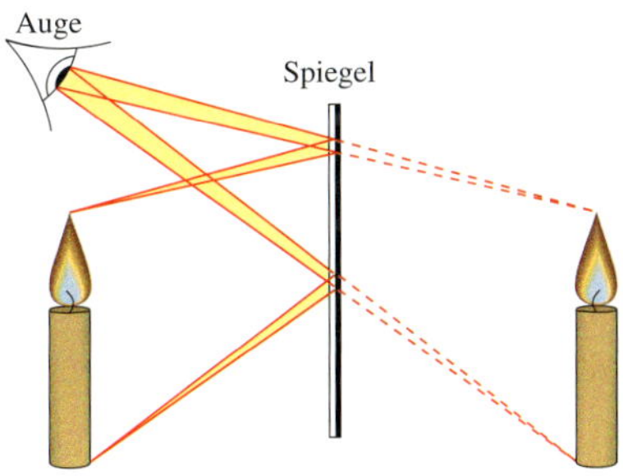

7 *Scheinbild durch Reflexion*

Brechung an Grenzflächen Fällt Licht auf eine Glas- oder Wasserfläche, wird es gebrochen. ▸8

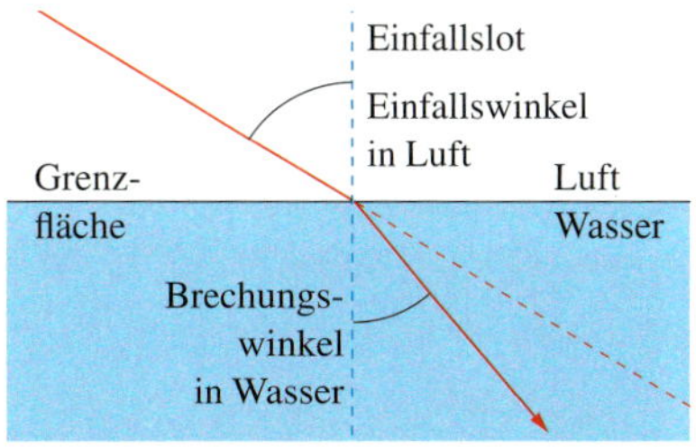

8 *Brechung an der Wasseroberfläche*

Gegenstände im Wasser erscheinen uns angehoben und geknickt. Wir sehen den Gegenstand in der Richtung, aus der das gebrochene Licht ins Auge fällt. ▸9

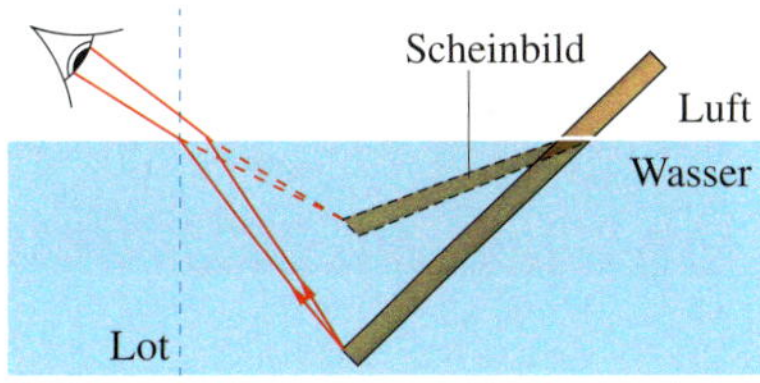

9 *Scheinbild durch Brechung*

49-1

Alles klar?

1 Auf welchen Punkt (A, B oder C) fällt das Licht? ▸10

2 Wohin muss der Taucher zielen, damit sein Freund auf dem Schiff das Licht sieht? ▸11 Begründe deine Antwort mit einer Zeichnung.

3 Wieso sieht der Spiegel schwarz aus? ▸12 Wo müsste man stehen, um geblendet zu werden? Erkläre, weshalb die Karten hell zu sehen sind, aber nicht der Spiegel.

4 Glasfaserleuchten sind dekorativ. ▸13 Wo befindet sich die Lichtquelle? Warum leuchten nur die Faserenden? Erkläre es mit einer Zeichnung.

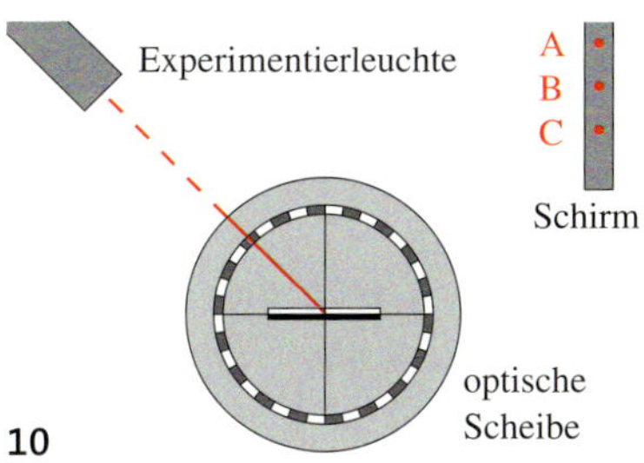

10

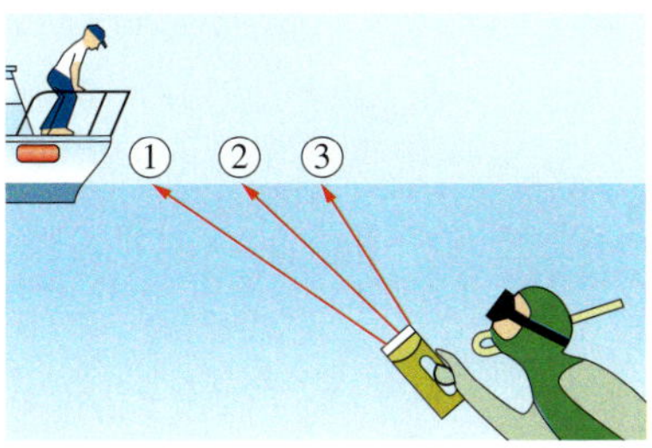

11

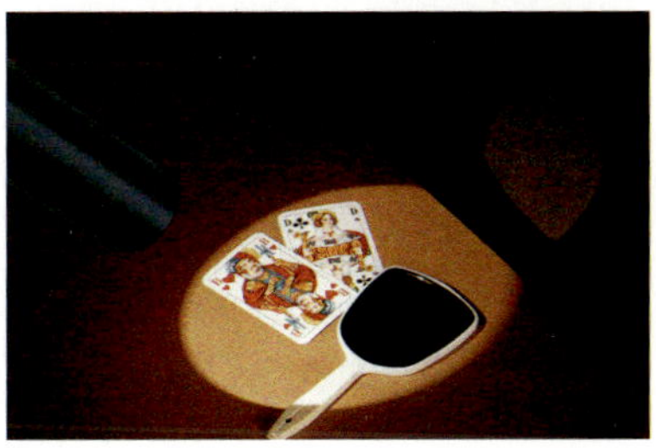
12

13

Aus Natur und Umwelt Luftspiegelungen

1

Die Fee Morgane – *Fata Morgana* – soll eine Halbschwester von König Artus gewesen sein. Mit ihren Zauberkünsten verwirrte sie die Menschen, ließ Dinge am Himmel schweben, gaukelte Seen in der Wüste vor ... ▸1
Wie kommt es zu den Luftspiegelungen? Manchmal liegt kühlere Luft über einer durch den Boden erwärmten Luftschicht. Wenn Licht aus der kalten Luft auf die Grenzfläche zur warmen Luft trifft, wird es gebrochen. Wenn das Licht sehr flach auf die Grenzfläche auftrifft (also bei Einfallswinkeln nahe bei 90°), wird es total reflektiert. Wir sehen ein Spiegelbild.

50–1 Bilderserie Luftspiegelungen

An warmen Sommerabenden scheinen ferne Inseln schwerelos zu werden – sie schweben geradezu über dem Meer. ▸2

2

An heißen Sommertagen sind auf Landstraßen „Pfützen" zu sehen, in denen sich Autos spiegeln. ▸3 Beim Näherkommen verschwinden sie wie von Zauberhand.

3

4

5

6

In einer indianischen Legende wird erzählt, dass die Sonne jeden Abend von einem riesigen goldenen Wal verschlungen und am anderen Morgen wieder ausgespuckt wird. Vielleicht ist die Legende aus Beobachtungen wie diesen entstanden: Sobald sich die Sonne am Abend eines warmen, klaren Sommertags dem Meereshorizont nähert, scheint eine zweite Sonne aus dem Meer aufzutauchen und mit der echten Sonne zu verschmelzen. ▸4–6

↻ 51-1 Simulation Luftspiegelung beim Sonnenuntergang

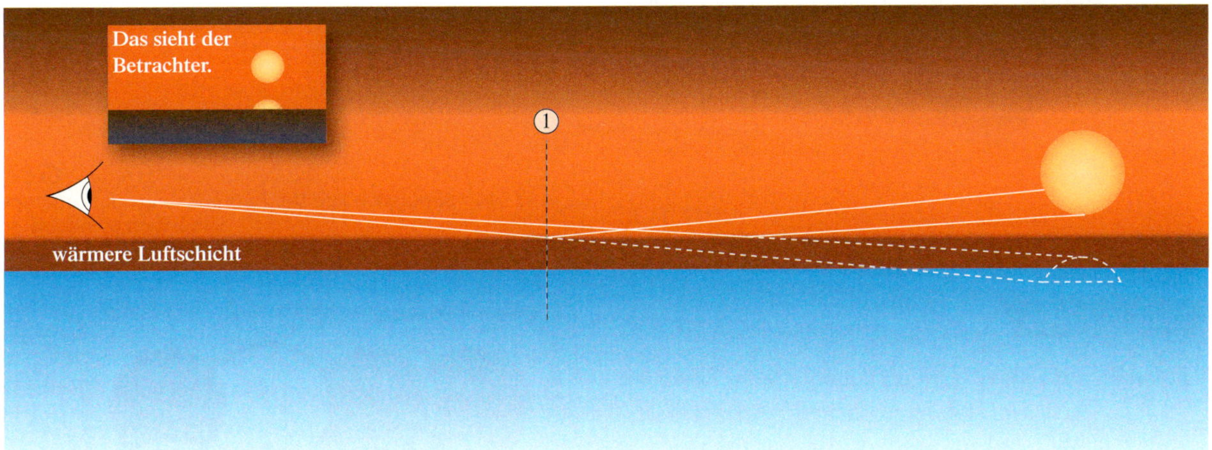

7 *Entstehung einer Luftspiegelung*

Die Grenze zwischen kalter und warmer Luft wirkt wie ein riesiger perfekter Spiegel. Bis zu Punkt 1 sieht der Betrachter die Meeresoberfläche, weiter entfernt den gespiegelten Himmel. ▸7 Dieser Spiegel reicht bis zum Horizont. Man kann nicht hindurchsehen – alles, was flach darüberliegt, spiegelt sich in ihm. Was weiter oben ist, spiegelt sich nicht. Denn das Licht trifft zu steil auf. Der Grenzwinkel wird unterschritten.

8 *Bei kalter Polarluft hat sich dieses Containerschiff in ein Luftschloss verwandelt.*

Wie entstehen die Farben beim Bildschirm?

▷ Vor 40 Jahren trug eine Mannschaft helle Trikots, die andere dunkle. Farben konnte das Fernsehgerät nicht zeigen.

▷ Heute gehört Farbfernsehen zum Alltag. Der Bildschirm kann Millionen Farben darstellen.

1

2

52-1
Simulation Additive Farbmischung mit Spotlampen
Simulation Monitorfarben
Simulation Farben mischen

Untersuchen

1 Farben auf dem PC Erzeugt auf dem Monitor weiße und unterschiedlich farbige Flächen. ▸3 Betrachtet sie mit einer starken Lupe. In welchen Farben leuchten die Leuchtpunkte?

2 Farbige Lichter mischen Drei farbige Spotlampen (40 W, mattiert) werden im Dreieck angeordnet. ▸4

a Haltet eine Lochblende mit ausgestrecktem Arm so, dass das Licht der Lampen durch das Loch auf einen durchscheinenden Schirm fällt. Erklärt die Anordnung der farbigen Lichtflecke.

b Nähert die Lochblende dem Schirm, bis sich die farbigen Lichtflecke teilweise überlappen. Welche Farbe ergibt sich aus der Mischung jeweils zweier Lampen? Welche Farbe hat die Stelle, auf die das Licht aller Lampen fällt?

c Haltet statt der Lochblende einen Finger vor den Schirm. Wie viele verschiedene Farben könnt ihr in den Schatten erkennen? Erklärt, durch welches Licht die einzelnen Farben zustande kommen.

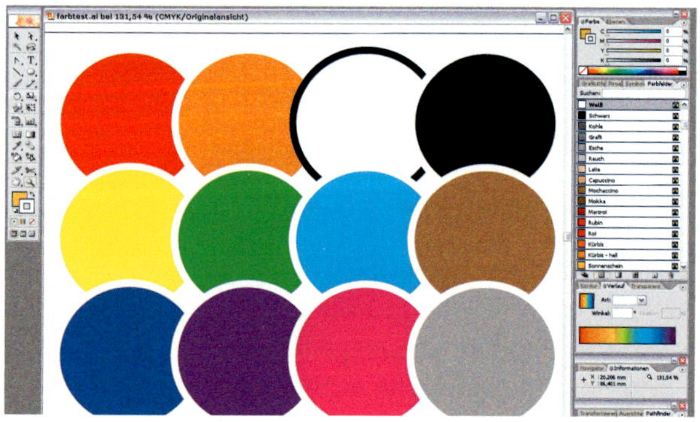

3

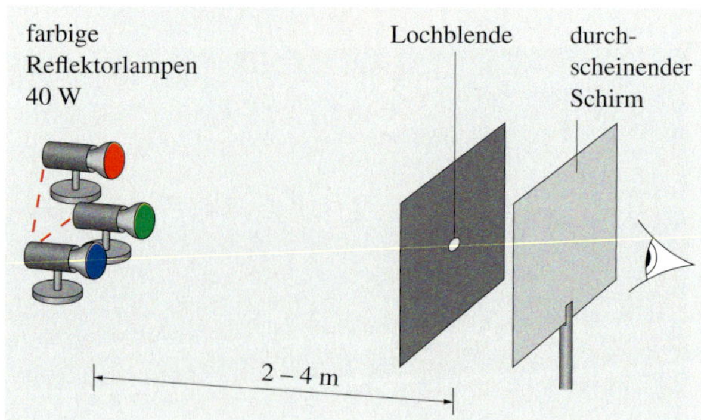

4

Grundlagen Farbige Lichter und ihre Mischung

Computer- und Fernsehbildschirme können Millionen verschiedener Farben darstellen. Aber der Blick durch eine Lupe zeigt: Alle Farben des Bildschirms sind aus roten, grünen und blauen Leuchtpunkten zusammengesetzt. ▸5

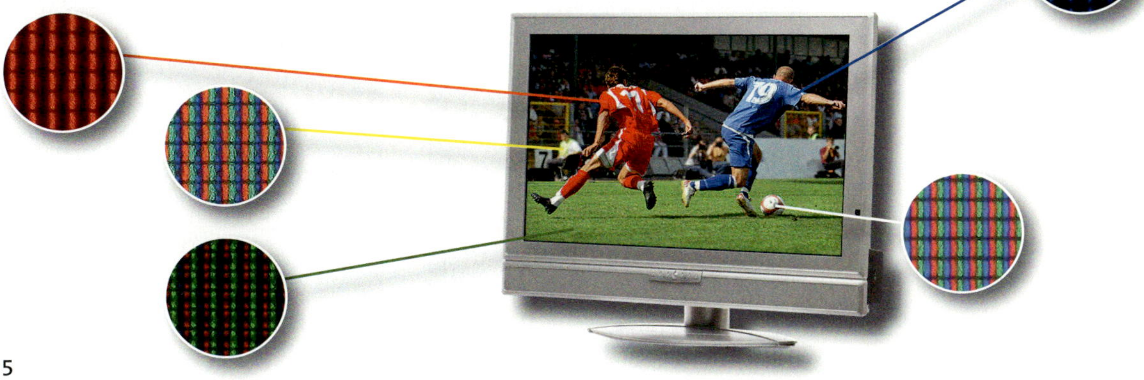

5

An den roten Stellen des Bildschirms leuchten nur die roten Punkte, an den grünen nur die grünen Punkte …
Wenn benachbarte rote und grüne Punkte gleich hell leuchten, sehen wir Gelb auf dem Bildschirm. Unsere Augen erkennen die winzigen Punkte ohne Lupe nicht einzeln. Der Farbeindruck mischt sich zu Gelb.
Weiß sehen wir, wenn alle Farbpunkte hell leuchten. Auf grauen Flächen leuchten auch alle Punkte gleich hell, aber schwächer.
Beim Bildschirm entstehen die verschiedenen Farben dadurch, dass die Farbpunkte in ihrer Helligkeit verändert werden. Auch die dunklen Stellen zwischen den Farbpunkten tragen zum Farbeindruck bei.
Mischungen farbiger Lichter gibt es nicht nur beim Fernseher: Auch wenn eine weiße Wand von rotem und grünem Licht beleuchtet wird, leuchtet sie für uns gelb. ▸6

Rot, Grün und Blau sind die additiven Grundfarben des Lichts. Aus ihnen lassen sich durch Mischen („Addieren“) viele andere Farben erzeugen.

Die Mischregeln der Farbaddition zeigt das Farbensechseck. ▸7
- Die drei additiven Grundfarben ergeben zusammen Weiß:
  Rot + Grün + Blau = Weiß.
- Zwei additive Grundfarben ergeben zusammen das Mischlicht der dazwischenliegenden Farbe:
  Rot + Grün = Gelb
  Rot + Blau = Magenta (Purpur)
  Blau + Grün = Cyan (Blaugrün)
- Farben, die im Farbensechseck gegenüberliegen, ergeben zusammen Weiß; Beispiel:
  Gelb + Blau = Weiß.
  Gelb kann man nämlich als Mischung aus den benachbarten Grundfarben Rot und Grün ansehen. Zusammen mit der dritten Grundfarbe Blau ergibt sich dann Weiß:
  Gelb = Rot + Grün, Rot + Grün + Blau = Weiß.

6 *Mischung farbiger Lichter*

7 *Farbensechseck*

Aufgaben

1 Durch Mischen mit grünem Licht soll Weiß entstehen. Welche Farbe muss das Licht haben?

2 Blaues, cyanblaues und grünes Licht werden gemischt. Welcher Farbeindruck entsteht?

Das Spektrum

▷ Wo kommen die Regenbogenfarben her? Wassertropfen, Glas und Sonnenlicht sind doch farblos!

54-1 Bilderserie Farben in der Natur

1 *Tau auf einem Spinnennetz*

2 *Geschliffenes Glas wird beleuchtet.*

Beobachten

1 Das Spektrum Der Tageslichtprojektor wird so eingestellt, dass ein scharfes Bild der Schlitzblende auf dem Schirm entsteht. Das Prisma wird in den Lichtweg gebracht. ▸3

a Was beobachtet ihr? Beschreibt es.

b Das farbige Lichtband heißt *Spektrum*. Notiert die Spektralfarben in ihrer Reihenfolge.

c „Das Prisma färbt das Licht ein." Könnt ihr diese Behauptung widerlegen? *Tipp:* Haltet ein Blatt weißes Papier direkt hinter das Prisma und bewegt es auf den Schirm zu.

d Die Schlitzblende wird gegen eine Lochblende ausgetauscht. Erklärt die Form, die das Spektrum mit den verschiedenen Blenden hat.

e Lässt sich das Licht des Spektrums weiter auffächern? Ein zweites Prisma wird 50 cm vor den Schirm in den Lichtweg gehalten. Es wird so gedreht, dass eine Farbe aus dem Spektrum herausgelenkt wird.

f Das ganze Spektrum wird mit einer Spiegelfolie reflektiert. Die Folie wird so gebogen, dass die Farben zusammengeführt werden. Was beobachtet ihr?

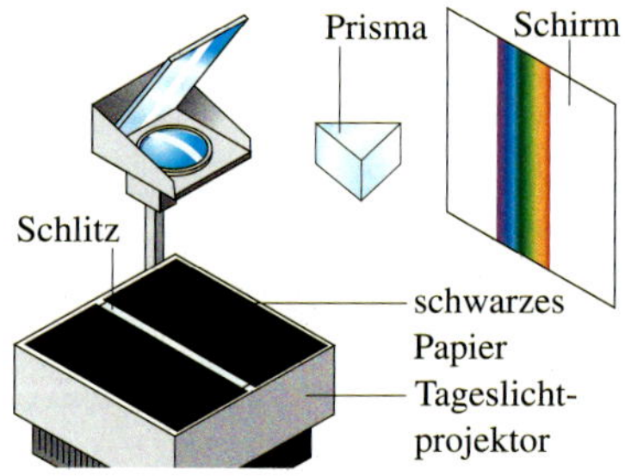

3

2 Infrarot und Ultraviolett Überprüft, ob das Spektrum bei Rot oder Violett aufhört.

a Fangt das Spektrum auf ungebleichtem Papier auf. Mit einem fluoreszierenden Stift (Textmarker) wird ein Strich durch das Spektrum – über das violette Ende hinaus – gezogen. Was beobachtet ihr?

b Führt eine kleine Solarzelle durch das Spektrum – auch über das rote Ende hinaus. Was schließt ihr aus der Anzeige des Messgeräts?

3* Welche Wirkung hat ein Farbfilter auf weißes Licht? Erzeugt mit einem Prisma ein Spektrum. Haltet verschiedene Filter in den Lichtweg.

a Welche Veränderungen erkennt ihr im Spektrum?

b Deckt in der Anordnung von Bild ▸3 den Schlitz durch farbige Folien oder Farbfilter teilweise ab. Wie wirkt sich das auf das Spektrum aus?

c Haltet zwei verschiedenfarbige Filter hintereinander in den Lichtweg. Was beobachtet ihr?

Grundlagen Sonnenlicht wird zerlegt

Wenn Sonnenlicht auf ein Prisma fällt, wird es zweimal in die gleiche Richtung gebrochen. Dabei wird es auch „gespreizt". ▸4 Dicht hinter dem Prisma sind auf einem Schirm bunte Ränder an der beleuchteten weißen Fläche zu erkennen. In einiger Entfernung entsteht ein buntes Lichtband auf dem Schirm: das *Spektrum*. Die farbigen Lichter des Spektrums heißen Spektralfarben. Das sichtbare Spektrum des Sonnenlichts reicht von Violett über Blau, Grün und Gelb bis zu Rot. ▸5

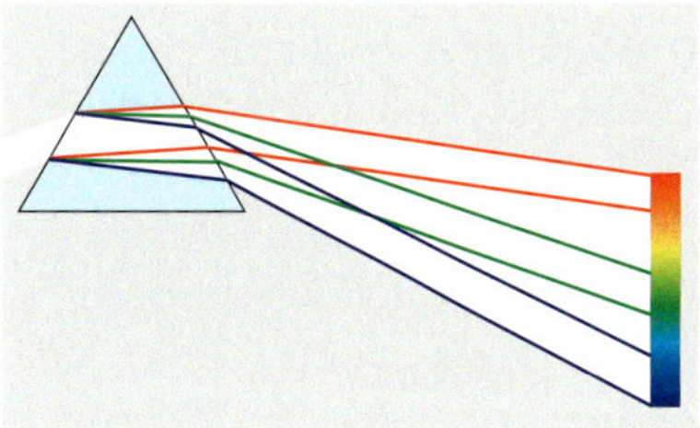

4 *Zerlegung von Sonnenlicht in die Spektralfarben*

5 *Spektrum des Sonnenlichts*

Das Spektrum ist am violetten und roten Rand noch nicht zu Ende. Auf der violetten Seite folgt die Ultraviolettstrahlung und auf der roten Seite die Infrarotstrahlung. Beide können wir mit unseren Augen nicht sehen. Der Naturforscher *Isaac Newton* (1643–1727) untersuchte die Entstehung der Spektralfarben. Aus seinen Versuchen schloss er:

Weißes Licht ist aus den Spektralfarben zusammengesetzt.
Hinter einem Prisma entsteht das Spektrum, weil die farbigen Lichter verschieden stark gebrochen werden. Violettes Licht wird am meisten abgelenkt, rotes Licht am wenigsten.
Die Spektralfarben lassen sich nicht weiter zerlegen.
Wenn man alle Spektralfarben mischt, erhält man weißes Licht. ▸6

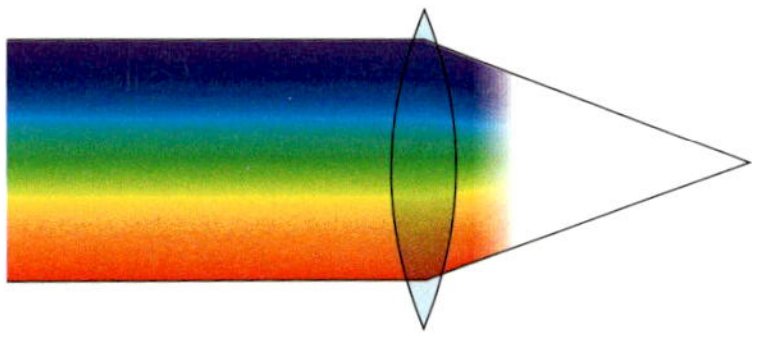

6 *Mischen aller Spektralfarben ergibt wieder weißes Licht.*

Aufgaben

1 Sonnenlicht fällt auf ein Prisma. Auf einem Schirm dicht hinter dem Prisma sieht man eine weiße Fläche mit farbigen Rändern. Erkläre!

2 Wie heißt die unsichtbare Strahlung, die sich im Spektrum an Rot bzw. an Violett anschließt?

Erweiterung Farbige Filter

Hält man ein rotes Glas in ein weißes Lichtbündel, so ist das Licht dahinter rot. Das weiße Licht wird nicht eingefärbt: Hinter dem roten Glas fehlt ein Teil des Spektrums. ▸7 Die fehlenden Farben werden von dem farbigen Glas verschluckt (absorbiert). Man spricht von *Farbsubtraktion*. Die Mischung der durchgelassenen Spektralfarben ergibt Rot.
Durch mehrere Farbfilter hintereinander gelangt nur das Licht, für das alle Filter durchlässig sind. ▸8

Aufgabe

3* Beschreibe, wie ein Magentafilter funktioniert. ▸9

55–1 Simulation Farbfilter

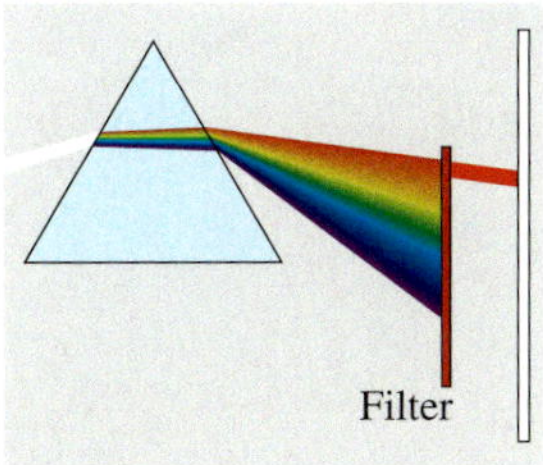

7 *Rotfilter*

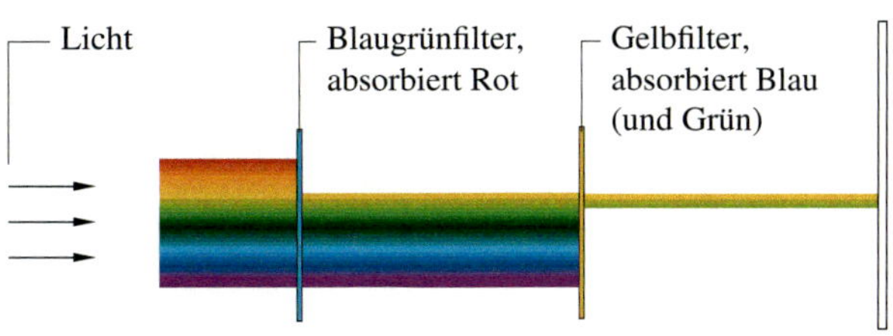

8 *Zwei Filter hintereinander*

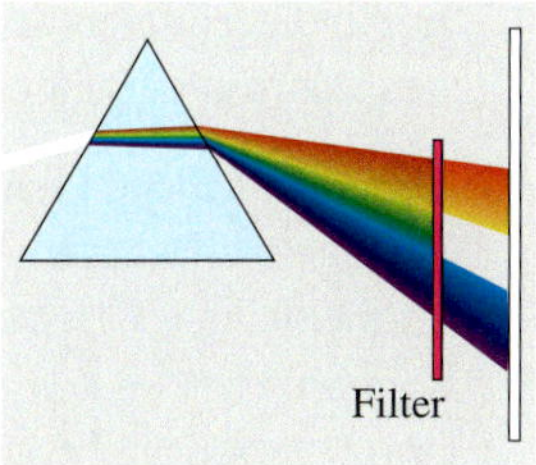

9 *Magentafilter*

Erweiterung: Der Regenbogen

▷ Manchmal scheint die Sonne, obwohl es noch regnet. Wenn die Sonne dabei tief steht und du ihr den Rücken kehrst, siehst du einen Regenbogen.

1

Untersuchen Experimentieren

1 Regenbogen im Garten Mit einem Schleier aus feinen Wassertröpfchen lässt sich bei Sonnenschein ein Regenbogen erzeugen.

a Aus welcher Richtung müsst ihr auf den Tröpfchenschleier blicken, um einen Regenbogen zu sehen?

b Beschreibt die Farbfolge.

c Bewegt den Kopf zur Seite. Achtet dabei auf den Regenbogen und auf euren Schatten. Was stellt ihr fest?

2 Ein „Regenbogen" im Klassenzimmer Untersucht, wie Licht von einem Wassertropfen zurückgeworfen wird. ▸2 Als Blende und Schirm könnt ihr ein großes Stück weiße Pappe mit einem Loch nehmen. Als „Tropfen" braucht ihr einen wassergefüllten Rundkolben.

a Was seht ihr auf dem Schirm?

b Bewegt einen Pappstreifen dicht vor dem Kolben durch das einfallende Licht hindurch. Welcher Teil des Lichtbündels erzeugt den farbigen Ring?

3 Unterschiedliche Farben aus verschiedenen Höhen Haltet einen wassergefüllten Rundkolben ins Sonnenlicht. ▸3 Hebt oder senkt ihn, bis der helle Sonnenreflex im Kolben ganz an den Rand wandert und sich bunt färbt. Wie müsst ihr den Kolben halten, um einen roten (grünen) Reflex zu sehen?

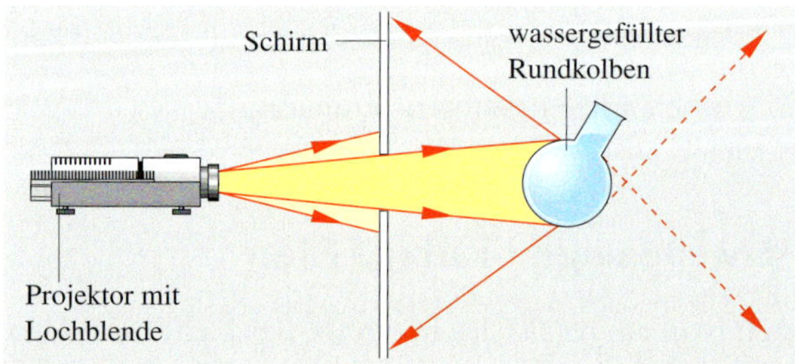

2

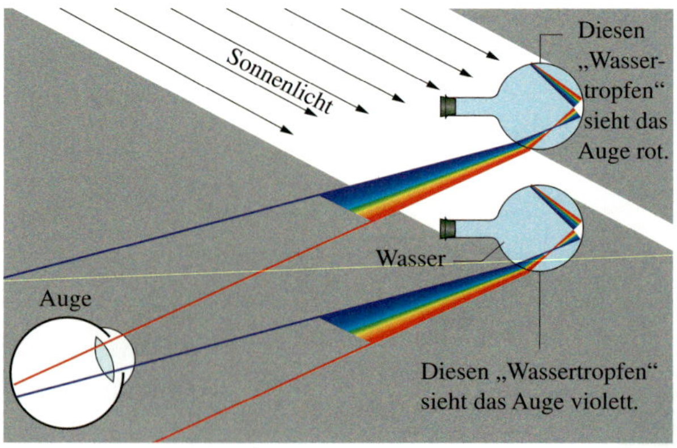

3

Grundlagen / Warum wir einen Regenbogen sehen

Regenbogen sehen wir, wenn Sonnenlicht von einer entfernten Regenwand zurückgeworfen wird.

In jedem Tropfen wird das Licht gebrochen, zum Teil an der Rückseite reflektiert und noch einmal gebrochen. ▸4 Bei den Brechungen wird das Licht in seine Farben „aufgefächert“.

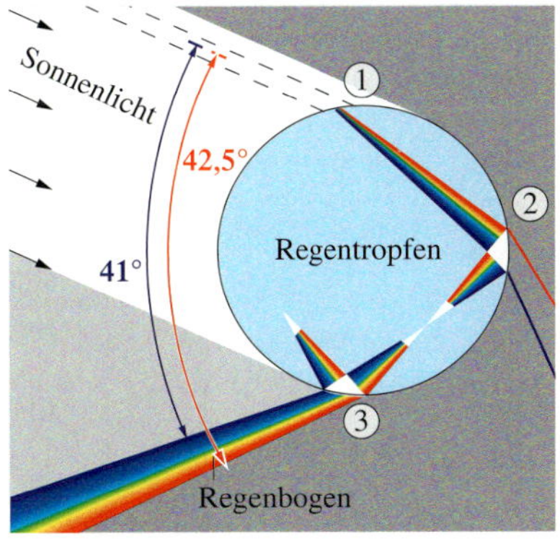

4

57-1 Simulation Regenbogen

Nur das gestrichelt gezeichnete Licht führt zum Regenbogen. ▸4 Das andere Licht wird so zurückgeworfen, dass es sich wieder zu weißem Licht mischt.
Das Sonnenlicht trifft den Tropfen nicht nur oben, sondern überall – auch unten, rechts und links. In alle Richtungen, die mit dem Sonnenlicht einen Winkel von rund 42° einschließen, wird besonders viel Licht reflektiert. Zusammen bildet das austretende Licht einen Kegel mit farbigem Rand: außen rot, innen gelb, grün, blau und violett. ▸5

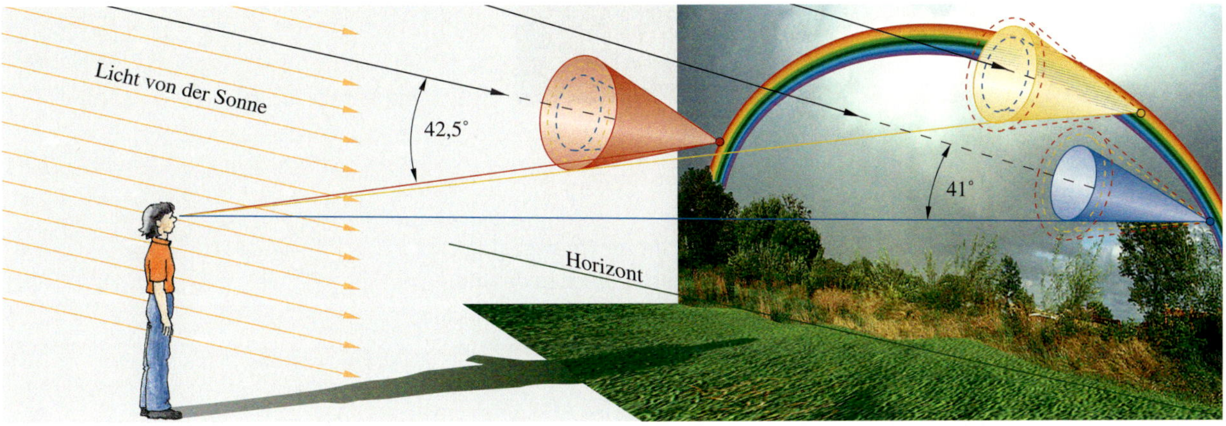

5

Beim Fallen trägt jeder Tropfen diesen farbigen Lichtkegel mit sich. Einen winzigen Moment lang streift das Licht des Kegelrands unser Auge: erst das rote Licht, dann das gelbe, grüne, blaue und violette. Die einzelnen aufblitzenden Tropfen erkennen wir nicht. Aber alle farbigen Lichtblitze zusammen zeichnen auf unserer Netzhaut den Regenbogen.

Aus jedem Regentropfen tritt ein Lichtkegel mit farbigem Rand aus. Als Regenbogen sehen wir das Licht aus vielen Regentropfen.

Aufgaben

1 Beschreibe, unter welchen Bedingungen ein Regenbogen zu sehen ist.

2 Beschreibe, wie das Sonnenlicht beim Regenbogen in seine Farben aufgefächert wird.

3* Das rote Licht liegt im reflektierten Lichtkegel außen. ▸5 Erkläre, warum man im Regenbogen das rote Licht ganz oben sieht.

4* Wenn du mit einem Arm zum Schatten deines Kopfs zeigst und mit dem anderen zum Regenbogen, schließen deine Arme einen Winkel von etwa 42° ein. Erkläre diese Beobachtung.

5* Wie steht die Sonne, wenn man einen nahezu halbkreisförmigen Regenbogen sieht?
Warum kann man nicht unter einem Regenbogen hindurchgehen?

Die Farben der Gegenstände

▷ Ein bunter Blumenstrauß verliert seine Farben, wenn er nur von gelbem Licht beleuchtet wird.

▷ Warum sehen wir Gegenstände farbig?

1 *Blumenstrauß im Sonnenlicht*

2 *... und in gelbem Licht*

Untersuchen

1 Gegenstände in gelbem Licht Gelbes Licht könnt ihr im Physiksaal so erzeugen: Jede Schülergruppe feuchtet ein Magnesiastäbchen an und taucht es dann in Kochsalz. Alle Stäbchen werden gleichzeitig in farblose Brennerflammen gehalten. Wie sehen die farbigen Gegenstände in eurer Umgebung jetzt aus?

2 Gegenstände in farbiger Beleuchtung Erzeugt ein Spektrum auf einem weißen Schirm. Haltet dann farbige Kartons nacheinander so auf den Schirm, dass alle Spektralfarben zur Hälfte auf dem Karton liegen. Welche Farben leuchten auf dem Karton, welche werden absorbiert?

3 Malfarben mischen

a Die Mischung von rotem und grünem Licht nehmen wir als gelbes Licht wahr. Gilt diese Regel auch für rote und grüne Malfarben? Probiert es mit Wasserfarben aus.

b Die Lichter Blau und Gelb ergeben weißes Mischlicht. Welche Farbe entsteht beim Mischen dieser Farben im Farbkasten?

4* Farbkreisel Baut einen Farbkreisel mit rotem Fleck auf schwarzem Untergrund. ▸3

a Welchen Farbton seht ihr, während sich der Kreisel dreht?

b Hellt die rote Farbe mit einem gelben Aufkleber auf. Welche Farbe entsteht jetzt?

5* Welche Farbe hat das Licht von einem braunen Gegenstand? Eine Versuchsperson hält sich ein Rohr vor ein Auge. Das andere Auge ist geschlossen. ▸4 Vor die Öffnung des Rohrs werden gut beleuchtete braune Gegenstände gehalten, die die Versuchsperson vorher nicht gesehen hat. Sie soll nun die Farben nennen, die sie sieht ...

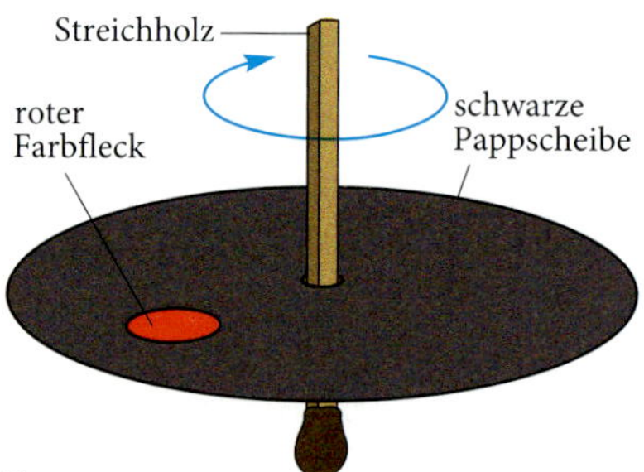

3

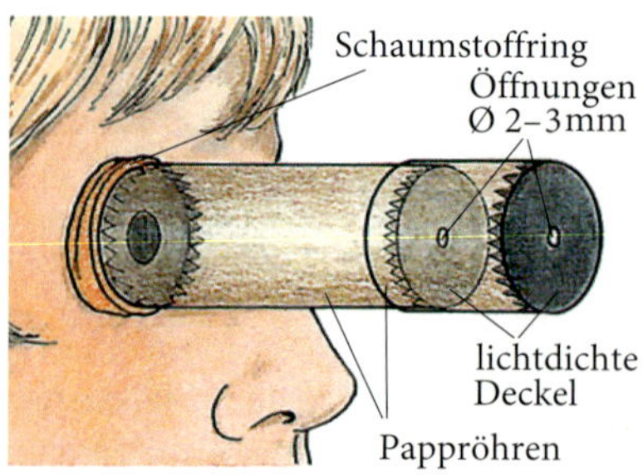

4

Grundlagen Die Farben der Dinge

Eine Blüte erscheint im Sonnenlicht z. B. rot. Wenn sie das ganze einfallende Licht streuen würde, müsste sie weiß aussehen. Tatsächlich streut die Blüte aber nur den roten Anteil des weißen Lichts, der „Rest" wird absorbiert. ►5 Das rote Streulicht lässt die Blüte rot erscheinen.
Dagegen erscheint die gleiche Blüte schwarz, wenn sie gelb beleuchtet wird: Das auftreffende gelbe Licht hat keinen roten Anteil und wird vollständig absorbiert. ►7

Farbige Gegenstände streuen einen Teil des auftreffenden Lichts, der Rest wird absorbiert. Der Farbeindruck entsteht durch Mischung des gestreuten Lichts.

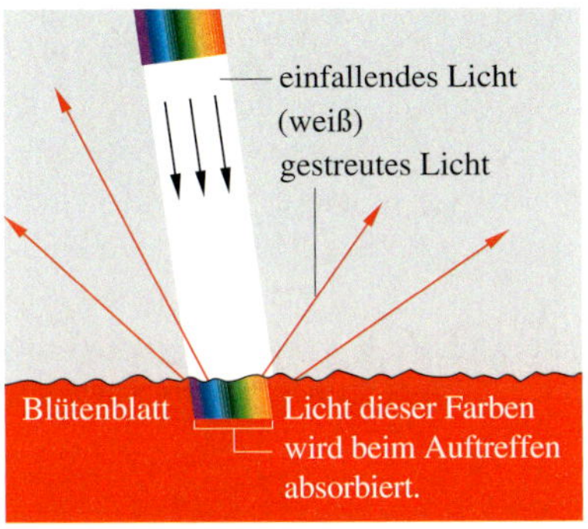

5 *Ein Gegenstand, der nur rotes Licht streut, erscheint in weißem Licht rot …*

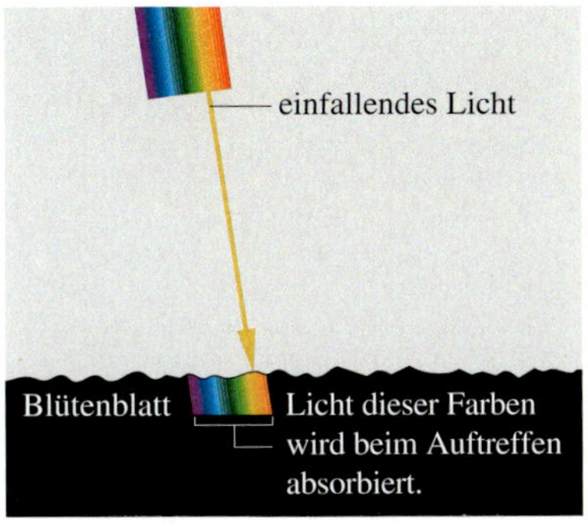

6 *… und in gelbem Licht schwarz.*

Aufgaben

1 Die blauen Blumen sehen im gelben Licht nicht blau aus. ►2 Erkläre diese Beobachtung.

2 Cyanblaue Farbe absorbiert Rot und Gelb. ►7

a Zeichne das Bild für einen magentaroten Farbstoff.

b* Weißes Licht fällt erst auf einen cyanblauen und dann auf magentaroten Farbstoff. Welche Farbe siehst du?

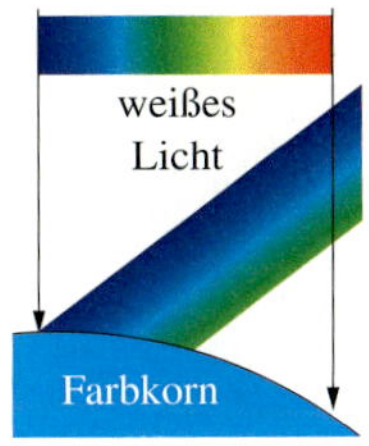

7

Erweiterung Farben gibt's, die gibt's gar nicht

Sichtbares Licht enthält nur die Spektralfarben, also kein Braun, Oliv oder Ocker. Solches Licht gibt es nicht! Trotzdem sehen wir diese Farbtöne. ►8 Das gedruckte Foto ist aus cyanblauen, magentaroten und gelben Punkten zusammengesetzt, die wie Farbfilter wirken. Überlagern sich cyanblaue und gelbe Farbscheibchen, so dringt nur grünes Licht durch und wird vom Papier reflektiert. Trifft grünes Licht auf Magentarot, wird es absorbiert, es entsteht Schwarz.
Wo wir Braun sehen, befinden sich magentarote und gelbe Punkte, die sich teilweise überlappen und dadurch Rot bilden. Aber entscheidend ist, dass diese Farbtöne von vielen schwarzen Punkten umgeben sind. Wird rotes Licht durch eine dunkle Umgebung gedämpft, verändert sich das Rot zu Braun. ►9
Durch die Einbettung in eine dunkle Umgebung lassen sich aus Grün olivgrüne und aus Gelb ockerfarbige Farbtöne herstellen. Je dunkler die Umgebung einer Spektralfarbe ist, desto geringer ist ihre Helligkeit.
Auch durch Beimischen von Weiß verändern sich Farben. Je größer der Weißanteil des Lichts ist, desto weniger gesättigt erscheinen sie. ►10

Die Farben von Gegenständen unterscheiden sich durch drei Eigenschaften: spektraler Farbton, Helligkeit und Sättigung.

8

9 *Rot in dunkler Umgebung*

10 *Rot in heller Umgebung*

Aufgabe

3* Welche Farben nehmen wir an Gegenständen wahr, die es im Spektrum nicht gibt? Wie entstehen diese Farben?

Erweiterung: Das Auge macht's möglich – wir sehen Farben

▷ Tom will sich zur Führerscheinprüfung melden. Beim Sehtest stellt der Arzt eine Rot-Grün-Sehschwäche fest. „Bin ich etwa farbenblind?", fragt Tom. Der Arzt beruhigt ihn: „Jeder zwölfte Mann hat eine solche Sehschwäche, aber nur jede zweihundertste Frau. Die Sehschwäche wird vor allem an Jungen vererbt. Wirklich farbenblind ist von 10 000 Männern aber nur einer."

Aufgabe

1 Führt den Farbsehtest durch. ▸1 Notiert die Zahlen, die ihr seht. Vergleicht eure Ergebnisse.

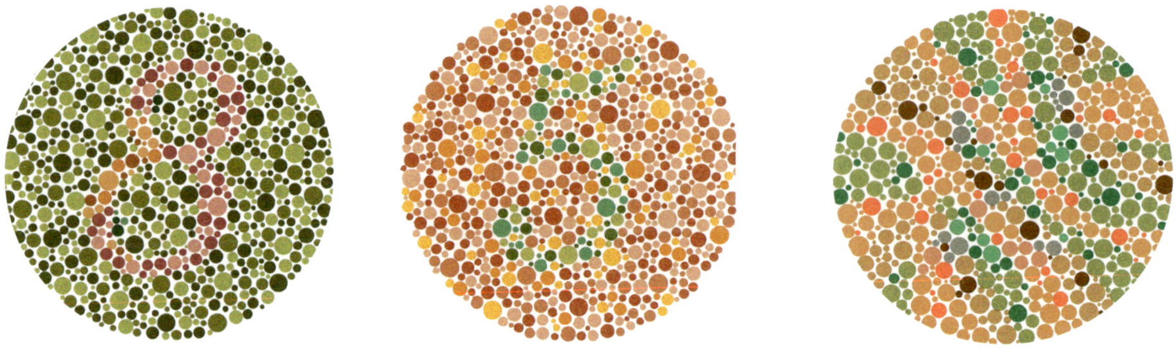

1 *Farbsehtest (vereinfacht)*

Rot-Grün-Sehschwäche: 3, nicht lesbar, 2
Normales Auge: 8, 5, nicht lesbar

Grundlagen Wie wir Farben unterscheiden

In der Netzhaut gibt es Sinneszellen für das Farbensehen: die Zapfen. Sie sind nicht alle gleich: Einige sprechen am stärksten auf den blauen Bereich des Spektrums an, andere auf den roten und wieder andere auf den grünen Bereich.

Für das Farbensehen haben wir drei Arten von Sinneszellen: rot-, grün- und blauempfindliche Zapfen.

Die Empfindlichkeiten der Zapfenarten überlappen sich. ▸2 Der Farbeindruck ergibt sich daraus, welche Zapfen wie stark gereizt werden. Werden alle drei Zapfenarten gleichmäßig gereizt, sehen wir Weiß (oder Grau). Das trifft zu, wenn alle Spektralfarben mit gleicher Helligkeit ins Auge fallen. ▸3 Die drei Zapfenarten werden auch von Mischlicht aus rotem, blauem und grünem Licht gereizt. Deshalb erscheint uns auch dieses Mischlicht weiß.
Gelbes Spektrallicht reizt die rot- und die grünempfindlichen Zapfen – genauso wie Mischlicht aus Rot und Grün. In beiden Fällen sehen wir Gelb. ▸4

Unser Auge unterscheidet Mischlicht nicht von Spektralfarben, die den gleichen Reiz erzeugen.

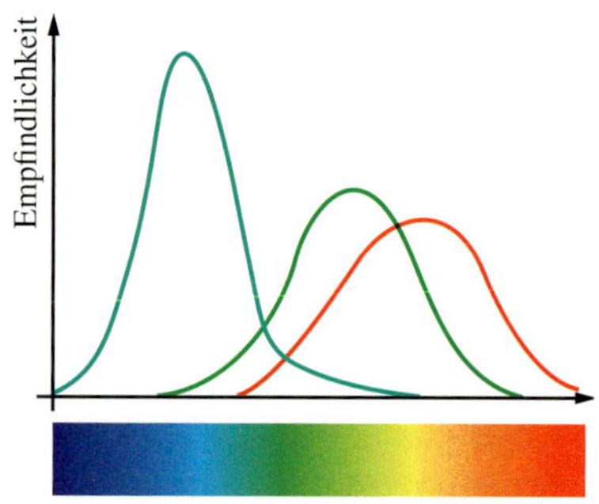

2 *Empfindlichkeit der Zapfen*

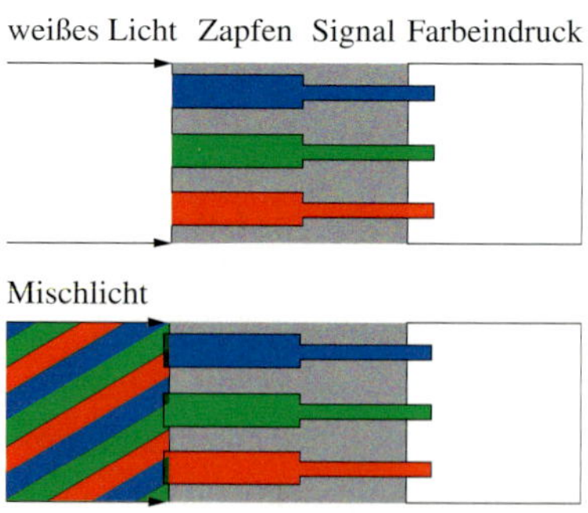

3 *Farbeindruck: Weiß*

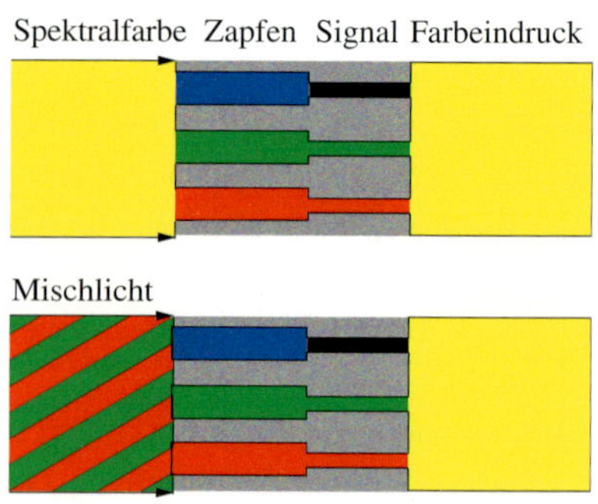

4 *Farbeindruck: Gelb*

Aufgaben

2 Welche Zapfen werden von gelbem Spektrallicht gereizt? Warum entsteht ein gelber Farbeindruck, wenn rotes und grünes Licht ins Auge fallen?

3 Die Mischung aus rotem, grünem und blauem Licht nehmen wir als Weiß wahr. Begründe diese Beobachtung.

4 Warum kann man die Spektralfarbe Cyanblau nicht von der Mischfarbe aus Blau und Grün unterscheiden?

Aus der Natur Nachbilder und hinzugedachte Farben

5

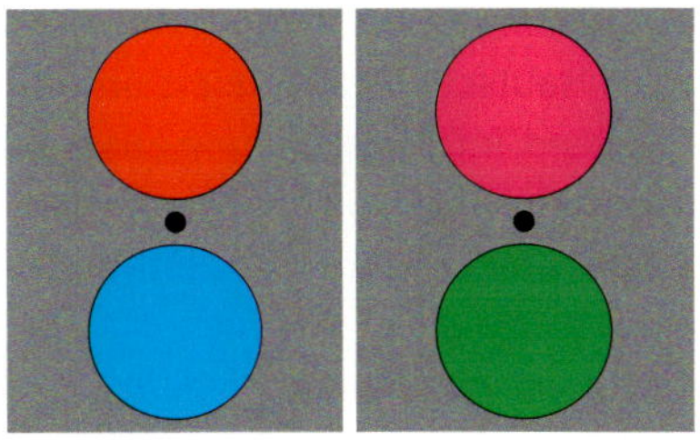

6

Nachbilder Blicke eine Minute lang starr auf den schwarzen Punkt im Vogelflügel – und dann auf den schwarzen Punkt im Käfig ... ▸5 Im Käfig ist nun ein Vogel zu sehen. Seine Farben sind ganz anders als die des gedruckten Vogels. Man spricht von einem *Nachbild*.
Das Nachbild des Vogelkörpers kommt so zustande: Das grüne Licht reizt grünempfindliche Zapfen in der Netzhaut. In ihnen befindet sich ein Farbstoff. Er wird durch den Lichteinfall abgebaut. Ohne den Farbstoff geben die gereizten Zapfen nur noch schwache Signale ab. Wenn du jetzt auf die weiße Fläche im Vogelkäfig schaust, wird dem Gehirn vorwiegend Rot und Blau gemeldet. Du siehst Magenta.

Hinzugedachte Farben Manchmal „erfindet" unser Gehirn Farbtöne. Du kannst es in einem einfachen Versuch erleben. ▸7 Die beiden Kerzen erzeugen Halbschatten. Der Halbschatten A ist rot. Dorthin fällt rotes Licht von der Kerze L_1. Der Halbschatten B erscheint uns grün – obwohl auf ihn weißes Licht von der Kerze L_2 fällt! Wie kommt dieses Grün zustande?
Aus Erfahrung wissen wir, dass der Schirm weiß ist. Unser Gehirn versucht diesen Farbeindruck aufrechtzuerhalten. Der Schirm wird mit rotem und weißem Licht beleuchtet. Er müsste uns also rötlich erscheinen. Das Gehirn gleicht den rötlichen „Farbstich" aus, indem es Grün dazumischt. Im Bereich des Halbschattens B – wo nur weißes Licht auf den Schirm trifft – bleibt das hinzugedachte Grün übrig.
Die Fähigkeit des Gehirns, von sich aus Farbeindrücke zu erzeugen, ist wichtig. Wir sehen dadurch die Gegenstände auch dann in der gleichen Farbe, wenn sich die Farbe der Beleuchtung ändert.

Aufgaben

5 Erkläre, wie das Nachbild des Schnabels zustande kommt. ▸5

6 Erzeuge Nachbilder der farbigen Kreise. ▸6 Blicke dazu auf den schwarzen Punkt. Nach 30 Sekunden schaust du auf eine weiße Fläche.
Wo liegen die Farben der Kreise und ihrer Nachbilder im Farbensechseck?

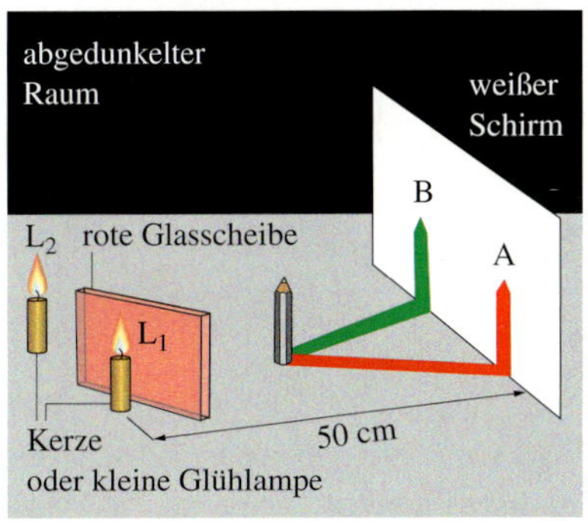

7

Aus Umwelt und Technik Unsichtbare Strahlung

1 *Die Rotlichtlampe ist eine Quelle für Infrarotstrahlung.*

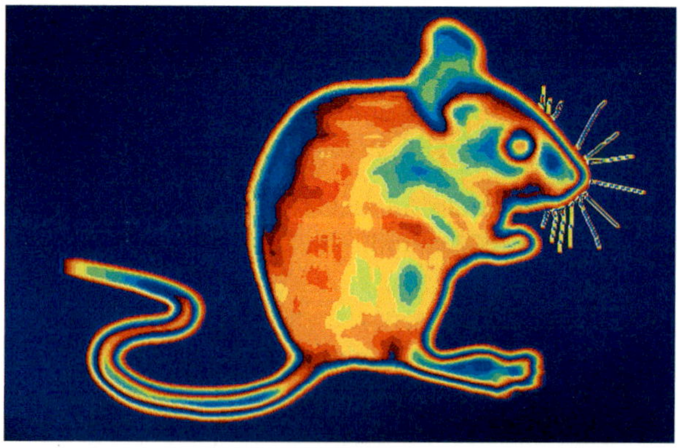

2 *Die Infrarotstrahlung ist durch Farben dargestellt. Den Farben entsprechen unterschiedliche Temperaturen.*

Infrarotstrahlung Wir nehmen Infrarotstrahlung mit unserem Temperatursinn wahr. Sie wird von der obersten Hautschicht absorbiert und wirkt wohltuend und heilend. Infrarotstrahlung erwärmt die Haut und fördert so die Durchblutung. ▸1
Jeder Körper sendet Infrarotstrahlung aus. ▸2

Ultraviolettstrahlung Eine Wirkung von Ultraviolettstrahlung kennst du: Sie bräunt die Haut. Auf ungeschützter Haut kann sie Sonnenbrand hervorrufen. Die Lufthülle der Erde absorbiert den größten Teil der UV-Strahlung der Sonne. Im Gebirge und bei klarem Wetter ist aber verhältnismäßig viel Ultraviolettstrahlung vorhanden. Das wirkt sich besonders dann aus, wenn Schnee- oder Wasserflächen die Strahlung reflektieren. Zum Schutz der Augen sollte man in solchen Fällen eine Sonnenbrille tragen. Sonst besteht die Gefahr, an Bindehautentzündung oder Schneeblindheit zu erkranken.
Ultraviolettstrahlung kann auch bestimmte Stoffe zum Leuchten anregen. Diese wandeln die unsichtbare Strahlung in sichtbares Licht um. Man nennt diesen Vorgang *Fluoreszenz*. Geldscheine werden mit fluoreszierenden Fasern versehen, um sie fälschungssicher zu machen. Mit UV-Lampen kann man die Fasern sichtbar machen. ▸3 Fehlen sie, ist der Schein gefälscht.
In Diskotheken bringen UV-Lampen („Schwarzlichtlampen") weiße Kleidungsstücke zum Leuchten. ▸4

3 *Geldscheine prüfen mit Ultraviolettstrahlung*

4 *Fluoreszenz durch Ultraviolettstrahlung*

Aufgaben

1 Warum werden Fotos von scheuen Nachttieren oft mit *Infrarotfilmen* gemacht? Welche Eigenschaft haben wohl diese Filme?

2 Beim Schweißen tragen Handwerker Schweißerschutzbrillen mit dunklen Gläsern. Welchen Grund vermutest du dafür?

Überblick

Farbaddition Beim Mischen farbiger Lichter entstehen Mischlichter in anderen Farben. ►5 Die Mischung gleich heller Lichter aus Rot, Grün und Blau ergibt weißes Licht.
Mit dem Licht der Grundfarben Rot, Grün und Blau lassen sich viele Farbtöne erzeugen. Die Bilder auf Bildschirmen sind aus Leuchtpunkten mit diesen Grundfarben zusammengesetzt. ►6

Farbzerlegung Mit einem Prisma lässt sich das Licht der Sonne oder einer Glühlampe in die Farben auffächern, aus denen es zusammengesetzt ist. Es entsteht ein Spektrum. ►7
Die Addition aller Spektralfarben ergibt wieder weißes Licht.

Farben der Dinge Farbige Gegenstände streuen einen Teil des einfallenden Lichts, der Rest wird absorbiert. Der Farbeindruck entsteht durch Mischung des gestreuten Lichts.
Ein roter Gegenstand absorbiert alle Spektralfarben außer Rot, Orange und Gelb. Nur diese Farben werden gestreut und rufen den Farbeindruck Rot hervor. ►8

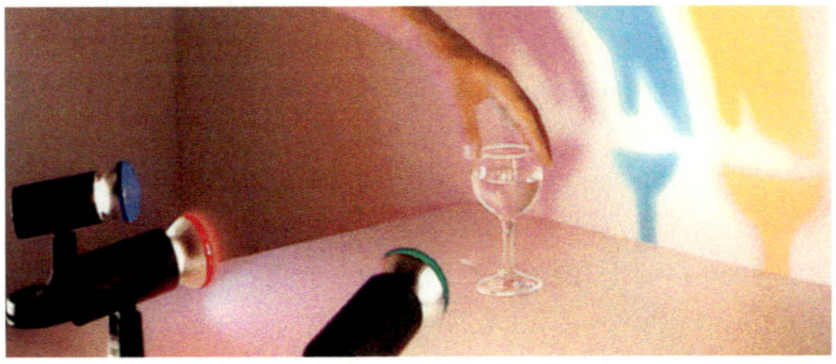

5 *Mischen farbiger Lichter*

6 *Grundfarben*

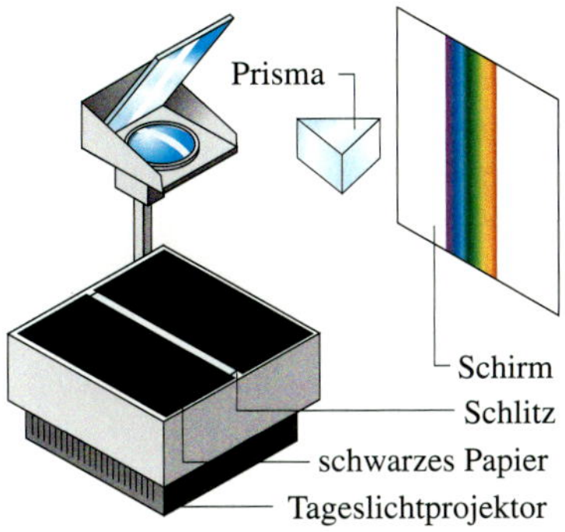

7 *Zerlegung des Sonnenlichts*

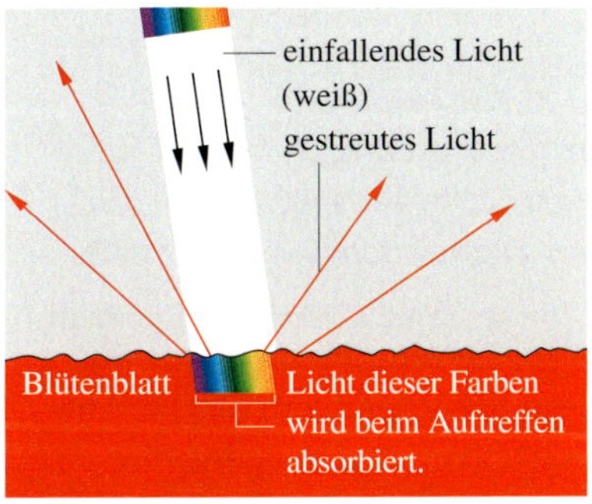

8 *Roter Gegenstand in weißem Licht*

63-1

Alles klar?

1 Die Lichter der Grundfarben Rot, Grün und Blau können paarweise gemischt werden. Welche Farben entstehen dabei?

2 Welche Farbtöne, die im Spektrum des Lichts nicht vorkommen, kann man aus den Spektralfarben durch Mischen erzeugen?

3 Warum sehen Blumen im gelben Licht einer mit Kochsalz gefärbten Flamme nicht bunt aus?

4 „Das ist ja ein schreckliches Rot", stöhnt Miriam, als sie ihr neues Kleid bei Tage sieht. Dabei hat ihr doch abends im Geschäft die Farbe so gut gefallen. Es scheint, als habe sie sich über Nacht verändert …

5 Farbzerlegung mit dem Prisma

a Licht von der Sonne fällt auf ein Prisma. Dicht hinter dem Prisma sieht man eine weiße Fläche mit farbigen Rändern. Erkläre!

b „Das Prisma färbt Sonnenlicht nicht ein." Stimmt die Aussage? Beschreibe einen Versuch, der deine Antwort bestätigt.

6 Welche Farben enthalten die Farbpatronen von Tintenstrahldruckern (außer Schwarz)? Wie wird die Farbe Rot erzeugt?

7* Die Mischung einer gelben Farblösung mit einer blauen wird grün. Erkläre diese Beobachtung.

Aus Umwelt und Technik Tipps zum Kamerakauf

Nele hat bisher mit der Kamera in ihrem Handy fotografiert. Nun möchte sie für die Klassenfahrt eine richtige Digitalkamera haben. Im Laden findet Nele zwei Modelle mit gleicher Pixelzahl und gleichem Zoombereich. ▸1 Wo liegt der Unterschied zwischen einem optischen und einem digitalen 5-fach-Zoom? Reichen 12 Megapixel (12 MP) für gute Bilder aus?

Chips statt Film In früheren Kleinbildkameras befand sich ein Stückchen Film als Lichtempfänger und Bildspeicher. Es war je Foto 24 mm · 36 mm groß. Heute empfangen Digitalkameras Licht mit einem Sensorchip und sichern die Bilder auf einem Speicherchip.

Wie groß ist der Sensor? Entscheidend für die Bildqualität ist das Objektiv der Kamera und die Fläche des Sensors. ▸2 In Kompaktkameras sieht man den Sensor erst nach deren Zerlegung. ▸3 Der Sensor ist viel kleiner – und nimmt trotzdem 12 Millionen Pixel auf? Der Fachmann sagt dazu: *„Jeder Laie glaubt: Je mehr Pixel, desto besser das Bild. Und die Hersteller erfüllen ihm diesen Wunsch: Sie packen in ihren Kompaktmodellen auf kleinste Sensorflächen immer winzigere Pixel. Ich nenne das Pixelwahnsinn, weil das Bild dadurch schlechter wird! Wichtiger für beste Bilder sind ein großer Sensor und große Pixel. Je kleiner die Pixel sind, desto mehr Bildfehler erzeugen sie."*
Große Sensorflächen sind jedoch teurer. Sie erfordern größere Objektive und Gehäuse. Deshalb gibt es sie nur in Profikameras, die nicht in die Hosentasche passen.

Optischer Zoom – Digitalzoom Auch über die Werbung „5-facher Digitalzoom" lacht der Fachmann. Das ist nämlich nichts anderes als eine Ausschnittvergrößerung vom Sensorbild. Beim Digitalzoom wird nur ein Teil der Pixel fürs Bild benutzt. Die Qualität wird schlechter! Jedes Bildbearbeitungsprogramm im Computer kann eine solche Vergrößerung nachträglich machen – und das sogar besser. Nur ein optischer Zoom macht Sinn: Hier werden die Linsen im Objektiv so verschoben, dass der gewählte Bildausschnitt immer die ganze Sensorfläche ausfüllt und somit alle Pixel nutzt.

1

2 *12-MP-Sensor einer Profikamera, Fläche: 16 mm · 24 mm*

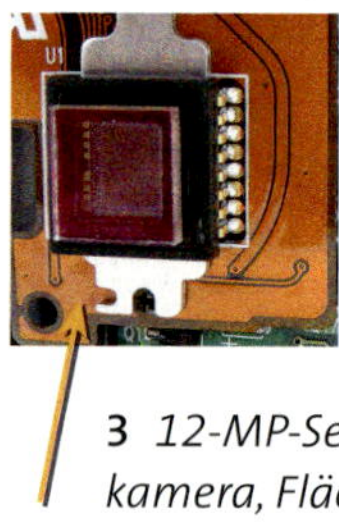
3 *12-MP-Sensor einer Kompaktkamera, Fläche: 4,6 mm · 6,2 mm*

Aufgaben

1 Welche Kamera würdest du Nele empfehlen? Begründe deine Wahl.

2 Vergleiche die Sensorgrößen der Modelle. ▸2–3
a Zeichne die Sensorflächen auf Millimeterpapier.
b Berechne die Flächen in mm^2.
c Auf beiden Chips werden 12 MP gespeichert. Wie viele Bildpunkte sitzen dabei auf $1\,mm^2$?

3 Was meint der Fachmann mit „Pixelwahnsinn"?

4 Bevor du eine Kamera kaufst, solltest du im Internet nach einer „Checkliste für die Kaufentscheidung" suchen.

Aus Umwelt und Technik Tipps zum Fernglaskauf

Nils möchte ein Fernglas haben, um Tiere in der Natur zu beobachten. Welches ist das richtige für ihn? Im Laden nimmt er ein leichtes Fernglas in die Hand. ▶4 In der Beschreibung steht: „10 × 25, Lichtstärke 6,25". Was bedeuten die Zahlen?

- Die erste Zahl gibt die Vergrößerung an: Das Fernglas vergrößert 10-fach. Alles erscheint 10-mal näher. Ein Vogel in 15 m Entfernung scheint nur 1,5 m entfernt zu sein – fast zum Greifen nahe. ▶5
- Die zweite Zahl steht für den Durchmesser der Objektivlinse: 25 mm. Diese Linse lässt das Licht ins Fernglas. Bei einem Durchmesser von 25 mm ist das nicht allzu viel. Das zeigt sich an der geringen Lichtstärke von 6,25. Das Fernglas ist nur für Beobachtungen am Tag geeignet.

Für Nils ist dieses Fernglas nicht das Richtige. Bei 10-facher Vergrößerung ist es schwierig, einen Vogel im Baum durch das Fernglas wiederzufinden. Außerdem möchte Nils Tiere beobachten, die in der Dämmerung aus ihren Verstecken kommen. Für ihn kommt z. B. ein Modell „8 × 42" infrage. ▶6
Ferngläser werden ganz unterschiedlich genutzt. Wanderer lieben leichte Gläser. Jäger bevorzugen Nachtgläser. Für Segler müssen sie wasserdicht sein. Himmelsgucker achten auf eine starke Vergrößerung und eine große Lichtstärke. Ein Universal-Fernglas für alle gibt es nicht.

Fernrohre und Ferngläser Je länger die Brennweite eines Teleobjektivs ist, desto größere Bilder erzeugt es. Das Gleiche gilt für die Objektivlinsen von Fernrohren. Lange Fernrohre sind aber recht unhandlich. Deshalb hat man sich für Ferngläser eine geniale Lösung einfallen lassen: Prismen spiegeln das Licht im Innern hin und her – durch Totalreflexion. ▶7 So bleibt der Lichtweg gleich lang, aber das Gehäuse wird kürzer. Außerdem stellen die Prismen das kopfstehende Bild wieder „auf die Füße".

4 *Fernglas 10 × 25; Lichtstärke 6,25; Masse 280 g*

5 *Vergrößerungen: 8-fach, 10-fach, 13-fach*

6 *Fernglas 8 × 42; Masse 666 g*

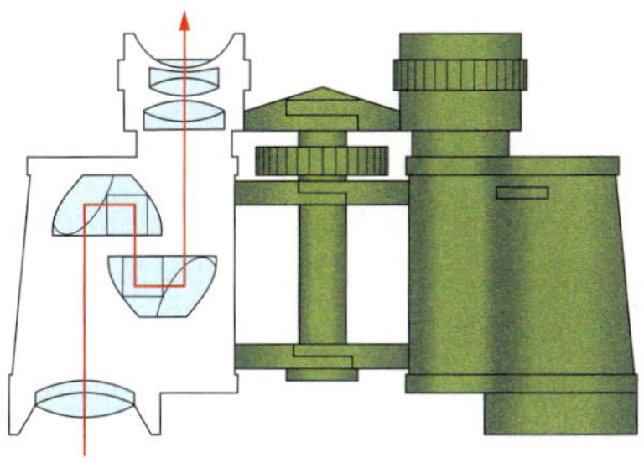

7 *Schnitt durch ein Prismenfernglas*

Aufgaben

5 Beschreibe Vor- und Nachteile einer starken Vergrößerung beim Fernglas.

6 Nils kauft ein Fernglas „8 × 42". ▶6
a Erkläre, was die Zahlen bedeuten.
b Berechne die Lichtstärke.

7 Bewerte die Ferngläser. ▶4, 6 Welches würde ein Jäger wählen?

8 Beschreibe ein „Prismenfernglas". ▶7

Musteraufgabe

Wie groß ist die Lichtstärke bei einem Fernglas „7 x 50"?

Lösung: Der Zahlenwert vom Objektivdurchmesser wird zunächst durch die Vergrößerung geteilt: $\frac{50}{7} = 7{,}14$.

Das Ergebnis wird dann mit sich selbst malgenommen (quadriert): $7{,}14 \cdot 7{,}14 = 51{,}0$. *Das ist die Lichtstärke.*

Planeten, Sterne, Galaxien

▷ Wenn du in einer klaren Nacht zum Himmel blickst, siehst du Hunderte von Sternen. Darin einzelne Sternbilder oder sogar die Planeten zu finden ist nicht einfach. Denn der Himmel sieht nicht immer gleich aus. Im Lauf von 24 Stunden dreht sich der Sternenhimmel mit Sonne, Planeten und Mond scheinbar um den Polarstern. Außerdem wandert der Mond von Nacht zu Nacht vor den Sternbildern ein Stück weiter. Auch die Planeten verändern mehr oder weniger schnell ihre Position.

▷ Eine Sternkarte kann dir bei der Suche helfen.

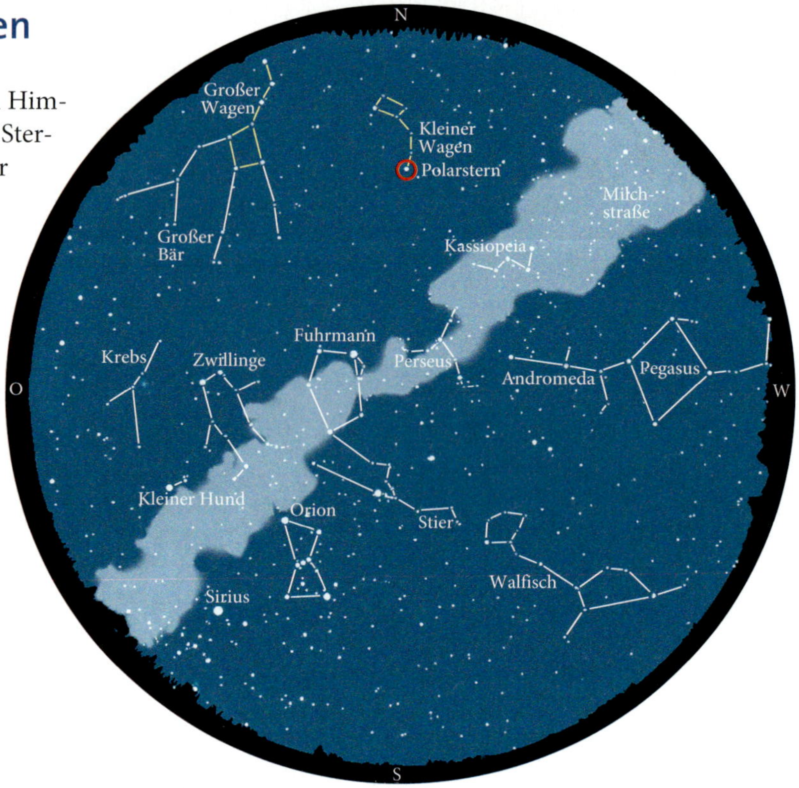

1 *Sternkarte*

Beobachten

1 Der Mond wandert

a Betrachtet den zunehmenden Mond einige Abende lang. Fertigt ein Skizze der hellen Sterne in seiner Nähe an. Um wie viele Grad wandert er von Abend zu Abend vor dem Hintergrund der Sterne nach links? *Tipp:* Haltet eine Faust bei gestrecktem Arm neben den Mond. Die Ränder der Faust bilden mit dem Auge einen Winkel von etwa 8°.

b Ihr könnt auch berechnen, um wie viele Grad der Mond von Abend zu Abend wandert. *Tipp:* In rund 30 Tagen wandert der Mond einmal um die Erde. Vergleicht mit eurer Beobachtung.

c In welchem Sternbild steht der Mond zur Beobachtungszeit? Schaut in einer interaktiven Sternkarte nach und vergleicht mit der Wirklichkeit.

2 Der Mond im Fernglas

a Betrachtet den Mond in verschiedenen Phasen mit einem Fernglas. Was seht ihr an der Licht-Schatten-Grenze? Beschreibt eure Beobachtungen.

b Vergleicht mit einer interaktiven Mondkarte. Könnt ihr den Namen eines Kraters oder einer dunklen Fläche finden?

3 Sternbilder Sucht Sternbilder am Himmel. Ziemlich einfach zu finden sind: der Große Wagen (Großer Bär), Orion (nur im Winter), Kassiopeia (das Himmels-W), Fuhrmann, Perseus, Andromeda und Pegasus (Fünfsternreihe).

4* Geschichten zu Sternbildern Zu vielen Sternbildern gibt es uralte Geschichten. Sucht sie im Internet: „Sternbilder Sagen". Übt eine Geschichte. Zeigt das zugehörige Sternbild und tragt sie frei vor.
Tipp: Sternbilder könnt ihr mit dem OH-Projektor präsentieren. Stecht in ein Stück Pappe die hellsten Sterne eines Sternbilds als Löcher.

5 Planeten

a Informiert euch, welche Planeten zurzeit am Nachthimmel sichtbar sind. Mit einer interaktiven Sternkarte leicht zu finden sind: Venus, Mars, Jupiter und Saturn. *Tipp:* Geht zur Suchmaschine „fragFINN" und sucht nach: „Sternkarte interaktiv".

b Sucht diese Planeten am Nachthimmel.

c* Sammelt Informationen über die Planeten. Fertigt mit ausgedruckten Fotos und erläuternden Texten ein Planetenplakat an.

Sterne und Planeten finden

Am einfachsten findet ihr euch mit einer interaktiven Sternkarte aus dem Internet zurecht. Stellt den Beobachtungszeitpunkt ein und druckt sie dann aus. (Tipp: Unter „Seite einrichten" Querformat einstellen.) Nehmt euch dann eine Taschenlampe und geht mit der Sternkarte nach draußen. Sie ist so gezeichnet, wie ihr den Himmel beim Blick nach Norden seht. Schaut ihr aber nach Osten, dann dreht die Sternkarte so, dass „Osten" oben liegt. Blickt nun immer abwechselnd zur Sternkarte und zum Himmel. Dann könnt ihr Sternbilder und die zurzeit sichtbaren Planeten finden.

6 Jupitermonde

a Sucht den Jupiter und betrachtet ihn mit einem Fernglas oder Fernrohr mit 10-facher Vergrößerung. Erkennt ihr drei oder vier winzige Punkte in einer Reihe neben ihm? Das sind die Jupitermonde Io, Ganymed, Europa und Callisto. ▸2 Beobachtet sie mehrere Nächte lang und skizziert ihre Positionen.

b Vergleicht mit einer aktuellen Angabe der Jupitermondpositionen im Internet.

2 *Jupiter und vier Monde*

7 Venus Der Planet steht oft als heller Morgen- oder Abendstern am Himmel – nicht weit von der auf- oder untergehenden Sonne. ▸3 Schätzt mit der gestreckten Faust ihren Winkelabstand zur Sonne ab (siehe Auftrag 1a). Wiederholt die Beobachtung einige Tage lang.

3 *Venus am Morgenhimmel*

8* Andromedanebel Der Andromedanebel ist nur in sehr dunklen, klaren Nächten als winziger verwaschener Fleck im Sternbild Andromeda zu sehen. Am besten findet ihr ihn mit einem Fernglas und einer interaktiven Sternkarte. ▸4

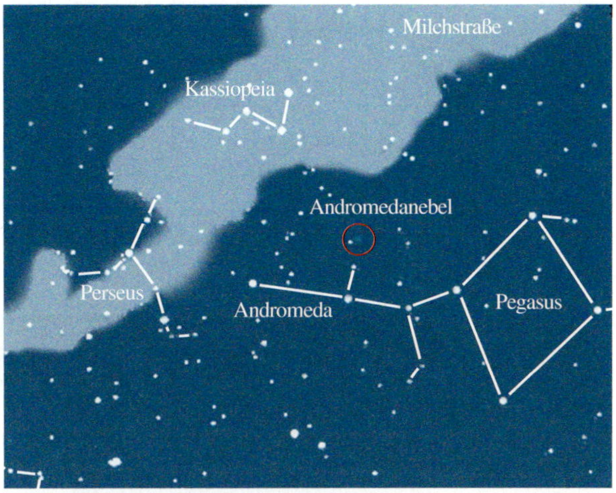

4 *Wie findet man den Andromedanebel?*

5 *Unsere Milchstraße*

9 Milchstraße In einer mondlosen, klaren Nacht – weit weg vom Licht der Städte – könnt ihr die Milchstraße als nebliges Band quer über den Himmel sehen. ▸5

10 Sternschnuppen Lest im Internet nach, wann es besonders viele Sternschnuppen zu sehen gibt (Suche: „Meteorstrom"). Versucht in günstigen Nächten, Sternschnuppen zu beobachten. Wenn der Himmel klar ist und ihr außerhalb einer Stadt seid, müsst ihr meist nur einige Minuten lang auf die erste Sternschnuppe warten. Vergesst nicht, euch etwas zu wünschen!

Grundlagen Himmelskörper im Sonnensystem

Unser *Mond* ist der nächste Himmelskörper im All. ▸1 Er ist 360 000 km von der Erde entfernt. Das amerikanische Mondflugprogramm *Apollo* zeigte, dass Menschen im Weltraum diese Entfernung überwinden können. Zwischen 1969 und 1972 landeten sechs bemannte Raumfähren auf dem Mond. Zwölf Menschen haben ihn insgesamt betreten. Alle sind wohlbehalten zur Erde zurückgekehrt.

Der Mond ist eine Wüste aus Sand und Stein. Seine Oberfläche ist übersät mit Einschlagkratern von Meteoriten aus dem Weltraum. Die größten Krater kannst du schon mit einem Fernglas sehen. Der Mond hat keine Atmosphäre. Menschen, Tiere und Pflanzen könnten auf dem Mond kaum überleben: Die Temperaturen betragen nachts etwa –40 °C und tagsüber etwa 140 °C.

1 *Unser Mond*

2 *Sonne und Planeten (Abstände sind nicht maßstabsgerecht.)*

↻ 68–1 Bilderserie Das Sonnensystem

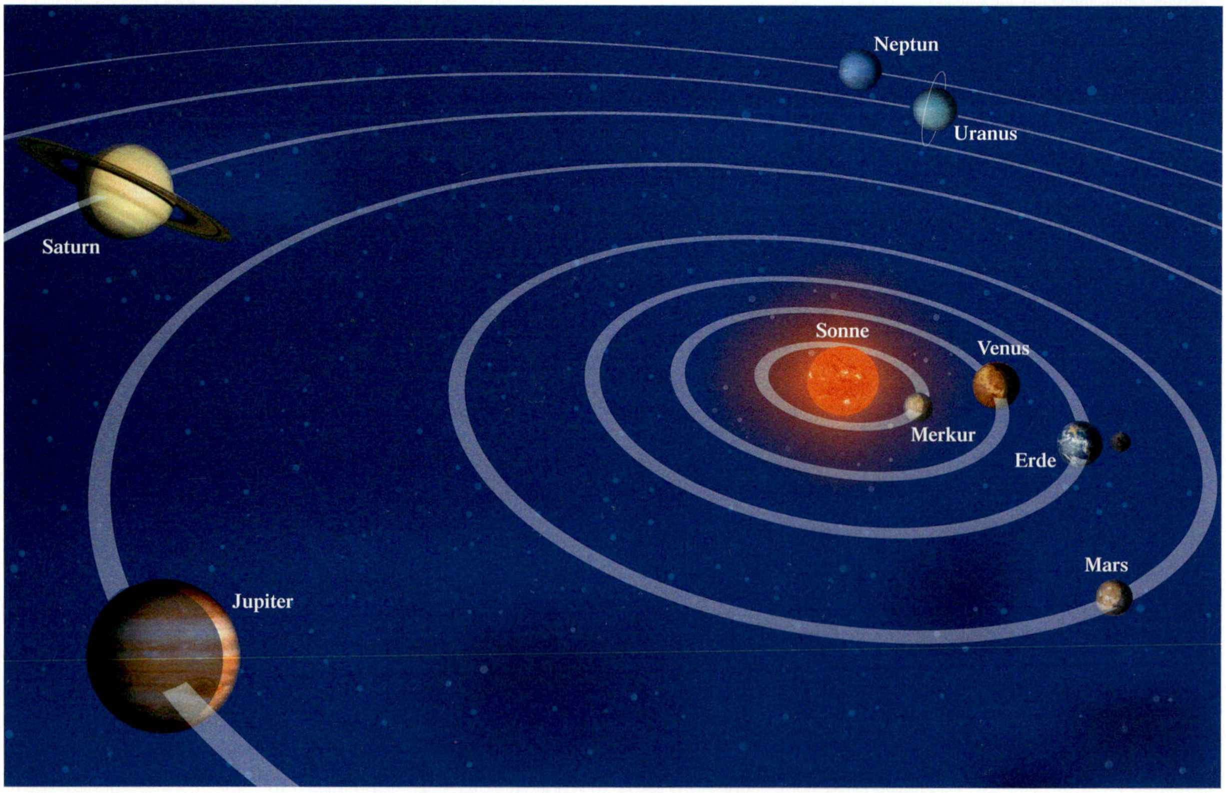

3 *Die Planeten umkreisen die Sonne. (Abstände und Größen entsprechen nicht der Wirklichkeit.)*

Acht *Planeten* umkreisen die Sonne. ▸2 Sie sind sehr unterschiedlich: Merkur, Venus, Erde und Mars bestehen aus Gestein. Bis auf die Erde sind sie Gesteinswüsten wie unser Mond. Die Venus hat eine Atmosphäre aus Kohlenstoffdioxid und Stickstoff. An ihrer Oberfläche ist es 400 °C heiß. Jupiter, Saturn, Uranus und Neptun sind Gaskugeln. Fast alle Planeten haben eigene Monde, die Gasplaneten außerdem noch Ringe.
Am Himmel erkennst du die Planeten daran, dass sie im Lauf des Jahrs durch die Sternbilder hindurchwandern. Planet bedeutet „Wandelstern“. Alle Planeten und die Sonne befinden sich (fast) in einer Ebene. ▸3

Kometen erkennst du an ihrem Schweif. ▸4 Mit bloßem Auge oder einem Fernglas kannst du nur selten Kometen sehen. Sie bewegen sich in einer großen ovalen Bahn um die Sonne. Alle paar Jahrzehnte kommen sie in Sonnennähe. Dann streuen sie das Sonnenlicht und sind mit etwas Glück auch von der Erde aus zu sehen. Sie bestehen aus „schmutzigem Eis“. In Sonnennähe schmilzt ein Teil des Eises und der Komet bekommt einen sichtbaren Schweif aus kleinen Steinchen. Der Schweif zeigt immer von der Sonne weg – egal, in welche Richtung sich der Komet bewegt. Kreuzt die Erde eine solche Spur, dann verglühen die Steinchen in der Atmosphäre. Sie leuchten kurz als *Sternschnuppen* auf. ▸5 Die Erde taucht jedes Jahr zur gleichen Zeit in eine Kometenspur. Daher wissen die Astronomen schon vorher, in welchen Nächten die meisten Sternschnuppen über den Himmel ziehen.
Gelegentlich treffen auch größere Steine aus dem Weltall auf die Erdatmosphäre. Sie verglühen nicht ganz, sondern treffen mit viel Wucht als *Meteoriten* auf die Erde. ▸6 Meteoriten können riesige Krater aufreißen oder den Himmel durch die aufgewirbelte Staubwolke verdunkeln. Einem weltweiten Tiersterben fielen vor 65 Millionen Jahren zwei Drittel aller Tierarten zum Opfer. Es wurde möglicherweise durch einen in Mexiko eingeschlagenen Meteoriten verursacht.

5 *Sternschnuppe über China, aus dem All fotografiert*

6 *Hier schlug vor 50 000 Jahren ein Eisenmeteorit mit 50 m Durchmesser ein. Der Krater in Arizona ist 180 m tief.*

4 *Halleyscher Komet*

Aufgaben

1 Der Satz „*M*ein *V*ater *e*rklärt *m*ir *j*eden *S*onntag *u*nseren *N*achthimmel“ hilft, sich die Reihenfolge der Planeten zu merken.
a Erkläre den Merksatz.
b Findest du einen lustigeren oder sinnvolleren Merkspruch?

2 Welche Planeten nennt man Gasplaneten?

3 Kann eine Sternschnuppe gefährlich sein? Begründe deine Meinung.

4 Warum ist Leben auf dem Mond nicht möglich? Nenne mehrere Gründe.

5* Die 8b des Kopernikusschule plant, einen *Planetenweg* zu bauen. Größe und Abstand der Planeten sollten möglichst im richtigen Verhältnis zur Sonne dargestellt werden. Als „Sonne“ soll eine Kugel mit 1 m Durchmesser dienen. Wie groß müssen die Planetenkugeln werden und wie groß die Abstände von der Sonnenkugel?
Besorgt euch die nötigen Zahlenwerte und rechnet.

6* Halte ein Kurzreferat zu einem Thema:
– Wie gefährlich sind Meteoriten?
– Gibt es Schutz vor Meteoriten?
– Warum sind die Saurier ausgestorben?
Das Referat soll nicht länger als fünf Minuten dauern. Zeige mindestens zwei Bilder.

Methode Sachtexte lesen und verstehen

Geht es dir auch manchmal so? Du liest einen Text im Physik-, Erdkunde- oder Biologiebuch. Hinterher fragst du dich: Worum ging es denn? Hab ich alles verstanden? Manchmal merkst du später im Test, dass mit dem Lesen des Texts längst nicht alles geklärt ist. Die folgenden Hinweise sollen dir helfen, Texte gründlicher zu lesen und besser zu verstehen.

1. **Text überfliegen** Lies den Text zuerst ganz durch. Störe dich nicht daran, wenn du einiges nicht verstehst. Lies einfach weiter.

2. **„Verstehensinseln" finden** Notiere in Stichworten, was von dem Text in deinem Gedächtnis hängen geblieben ist.

3. **Abschnittweise lesen und verstehen** Lies den Text nun Abschnitt für Abschnitt. Eine oder mehrere der folgenden Arbeitstechniken werden dir beim Verstehen des Textes helfen:
   - Formuliere *Fragen*, die in den einzelnen Textabschnitten beantwortet werden.
   - Schreibe *Überschriften* für die einzelnen Abschnitte auf.
   - Liste *neue Begriffe* auf, die im Text erläutert werden. Schreibe die Erklärung auf.
   - Suche die Textstellen, die durch *Bilder* erläutert werden. Vergleiche Text und Bild. Erkennst du den Zusammenhang?
   - Suche *Erklärungen* im Text. Die zugehörigen Fragen fangen oft mit „Warum" an. Lies die Sätze zwei- oder dreimal. Was soll erklärt werden? Welche Grundlagen werden benötigt? Erkläre den Zusammenhang in eigenen Worten. Oft hilft eine Skizze.

Grundlagen Himmelskörper im Sonnensystem

Unser *Mond* ist der nächste Himmelskörper im All. ▸1 Er ist 360 000 km von der Erde entfernt. Das amerikanische Mondflugprogramm Apollo zeigte, dass Menschen im Weltraum diese Entfernung überwinden können. Zwischen 1969 und 1972 landeten sechs bemannte Raumfähren auf dem Mond. Zwölf Menschen haben ihn insgesamt betreten. Sie sind wohlbehalten zur Erde zurückgekehrt.

Der Mond ist eine Wüste aus Sand und Stein. Seine Oberfläche ist übersät von Einschlagkratern von Meteoriten aus dem Weltraum. Die größten Krater kannst du schon mit einem Fernglas sehen. Der Mond hat keine Atmosphäre. Menschen, Tiere und Pflanzen könnten auf dem Mond kaum überleben: Die Temperaturen betragen nachts etwa −40 °C und tagsüber etwa 140 °C.

1 *Unser Mond*

1

Musteraufgabe

Lies den Text „Himmelskörper im Sonnensystem" abschnittweise. Versuche ihn zu verstehen.

Fragen:

1. und 2. Abschnitt: Wie weit ist der Mond entfernt? Wie sieht seine Oberfläche aus? Warum könnten wir auf dem Mond nicht leben?

3. und 4. Abschnitt: ...

Überschriften:

„Unser Mond", „Die Planeten" ...

Neue Begriffe:

Mond: großer Himmelskörper, der die Erde oder einen anderen Planeten umkreist

Planet: ...

Bild und Text vergleichen:

Bild 1 zeigt unseren Erdmond. In den ersten beiden Abschnitten wird er beschrieben.

Bild 2 ...

Erklärungen:

Wie entstehen Sternschnuppen?

Sternschnuppen sind Steinchen aus dem Weltraum, die in der Atmosphäre unserer Erde verglühen. Sie stammen oft aus dem Schweif eines Kometen.

Aufgaben

1 Die Musteraufgabe zeigt, wie du den Text „Himmelskörper im Sonnensystem" verstehen kannst. Die Lösungen sind allerdings noch nicht vollständig. Bearbeite sie weiter.

2 Lies den Text „Eine Kraft hält die Welt zusammen". Wende die Methode „Sachtexte lesen und verstehen" an.

Grundlagen Eine Kraft hält die Welt zusammen

Vor etwa 400 Jahren wagten Menschen wie *Kopernikus* und *Galilei* einen Umsturz in den Naturwissenschaften. Sie erklärten den Aufbau des Weltalls anders, als wir ihn mit den Sinnen wahrnehmen. Die Sonne umkreist nicht die Erde, sondern steht im Mittelpunkt. Erde, Venus und die übrigen Planeten umkreisen sie. Nur der Mond umkreist die Erde.
100 Jahre später stellte sich der englische Naturforscher *Isaac Newton* die Fragen: Was hindert die Planeten daran, davonzufliegen? Werden sie von der Sonne auf ihrer Bahn gehalten? Warum umkreist der Mond die Erde und bleibt immer in ihrer Nähe? Wird er von der Erde festgehalten? Dann müsste es eine Kraft geben, mit der die Erde den Mond anzieht. Fällt auch der Apfel vom Baum, weil er von der Erde angezogen wird? ▸2
Newton kam nach 20 Jahren Forschung zu folgenden Ergebnissen:
- Alle Himmelskörper ziehen sich gegenseitig an: Erde und Mond, Sonne und Planeten. Aber auch ein Apfel und die Erde ziehen sich gegenseitig an.
- Diese Anziehungskraft – die *Gravitationskraft* – macht sich auf der Erde als Gewichtskraft bemerkbar.
- Wie stark die Anziehungskraft ist, hängt von der Masse der beiden Körper und von ihrem Abstand ab.

Mit diesen Annahmen konnte Newton die Bahnen der Planeten und des Monds genau berechnen.

2 *Werden Apfel und Mond von der gleichen Kraft angezogen?*

Alle Gegenstände ziehen sich gegenseitig an. Die Gravitationskräfte zwischen ihnen sind umso größer, je mehr Masse die Gegenstände haben und je näher sie zusammen sind.

Viele Zeitgenossen Newtons glaubten nicht, dass alle Gegenstände sich gegenseitig anziehen. Wie könnten dann Schiffe aneinander vorbeifahren, ohne zusammengezogen zu werden? Erst 100 Jahre später wies der Chemiker *Henry Cavendish* mit einem komplizierten Versuch nach, dass sich zwei Bleikugeln gegenseitig anziehen. Die Anziehungskraft war winzig. So ist das bei allen Gegenständen in unserem Alltag. Nur die Masse der Erde ist so groß, dass wir die Gravitationskraft bemerken.

Aufgaben

3 Gravitationskraft, Gewichtskraft – wo ist der Unterschied?

4 „Auf dem Mond können Astronauten ihre Ausrüstung leicht heben, auf der Erde fällt es ihnen viel schwerer.“ Mit welcher Eigenschaft der Gravitationskraft kannst du diese Aussage erklären? ↻ 71-1

5 Aus dem Weltall gesehen, hängen entweder wir oder die Menschen in Australien kopfüber an der Erdkugel. Erläutere, warum sie nicht von der Erde fallen. ▸3

6* Vergleiche die Massenanziehungskraft mit der Magnetkraft. Was ist ähnlich, worin unterscheiden sich die Kräfte?

3

Erweiterung Das Gravitationsfeld

Es ist schwer vorstellbar, wie die Erde den Mond durch den leeren Weltraum hinweg anzieht. Deshalb sind die Physiker zu einer anderen Vorstellung gekommen: Die Erde hat um sich herum etwas, das bis in den Weltraum reicht. Die Erde hört nicht auf, wo ihre Lufthülle endet. Sie reicht weiter. Diesen Teil der Erde können wir nicht sehen. Aber jeder Stein spürt ihn: Er wird in diesem Teil der Erde zum Mittelpunkt der Erde hingezogen – genau wie der Mond.
Der unsichtbare, bis weit in den Weltraum reichende Teil der Erde wird *Gravitationsfeld* der Erde genannt. Im Gravitationsfeld wirkt auf jeden Gegenstand die *Gravitationskraft*. An der Erdoberfläche heißt sie Gewichtskraft.
So gesehen wird der Mond nicht von der 380 000 km entfernten Erde durch den leeren Weltraum hindurch angezogen. Er spürt vielmehr die Gravitationskraft, weil er sich im Gravitationsfeld der Erde befindet. ▸1
Nicht nur die Erde besitzt ein Gravitationsfeld. Die Sonne hat ein viel stärkeres Gravitationsfeld als die Erde, der Mond ein viel schwächeres.

1 *Etwas von der Erde reicht bis zum Mond.*

Jeder Gegenstand hat um sich herum ein Gravitationsfeld, in dem andere Gegenstände angezogen werden. Es ist umso stärker, je größer die Masse des Gegenstands ist.

Aufgaben

1 Die Gravitationskraft ist auf verschiedenen Himmelskörpern unterschiedlich groß. ▸2

a Ordne die Himmelskörper nach der Größe der Gravitationskräfte.

b Wo ist die Gravitationskraft etwa so groß wie auf der Erde?

c Woran kann es liegen, dass Himmelskörper einen Gegenstand verschieden stark anziehen?

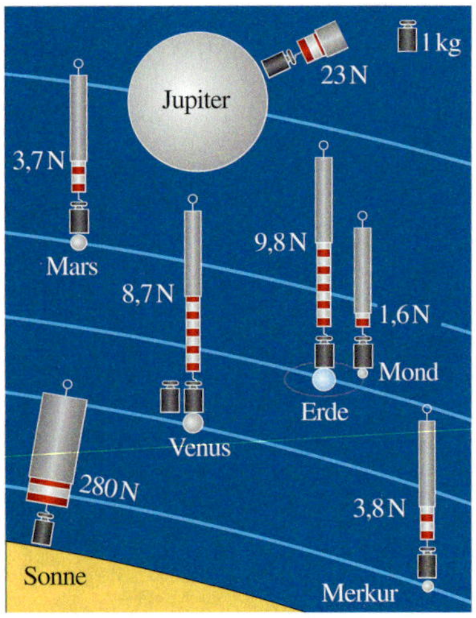

2

2 Stell dir einmal vor, es gäbe keine Gravitationskraft mehr. Was würde geschehen?
- Du wirfst einen Ball.
- Du springst hoch.
- Du trägst ein Tablett mit Geschirr und lässt dann los.

3* Auch bei Magneten kann man sich vorstellen, dass sie weiter reichen, als wir es sehen. Sie sind von einem *Magnetfeld* umgeben.

a Welche Gegenstände „spüren" das Magnetfeld?

b Worin unterscheiden sich Gravitations- und Magnetfeld?

4* Die Erde hat ein Gravitationsfeld und ein Magnetfeld. Für beide zeichnet man Feldlinien. ▸3–4

a Welches Bild stellt wohl das Gravitationsfeld, welches das Magnetfeld dar? Begründe deine Antwort.

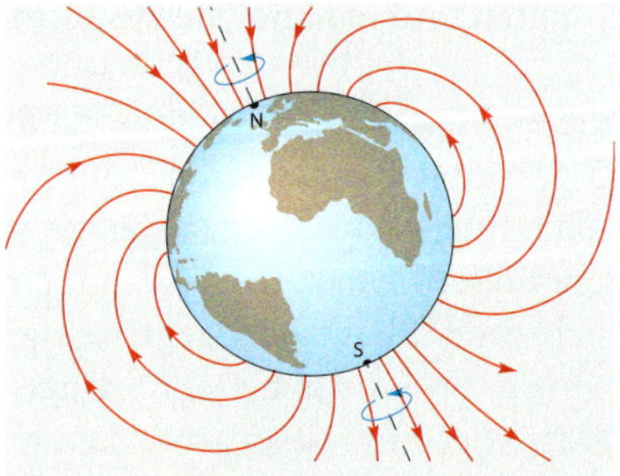

3

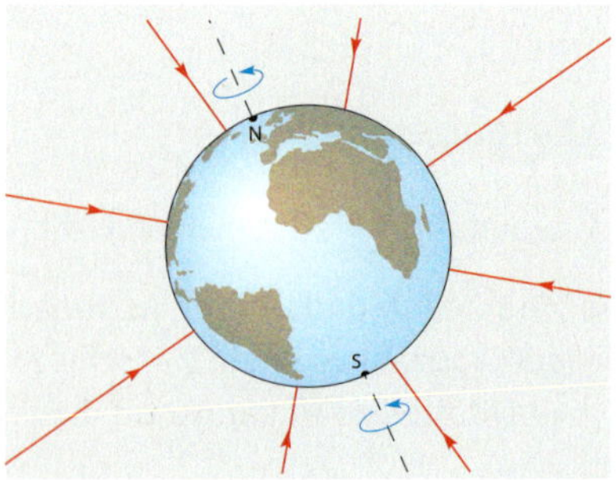

4

b Wie könntest du die Richtung der Feldlinien im Versuch bestimmen? Beschreibe beide Verfahren.

Grundlagen Himmelskörper im Universum

1500 Sterne kannst du in einer klaren Nacht mit bloßem Auge sehen. Mit einem Fernglas sind es schon einige Tausend, mit einem großen Fernrohr Millionen. Wir sehen sie stets in gleicher Anordnung, sie scheinen am Himmel befestigt (fixiert) zu sein. Schon vor 4000 Jahren haben die Menschen Fixsterne zu Sternbildern zusammengefasst. Die bekanntesten sind der Große Wagen, Kassiopeia (Himmels-W) und Orion. Alle Fixsterne sind wie unsere Sonne. Sie leuchten von sich aus – manche bläulich, andere rötlich. Die Farbe hängt mit ihrer Temperatur zusammen. Die meisten Fixsterne sind etwa so groß und so hell wie die Sonne. Einige sind viel größer und weniger heiß: Rote Riesen. Weiße Zwerge sind klein und sehr heiß.

Gasnebel erscheinen auf Fotos als unregelmäßige, farbig leuchtende Gebilde. ▸5 Sie sind mit dem Fernglas kaum zu sehen, weil sie wenig Licht aussenden. Ein Fotoapparat am Fernrohr kann das Licht einige Minuten lang sammeln und Gasnebel sichtbar machen.

In einer klaren mondlosen Nacht kannst du fernab vom Licht der Städte die *Milchstraße* erkennen. Im Fernrohr entdeckt man, dass ihr helles Band aus Millionen von Sternen besteht. ▸6
Die Sterne sind ungleichmäßig im All verteilt. Oft treten sie in „Scheiben" oder „Spiralen" auf. Das sind die *Galaxien*:
- Die Milchstraße ist unsere eigene Galaxie. Sie besteht aus 1000 bis 3000 Milliarden Sternen und hat einen Durchmesser von etwa 100 000 Lichtjahren. Ein Lichtjahr ist die Strecke, die das Licht in einem Jahr zurücklegt: 9467 Milliarden Kilometer.
- Der Andromedanebel ist eine andere Galaxie. Er ist als schwacher Fleck im Sternbild Andromeda zu finden. ▸7 Die Galaxie ist 2,5 Millionen Lichtjahre von uns entfernt.

Im Zentrum der meisten Galaxien vermuten Astronomen einen ungeheuer massereichen Stern, ein „Schwarzes Loch". Mit seiner Gravitationskraft hält er die Galaxie zusammen. Im Universum gibt es vielleicht 500 Milliarden Galaxien. Die genaue Zahl ist unbekannt. Fast täglich werden mit dem Hubble-Teleskop neue Galaxien entdeckt. ▸8

Aufgabe

5* Die schönsten Bilder vom Hubble-Teleskop kannst du im Internet ansehen. ↻ 73-1
Suche jeweils die fünf eindrucksvollsten Bilder von Galaxien, Nebeln und Planeten. Stelle begleitende Informationen zusammen.

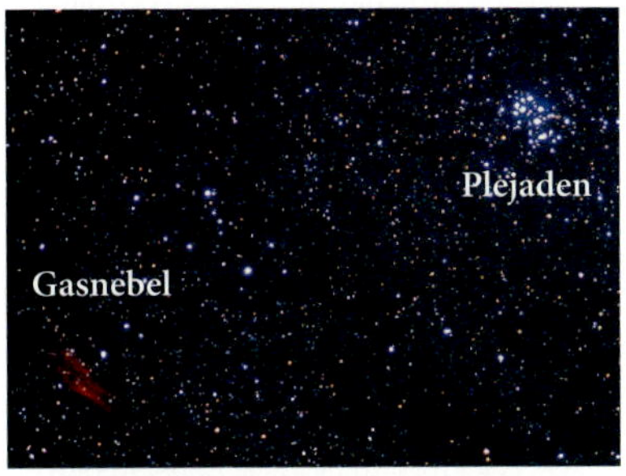

5 *Rötlich leuchtender Gasnebel*

6 *Milchstraße*

7 *Andromedagalaxie*

8 *Hier siehst du keine Sterne, sondern Galaxien! Allein in dem fotografierten Bereich zählt man 100 000 Galaxien.*

Aus der Astronomie – Das Leben eines Sterns

Wie kann man verstehen, dass es so viele verschiedene Arten von Sternen und Nebeln am Himmel gibt? Werden Sterne vielleicht geboren, leben sie eine Zeit lang und sterben dann?
Heute stellen sich die Astronomen die Geschichte der Sterne so vor:

- Es beginnt mit einem großen Gasnebel wie dem Orionnebel. ▸1 Staub und Gas werden durch die Gravitationskraft zu einem Gasball zusammengezogen. Der Gasball erhitzt sich dabei wie die Luft beim Zusammenpressen in einer Luftpumpe. ▸2
- Bei einer Temperatur von einigen Millionen Grad Celsius werden die Atomkerne im Gasball so fest zusammengepresst, dass sie miteinander verschmelzen. Dabei wird ungeheuer viel Energie abgestrahlt. ▸3
- Die Gravitationskraft zieht den hell leuchtenden Gasball weiter zusammen. Das heiße Gas im Innern versucht sich dagegen auszudehnen. Ein Gleichgewicht zwischen den Kräften nach innen und nach außen entsteht. Ein Stern ist geboren. ▸4
- In diesem Gleichgewicht strahlt der Stern einige Milliarden Jahre lang. Er verteilt seine Energie in den Weltraum. Auch unsere Sonne ist in einem solchen Gleichgewicht.
- Irgendwann sind alle Atomkerne im innersten Bereich des Sterns zu größeren Atomkernen verschmolzen. Nun wandert die „Brennzone" nach außen. Schließlich langt sie dicht unter der Oberfläche des Sterns an.
- Die Oberfläche bläht sich auf und kühlt dabei ab. Der Stern verwandelt sich in einen Roten Riesen. ▸5 Das wird mit unserer Sonne in etwa 5 Milliarden Jahren geschehen.

1 *Orionnebel*

- Wenn alle Atomkerne miteinander verschmolzen sind, erlischt die Energiequelle des Sterns. Das Gleichgewicht ist zerstört. Der Stern bricht unter der Gravitationskraft in sich zusammen. Dabei wird noch einmal für kurze Zeit sehr viel Energie frei. Einige Wochen leuchtet der Stern tausendmal heller als je zuvor. Man beobachtet eine *Supernova*. ▸6 Staub und Gas für neue Sterne werden in den Weltraum geschossen.
- Danach bleibt der innerste Kern meist als sehr heißer *Weißer Zwerg* übrig. ▸7 Er kühlt langsam ab.
- Bei sehr großen Sternen stürzen die Überreste nach einer Supernova immer weiter in sich zusammen. Sie konzentrieren sich auf kleinstem Raum. Ein Schwarzes Loch ist entstanden. Seine Gravitationskraft ist so groß, dass selbst Licht nicht mehr entweichen kann! Wie ein Staubsauger saugt es alle Sterne in der Nähe an und „verschlingt" sie. Astronomen vermuten im Zentrum der meisten Galaxien ein Schwarzes Loch.

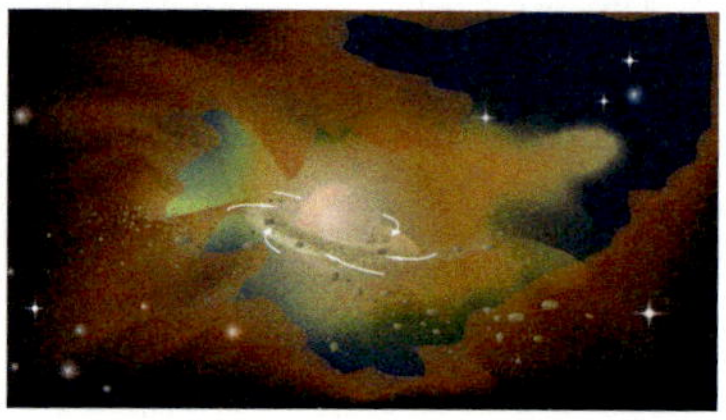

2 *Der Gasball wächst.*

3 *Atomkerne verschmelzen.*

4 *Der Stern im Gleichgewicht*

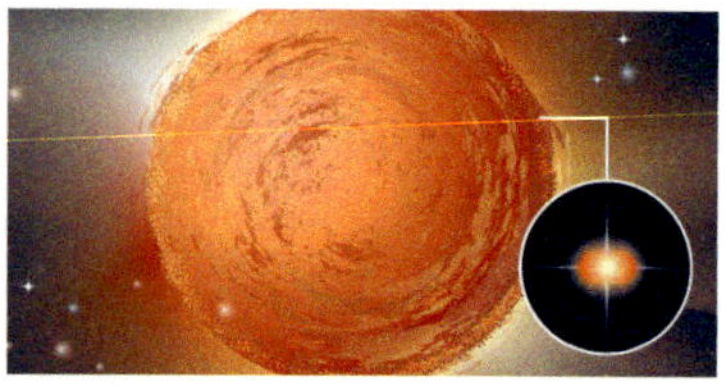

5 *Roter Riese*

6 *Supernova*

7 *Weißer Zwerg*

Aus der Geschichte Astronomie und Astrologie – zwei ungleiche Schwestern

Astronomie oder Astrologie – ähnliche Wörter mit sehr verschiedenen Bedeutungen:

- *Astronomen* erforschen den Himmel mit Fernrohren. ▸8 Mit physikalischen Methoden untersuchen sie das Licht und die Bewegung der Sterne. Sie entwickeln Vorstellungen darüber, wie das Universum entstanden ist und wie sich Galaxien, Sterne und die Erde gebildet haben. Grundlage für ihre Überlegungen sind physikalische Gesetze.
- *Astrologen* glauben, dass die Sterne das Schicksal jedes Menschen lenken. Die Stellung der Sterne und Planeten in der Stunde der Geburt soll die Persönlichkeit prägen. Sie behaupten, dass der Mensch je nach Sternzeichen (Krebs, Löwe ...) besondere Charakterzüge hat: „Krebse sind typische Stimmungs- und Familienmenschen. Mal trifft man auf gut gelaunte und humorvolle Krebse, mal wollen sie am liebsten gar nicht erst angesprochen werden. Aber auf gar keinen Fall sind sie eintönig. Sie leben in einer Fantasiewelt, die das wirkliche Leben erheblich erschwert." Astrologen wenden die Methoden der Astronomen an, um die Himmelsbewegungen für die nächsten Tage vorauszuberechnen. Auf dieser Grundlage erstellen sie Horoskope. ▸9

Sterne faszinieren die Menschen schon immer. Vor langer Zeit glaubte man, dass Götter im Himmel leben und unser Schicksal lenken. Die Himmelsbewegungen sollten also Auskunft über die Zukunft geben können. Astronomie und Astrologie waren noch nicht getrennt.

> **Krebs (21. Juni–22. Juli)**
> Eine Aufgabe erfordert mehr Einsatz, als Sie sich vorgestellt haben. Da Sie die Sache übernommen haben, müssen Sie sie auch zu Ende führen!

9 *Horoskop aus einer Zeitung*

8 *Hubble-Teleskop*

Die ersten genauen Berechnungen der Himmelsbewegungen verdanken wir den *Babyloniern*. Bestimmte Stellungen der Planeten hielten sie für günstig, um einen Handel abzuschließen oder Krieg zu führen. Als bösartig galten Sonnen- und Mondfinsternisse. Für ihre Berechnung mussten die Babylonier die Bahnen der Sonne und des Monds am Himmel kennen. Im 2. Jahrhundert vor Christus gelang es ihnen, Mondfinsternisse auf etwa eine Stunde genau vorherzusagen.
Physiker erstellten auch noch rund 1700 Jahre später Horoskope. Erst mit Beginn der Neuzeit vor etwa 400 Jahren entwickelte sich die Astronomie zu einer Naturwissenschaft und löste sich von der Astrologie. Naturwissenschaftler streben nach gesicherten Erkenntnissen. Ohne solches Wissen könnten wir uns niemals ruhigen Herzens in ein Flugzeug setzen. Verlässliches Wissen erwirbt man durch genaue Beobachtungen und Experimente. Wissenschaftliche Aussagen muss man überprüfen können. Sie müssen logisch und nachvollziehbar mit anderen Aussagen zusammenhängen. Ob das auf astrologische „Erkenntnisse" zutrifft, könnt ihr selbst prüfen.

Aufgaben

1 Wo können im Weltall neue Sterne entstehen?

2 „Unsere Sonne ist im Gleichgewicht." Erkläre, was das bedeutet.

3 Erkläre, wann ein Stern zum Roten Riesen wird.

4 Schwarze Löcher sind unsichtbar. Woher weiß man, dass es sie gibt?

5* Fertige ein Plakat zum „Lebenslauf eines Sterns" an. Suche weitere Informationen und Bilder im Internet.

6* Halte ein Kurzreferat zum Thema Schwarzes Loch oder Supernova.

7 Welches Sternzeichen bist du? Unter „Horoskop Zeitung" oder „Horoskop kostenlos" findest du im Internet Horoskope für dich. Vergleiche einige. Erkennst du Ähnlichkeiten? Widersprechen sie sich?

8* Sagen Sternzeichen etwas über Menschen aus? Führt eine Umfrage zu dieser Frage durch.

9* Sammelt Argumente für oder gegen Horoskope. Diskutiert miteinander.

Botschaften von den Sternen

▷ Mit Fernrohren kannst du den Nachthimmel beobachten. In sternklaren Nächten ist das ein unvergessliches Erlebnis! Um Sterne und Planeten zu finden, brauchst du Geduld und Übung.

▷ Wie funktioniert ein Fernrohr?

1

Experimentieren

1 Das Fernrohr Aus zwei Sammellinsen könnt ihr ein Fernrohr zusammensetzen. ▸2

a Befestigt als Objektiv eine Sammellinse mit großer Brennweite am vorderen Ende des Stativstabs.

b Richtet den Stab z. B. auf ein Haus. Dunkelt dafür den Raum etwas ab.

c Verschiebt den Schirm so, dass auf ihm ein umgekehrtes, scharfes Bild des Hauses entsteht.

d Betrachtet das Bild auf dem Schirm mit einer Lupe (Sammellinse mit Brennweite 5 cm).

e Entfernt den Schirm und schaut durch die Lupe.

2* Das Okular – genauer betrachtet

a Haltet eine Sammellinse mit kleiner Brennweite (höchstens 5 cm, „Botanikerlupe") direkt vor das Auge. Blickt auf diese Buchseite. Führt die Linse dann so nah an den Text heran, dass ihr ein vergrößertes, aufrechtes Bild scharf seht.

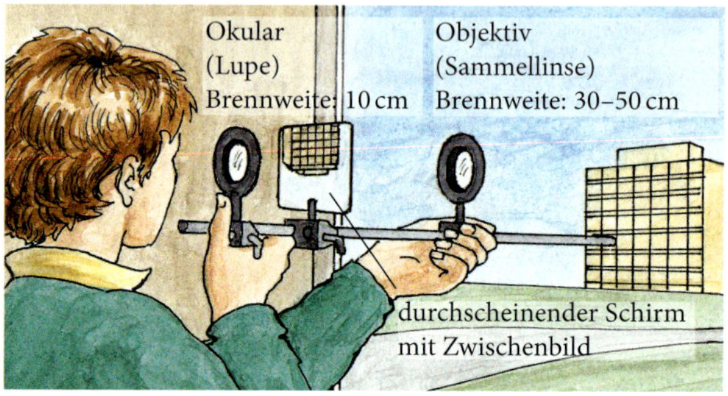

2 *Fernrohr (Modell)*

b Warum sollte man mit dem Auge dicht an die Linse herangehen?

c Haltet Sammellinsen verschiedener Brennweiten direkt vor das Auge. Wie weit darf die Linse jeweils höchstens von der Buchseite entfernt sein, damit ihr das aufrechte Bild scharf seht? Vergleicht diese Abstände mit den Brennweiten der Linsen.

Grundlagen Die Lupe

Um eine Ameise genau zu sehen, bringt man sie nah ans Auge. ▸3 Dabei wird die Augenlinse dicker und das Bild auf der Netzhaut größer. Unterschreitet man jedoch eine bestimmte Sehweite (bei Erwachsenen 25 cm), wird das Sehen anstrengend und das Bild „verschwimmt". ▸4 Die Lichtbündel treffen nicht mehr als Bildpunkte auf der Netzhaut zusammen, sondern als Lichtflecke. Der Ringmuskel kann die Augenlinse nämlich nicht beliebig stark verformen.
In diesem Fall hilft eine Lupe. ▸5 Das ist eine Sammellinse mit kurzer Brennweite. Sie wird dicht vor das Auge gehalten. Die Ameise befindet sich dabei in der Brennebene der Lupe. Lichtbündel, die von der Ameise ausgehen, verlassen die Lupe als Parallelbündel. Auf der Netzhaut des entspannten Auges entsteht ein scharfes, großes Bild der Ameise.

76-1 Simulation Lupe

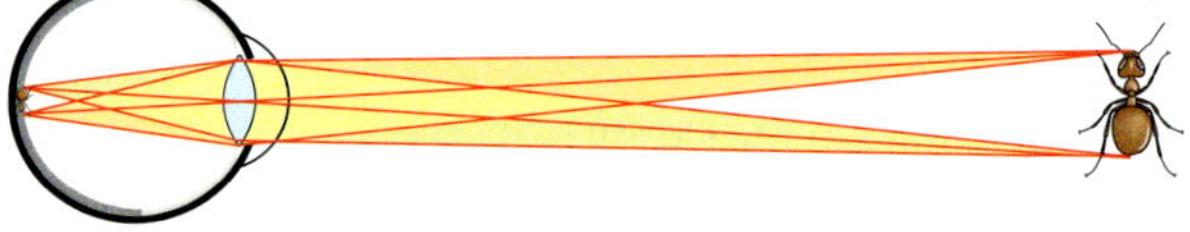

3 *Nahes scharf sehen*

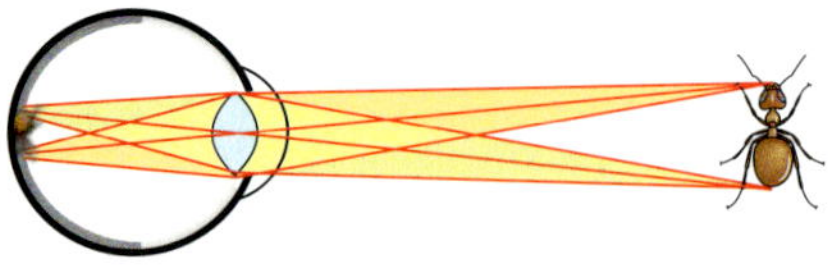

4 *Zu Nahes sieht man unscharf.*

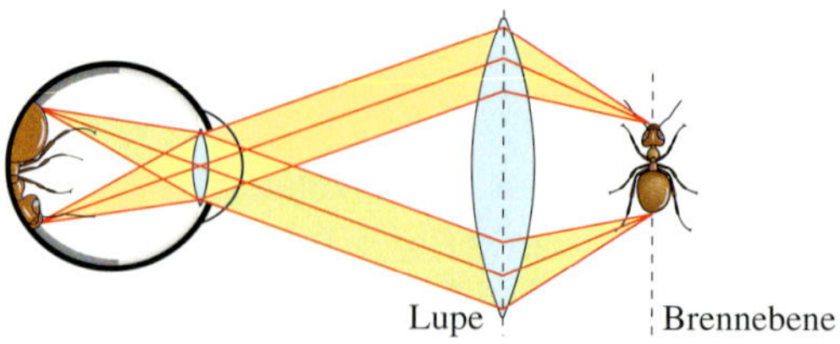

5 *Das Netzhautbild ist groß und scharf.*

Grundlagen Das astronomische Fernrohr

Weit entfernte Gegenstände erzeugen nur ein kleines Bild auf der Netzhaut in unserem Auge. Damit man Einzelheiten erkennen kann, muss es vergrößert werden. Manchmal reicht es aus, einfach den Abstand zwischen Auge und Gegenstand zu verringern. Wenn man aber eine Mondlandschaft betrachten will, ist das unmöglich. ►6 Eine Vergrößerung des Netzhautbilds erreicht man dann nur mit einem Fernrohr. ►7
Mit dem Fernrohr betrachtet man die Mondlandschaft nicht direkt, sondern ein Bild von ihr. Dieses Bild wird *Zwischenbild* genannt. Es liegt praktisch in der Brennebene des Objektivs und ist stark verkleinert. Das Zwischenbild wird mit einer Lupe betrachtet – dem *Okular*. So lässt sich das Auge bis auf wenige Zentimeter an das Zwischenbild heranbringen. Auf diese Weise wird das Netzhautbild größer. Wegen des größeren Netzhautbilds haben wir den Eindruck, als würde der Mond beim Blick durchs Fernrohr näher herangerückt.
Ein Fernrohr mit so angeordneten Linsen wird als *astronomisches Fernrohr* bezeichnet. Es wurde von *Johannes Kepler* (1571–1630) entworfen. Durch ein astronomisches Fernrohr sieht man alles auf dem Kopf stehend und seitenverkehrt.
Fernrohre für Beobachtungen auf der Erde haben noch eine dritte Sammellinse (oder ein Prisma). Sie dreht das Zwischenbild vor dem Okular um, damit das Gehirn den Gegenstand aufrecht wahrnimmt.

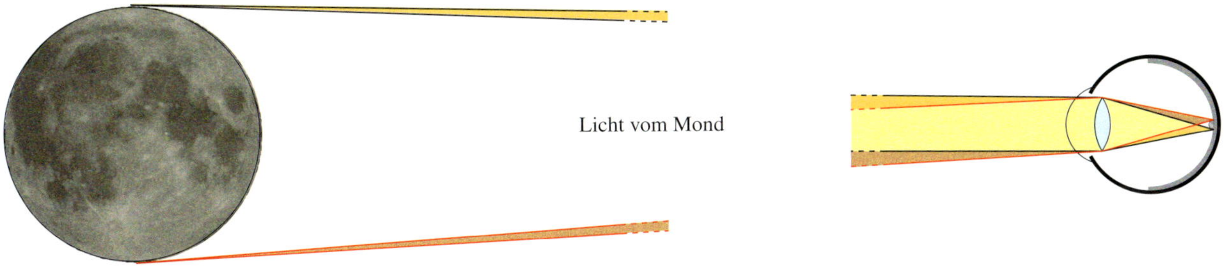

6 *Ohne Fernrohr*

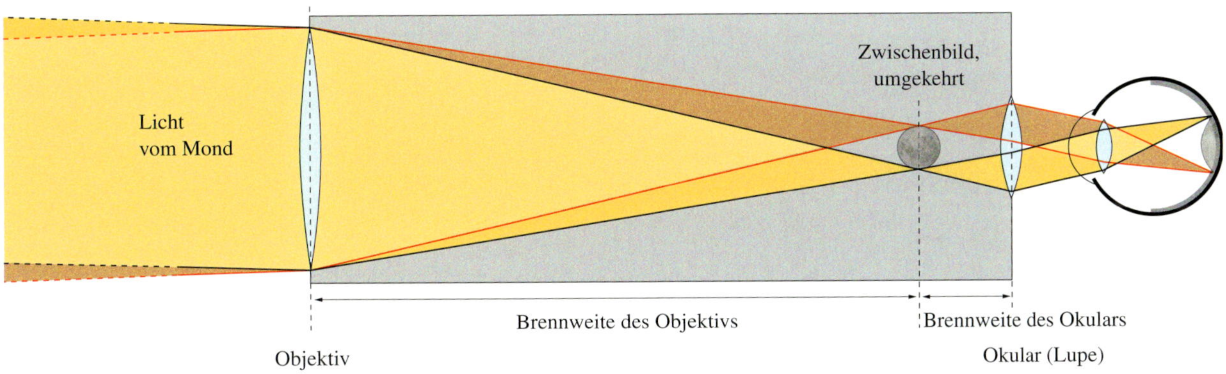

7 *Mit astronomischem Fernrohr*

Aufgaben

1 Warum sieht man bei dem selbst gebauten Fernrohr alles „auf dem Kopf stehend"? ►2

2 Die Objektivlinse eines Fernrohrs hat eine Brennweite von 100 cm, die Okularlinse hat eine Brennweite von 2,5 cm. Wie lang muss das astronomische Fernrohr mindestens sein?

3* „Das Zwischenbild in einem astronomischen Fernrohr ist umso größer, je größer die Brennweite des Objektivs ist." Begründe die Aussage mithilfe einer Zeichnung.
Tipp: Das Zwischenbild weit entfernter Gegenstände entsteht in der Brennebene des Objektivs. Für die Zeichnung reichen die Mittelpunktstrahlen von zwei Gegenstandspunkten.

4* Wie hängt die Vergrößerung des Fernrohrs von der Brennweite des Objektivs ab und wie von der Brennweite des Okulars? Formuliere Je-desto-Sätze.

Aus der Geschichte – Wie das Fernrohr das Weltbild der Menschen veränderte

Im Altertum war die Überzeugung weit verbreitet, dass die Erde im Mittelpunkt der Welt steht. Sonne, Planeten und Sterne sollten um die Erde wandern. ▸1 Diese Auffassung entspricht der täglichen Erfahrung.
Dass die Erde nur ein kleiner, unbedeutender Himmelskörper sein könnte, war für die meisten Menschen undenkbar. Die Ordnung der Himmelskörper wurde von der Kirche als Teil der gottgewollten Ordnung der Welt verstanden. Auch die Macht der Kirche sowie die Vorrechte des Adels und der weltlichen Herrscher galten als Teil dieser „göttlichen" Ordnung. ▸2

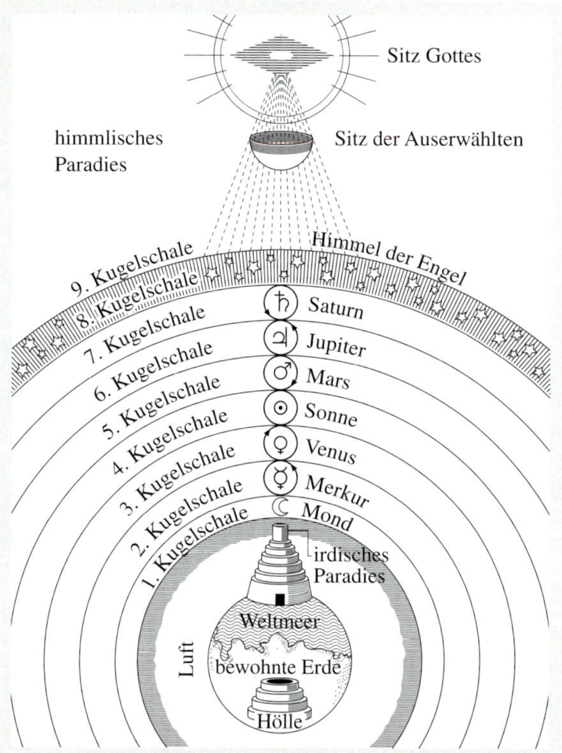

Die Erde ruht im Mittelpunkt des Weltalls. Innen enthält sie die Hölle. Neun Kugelschalen aus Kristall umgeben die Erde. In den ersten acht werden die „Wandelsterne" Mond, Merkur, Venus, Sonne ... und die Fixsterne von Engeln bewegt. Die Sterne bestehen aus vollkommener Himmelsmaterie. Die neunte Kugelschale ist der „erste Beweger", eine alles bewegende Kraft außerhalb der Welt. Über allem ruht der Sitz Gottes und auserwählter Heiliger. Dieser Ordnung im Weltall – vom Sitz Gottes bis zur Hölle – entspricht die „gottgewollte" Ordnung auf der Erde: Papst, Kaiser, Könige, Bischöfe ... Bauern.

2 *Ordnung der Himmelskörper nach Dante Alighieri (1265–1321)*

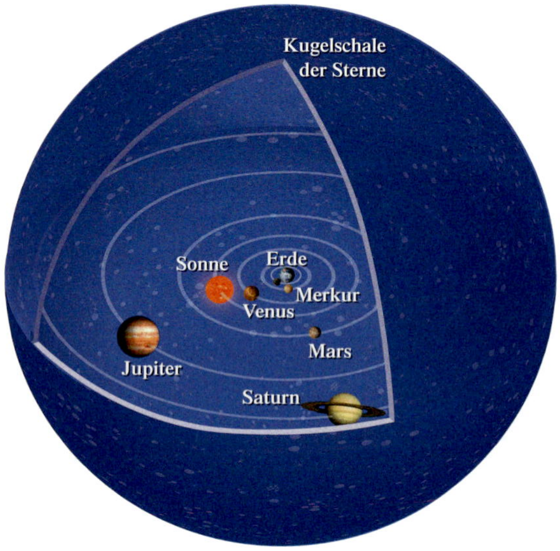

1 *Geozentrisches Weltbild: Erde im Mittelpunkt*

Trotzdem gab es Astronomen, die eine andere Erklärung für die Himmelsbewegungen hatten. Einer davon war *Nikolaus Kopernikus* (1473–1543). Er war der Ansicht, dass die Erde und alle anderen Planeten die Sonne umkreisen. Zusätzlich sollte sich die Erde um ihre eigene Achse drehen. ▸3 Allerdings hatte er keine Beweise für seine Vorstellungen.
Nach der Erfindung des Fernrohrs wurden jedoch Beobachtungen gemacht, die die Lehre von der Erde als Mittelpunkt der Welt widerlegten. Ab dem Jahr 1609 gelangen dem italienischen Forscher *Galileo Galilei* aufregende Entdeckungen:

- Auf dem Mond gibt es Berge. ▸4 Die Himmelskörper können also nicht so verschieden von der Erde sein, wie man zuvor glaubte.
- Galilei findet etwa 100- bis 1000-mal mehr Sterne, als man mit bloßem Auge beobachten kann. Die ganze Milchstraße besteht aus einzelnen Sternen.
- Der Planet Jupiter wird von Monden umkreist. Für diese Monde steht der Jupiter im Mittelpunkt ihrer Bewegung – und nicht die Erde! ▸5
- Die Venus zeigt Phasen genau wie der Mond. Mal ist sie als Scheibe zu sehen und mal als mehr oder weniger breite Sichel. ▸6
  Auch diese Beobachtung kann Galilei erklären. Wenn die Venus um die Sonne kreist, ist sie nur auf der Seite hell zu sehen, die von der Sonne beschienen wird.
- Die Sonne hat dunkle Flecke. Selbst die strahlende Sonne besteht also nicht aus vollkommener Himmelsmaterie.

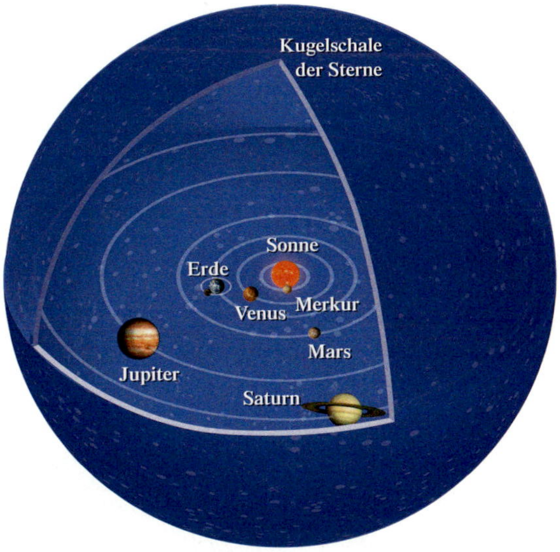

3 *Heliozentrisches Weltbild: Sonne im Mittelpunkt*

Aufgaben

1 Gliedere den Text „Wie das Fernrohr das Weltbild der Menschen veränderte“ in mehrere Abschnitte. Finde jeweils eine Überschrift.

2 Beschreibe die Unterschiede zwischen dem geozentrischen und dem heliozentrischen Weltbild.

3 Galilei beobachtete mit einem Fernrohr, dass der Jupiter Monde hat. Warum war diese Entdeckung ein Widerspruch zur kirchlichen Lehre?

Diese und viele weitere Beobachtungen ließen sich mit dem Weltbild des Kopernikus erklären. So veröffentlichte Galilei schließlich 1632 ein Buch mit seinen Beobachtungen und Erklärungen. Er behauptete, das Weltbild des Kopernikus sei richtig. Damit widersprach er der kirchlichen Lehre. Deshalb wurde Galilei zum Papst nach Rom geladen und vor ein kirchliches Gericht gestellt. Er wurde 1633 dazu verurteilt, seine Behauptungen zu widerrufen. Sein Buch wurde verboten und er selbst lebenslänglich unter Hausarrest gestellt. Jedoch konnte nicht verhindert werden, dass sich in den folgenden Jahrzehnten das kopernikanische Weltbild durchsetzte.

Galilei wurde erst im Jahr 1992 – 350 Jahre nach seinem Tod – durch den Papst vom Vorwurf der Ketzerei freigesprochen.

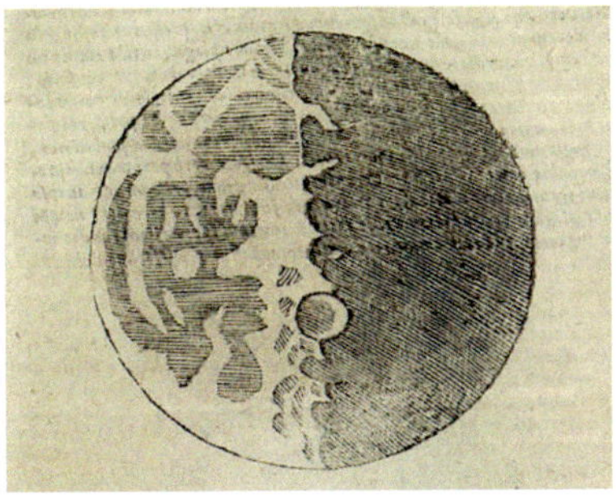

4 *Mondoberfläche (Zeichnung Galilei)*

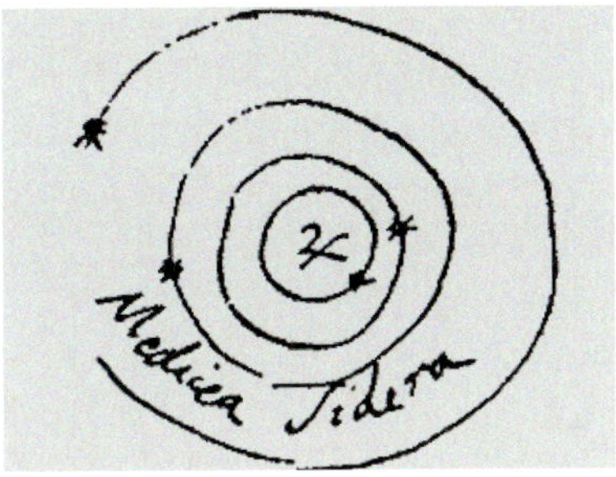

5 *Jupitermonde (Zeichnung Galilei)*

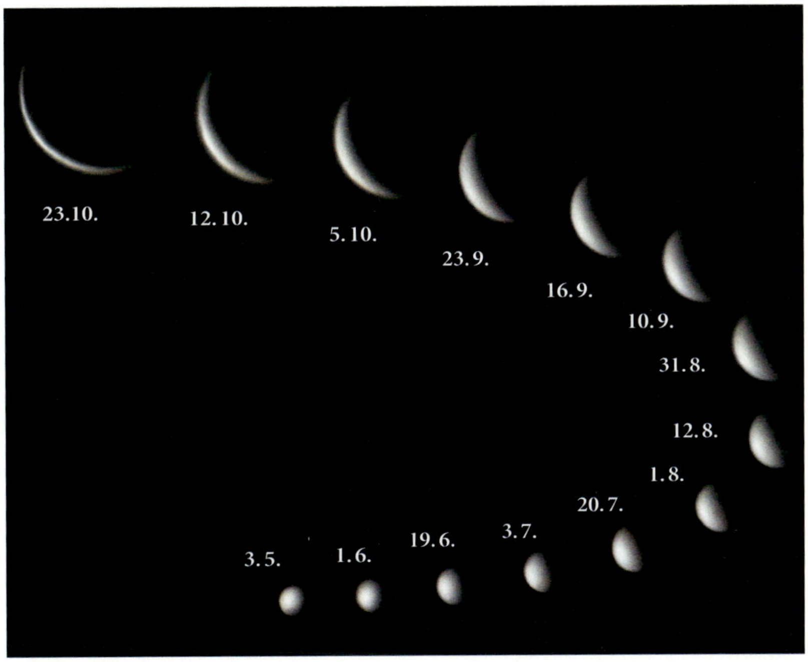

6 *Venusphasen (im Jahr 2002)*

Erweiterung Wie weit sind die Sterne entfernt?

1 *Linkes Auge offen*

2 *Rechtes Auge offen*

Betrachte deinen Daumen bei gestrecktem Arm vor einem weit entfernten Hintergrund. Schließe abwechselnd das rechte und das linke Auge. Siehst du, wie der Daumen scheinbar hin- und herspringt? ▸1–2 Das liegt daran, dass du ihn mit dem linken und dem rechten Auge aus verschiedenen Richtungen siehst. Wenn du den Daumen näher vor dein Gesicht hältst, springt er weiter hin und her.
Etwas Ähnliches beobachten Astronomen mit aufwendigen Fernrohren bei Sternen. Manche Sterne scheinen im Lauf eines Jahrs vor dem Hintergrund anderer Sterne zu wandern. Solch ein Stern ist viel näher an der Erde als die Sterne im Hintergrund. Er wirkt wie der Daumen in unserem Beispiel. Die Erde hat zwar keine Augen. Aber wir sehen den Stern im Frühjahr von einer ganz anderen Position als im Herbst. ▸3 Je mehr sich der Stern zwischen Herbst und Frühjahr scheinbar bewegt, desto näher ist er. Daraus lässt sich die Entfernung vieler Sterne berechnen.

Sirius ist der nächste von uns aus sichtbare Stern. Er ist „nur“ 76 Billionen Kilometer von der Erde entfernt. Das Licht braucht für diese Strecke 8 Jahre. Man sagt, Sirius ist 8 *Lichtjahre* von der Erde entfernt. Der Andromedanebel ist 2,5 Millionen Lichtjahre weit weg. Und es gibt Sterne, die noch tausendmal weiter entfernt sind!
Jeder Blick zu den Sternen ist ein Blick in die Vergangenheit: Licht, das heute Nacht vom Andromedanebel in deine Augen gelangt, wurde vor 2,5 Millionen Jahren ausgesandt. Du siehst den Andromedanebel also so, wie er vor 2,5 Millionen Jahren ausgesehen hat. Den Sirius siehst du so, wie er vor 8 Jahren ausgesehen hat.

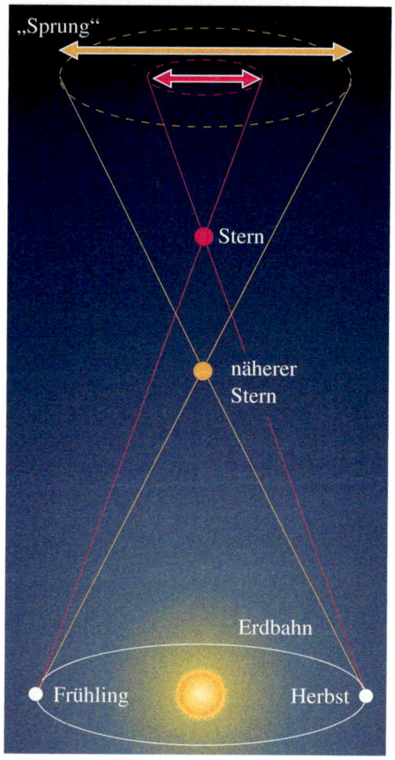

3 *Je weiter der „Sprung“ ist, desto geringer ist die Entfernung zur Erde.*

Aufgaben

1* Beschreibe, wie man die Entfernung relativ naher Sterne bestimmen kann.

2* Der Polarstern ist 400 Lichtjahre von uns entfernt. Stell dir vor, auf ihm steht ein riesiger Spiegel, in dem sich die Erde spiegelt. Mit einem Superteleskop schaust du in diesen Spiegel. Du siehst Wälder, Wüsten, Städte, aber keine Flugplätze, keine Eisenbahnen ...

a Setze die Geschichte fort. Was kannst du sehen, was nicht?

b Kannst du dich selbst in dem Spiegel finden?

Erweiterung Was das Licht der Sterne verrät

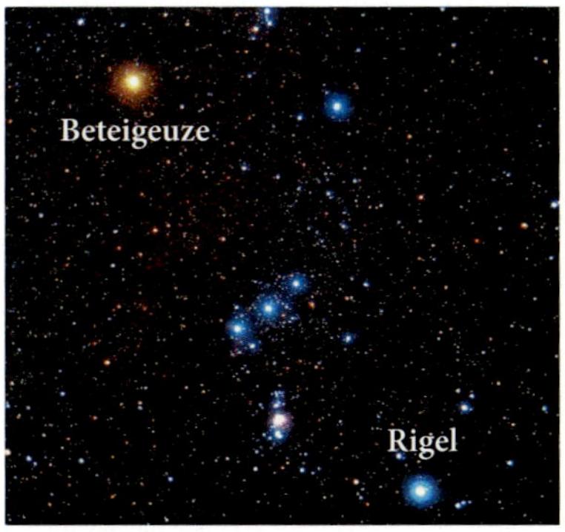

4 *Sternbild Orion*

5 *Glühendes Eisen*

Farbe Auf Bildern werden Sterne fast immer gelb gemalt. Aber sieh dir das Foto von den Sternen des Orion an. ▸4 Erkennst du die leichten Farbunterschiede? Die Ursache ist die verschiedene Temperatur an der Oberfläche der Sterne:

- Beteigeuze hat eine Temperatur von 3000 °C und leuchtet orange.
- Rigel ist 15 000 °C heiß und leuchtet blau.

Auch Eisen glüht je nach Temperatur in unterschiedlichen Farben. ▸5
Mit einem Prisma vor dem Fernrohr sieht man einen Stern nicht als leuchtenden Punkt, sondern als farbigen Streifen. ▸6 Man spricht vom *Spektrum* des Sterns. Es ist der „Fingerabdruck" eines jeden Sterns.

- Je mehr blaues Licht ein Spektrum enthält, desto heißer ist der Stern. Je mehr rotes Licht, desto „kühler" ist der Stern. *Beispiel:* Die Spektren in Bild ▸6 sind nach der Temperatur der Sterne geordnet – von mehr als 25 000 °C (oben) bis weniger als 3200 °C (unten).
- Viele Spektren haben feine farbige Streifen, andere schwarze Linien. Sie verraten, aus welchen Gasen die Sternhülle besteht.

Helligkeit Sieh dir das Sternbild „Großer Wagen" am Nachthimmel an. ▸7 Schau genau auf den mittleren Stern der Deichsel. (Die Deichsel ist die Stange, an der ein Wagen gezogen wird.) Kannst du den winzigen Stern darüber erkennen? ▸8 Dann hast du sehr gute Augen oder eine gute Brille. Das „Reiterlein" scheint nämlich nur sehr schwach. Woran liegt es, dass wir die Sterne verschieden hell sehen? Das hat drei Gründe:

- Je näher ein Stern ist, desto heller scheint er. Sirius ist am nächsten und scheint am hellsten.
- Je heißer ein Stern ist, desto heller scheint er. Das ist ähnlich wie bei den glühenden Eisenrädern. ▸5
- Je größer ein Stern ist, desto heller scheint er.

Wenn die Entfernung und die Temperatur eines Sterns bekannt sind, lässt sich aus der Helligkeit bestimmen, wie groß der Stern ist.
Astronomen haben herausgefunden:

- Die meisten Sterne sind ungefähr so groß wie die Sonne.
- Beteigeuze und einige andere Sterne sind 1000-mal größer als die Sonne. Sie sind „kühler" als die Sonne. Diese Sterne leuchten rot und heißen Rote Riesen.
- Andere Sterne sind so klein, dass man sie nur mit sehr guten Fernrohren sieht. Sie sind viel heißer als die Sonne und heißen Weiße Zwerge.

Aufgaben

3* Woran liegt es, dass Sterne so unterschiedlich hell leuchten?

4* Was verrät das Licht der Sterne? Beschreibe verschiedene Punkte in einer Tabelle.

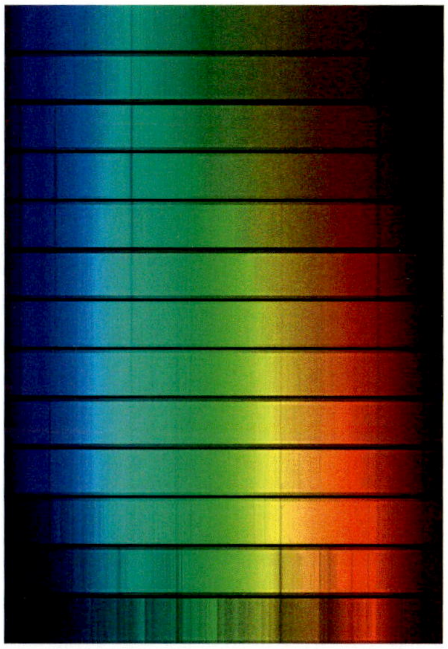

6 *Spektren verschiedener Sterne*

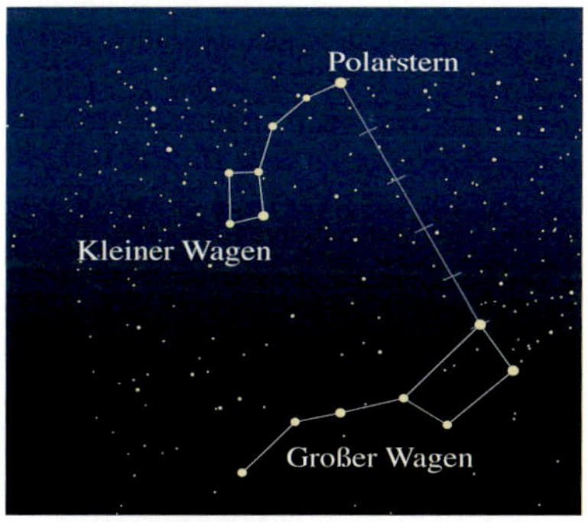

7

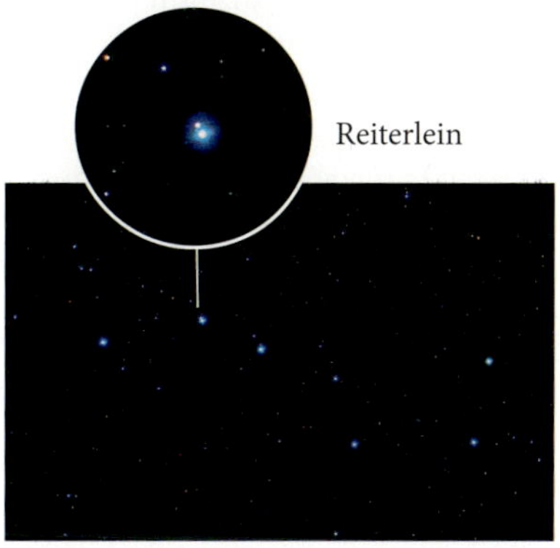

8 *Sternbild Großer Wagen*

Erweiterung Zurück zum Anfang – der Urknall

Vor etwa 100 Jahren entdeckten Astronomen, dass viele Galaxien sich von uns fortbewegen. Woran erkannten sie das?

Wenn ein Auto schnell an dir vorbeifährt, hörst du einen typischen Ton: „iiiiiiiiiiiiiijjuuuuuuuuuuu". Kommt das Auto auf dich zu, klingt der Ton höher. Entfernt es sich, klingt der Ton tiefer. Dieser Effekt ist nach dem Physiker *Christian Doppler* (1803–1853) benannt, der ihn als erster erklären konnte.

Der Dopplereffekt tritt auch bei Licht auf. Allerdings ändert sich hier nicht der Ton, sondern die Farbe. Wenn sich eine Galaxie von uns entfernt, ist ihr Licht zur roten Seite hin „verschoben". ▸1 Je schneller die Galaxie von uns wegfliegt, desto größer ist die „Rotverschiebung".

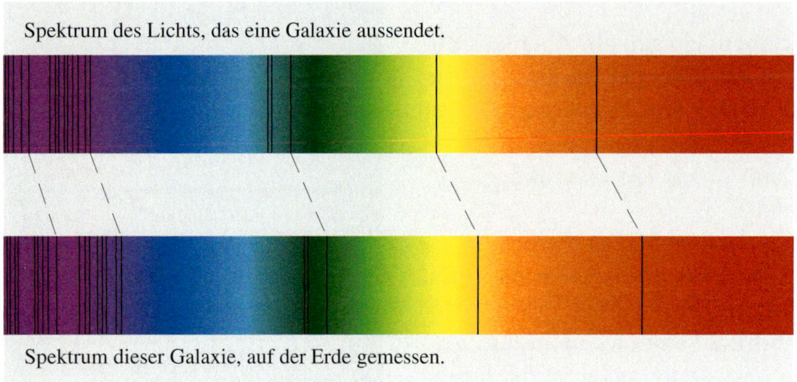

1 *„Rotverschiebung" des Spektrums bei einer Galaxie, die sich entfernt*

Aus der „Rotverschiebung" konnte der Astronom *Edward Hubble* 1924 die Geschwindigkeit vieler Galaxien bestimmen. Als er auch ihre Entfernung ermittelte, machte er eine sensationelle Entdeckung: Je weiter eine Galaxie von uns entfernt ist, desto schneller fliegt sie weg! Die weitesten Galaxien sind rund 13,5 Milliarden Lichtjahre von uns entfernt.

Diese Entdeckung lässt sich so erklären:

- Vor 13,5 Milliarden Jahren entstand der Weltraum mit einer ungeheuren Explosion. Man spricht vom *Urknall.*
- Von der „Urmaterie" flogen manche Teile schneller weg, andere langsamer. Die schnellsten sind jetzt 13,5 Milliarden Lichtjahre von uns entfernt. Die langsameren sind noch nicht so weit gekommen.
- Aus den ersten Atomen – man nimmt an, dass es sich um Wasserstoff handelte – entwickelten sich die Galaxien und in diesen die Fixsterne und Planeten.

So stellen wir uns die Entstehung des Universums vor. Dabei nehmen wir an, dass überall im Weltall die gleichen physikalischen Gesetze gelten wie auf der Erde. All die Puzzleteile aus astronomischen Beobachtungen und physikalischen Experimenten fügen sich dann zu einem Gesamtbild zusammen – der Vorstellung vom Urknall. Aber eine endgültige Wahrheit ist diese Geschichte wahrscheinlich nicht. Mit neuen Entdeckungen am Himmel kann sie immer wieder geändert werden – wie alles, was wir von der Welt wissen.

Aufgaben

1* Legt ein kleines Lexikon astronomischer Fachbegriffe an. Erläutert jeden Begriff mit 1 oder 2 Sätzen. Die Texte auf den vorigen Seiten helfen euch dabei.

2* Kim sagt: „Alle Galaxien bewegen sich von uns fort. Also befindet sich unser Sonnensystem im Mittelpunkt des Universums." Karim überlegt: „Nicht unbedingt. Stell dir unser Sonnensystem als Rosine im Hefeteig vor." ▸2 Führe seine Überlegung fort.

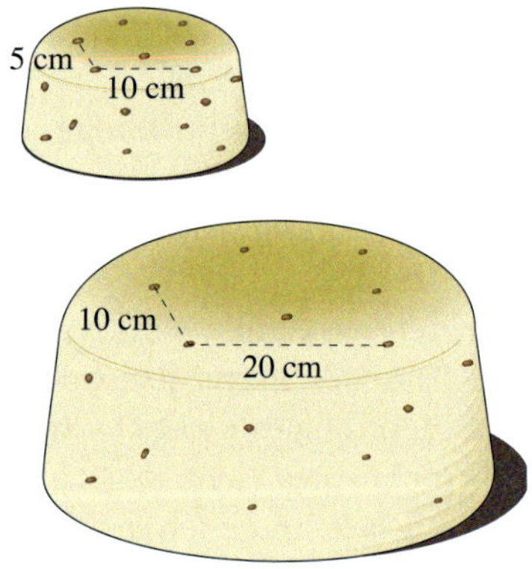

2

3* Halte ein Kurzreferat zum Thema Urknall.

Überblick

Sonnensystem und Milchstraße
Unsere Sonne wird von der Erde und sieben weiteren Planeten umkreist.
Die Planeten ändern innerhalb von Tagen und Wochen ihre Position am Sternenhimmel. Die Sterne, die wir mit bloßem Auge sehen, sind weit entfernte Sonnen. Sie gehören alle zur selben Galaxis wie die Sonne mit ihren Planeten.
Außer unserer Milchstraße gibt es unzählige weitere Galaxien mit unvorstellbar vielen Sternen. Aus dem Licht der Sterne lassen sich Informationen über ihre Temperatur und Zusammensetzung gewinnen. Dafür benötigt man Fernrohre.

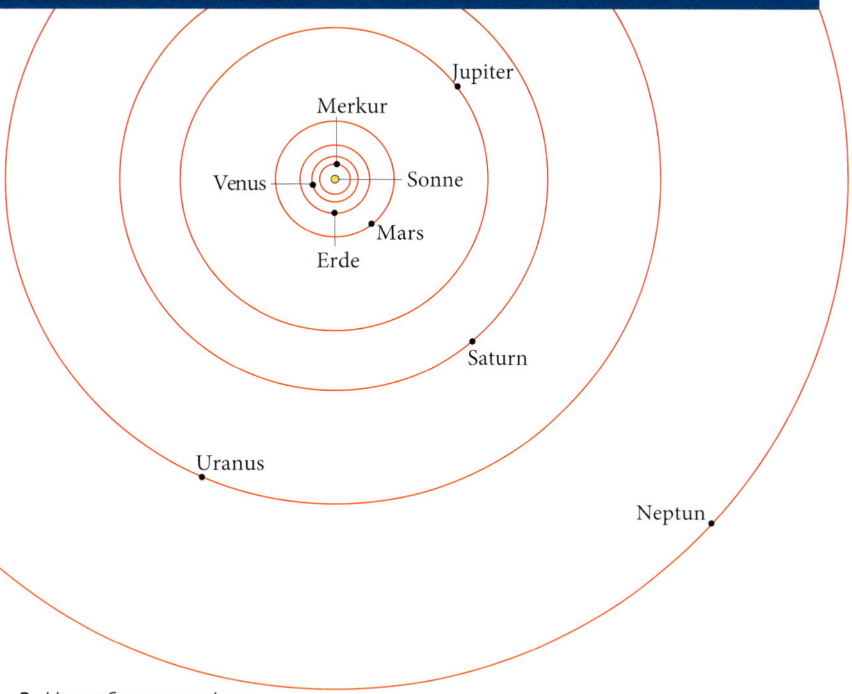

3 *Unser Sonnensystem*

Astronomisches Fernrohr Eine Sammellinse mit großer Brennweite (Objektiv) erzeugt ein Zwischenbild des betrachteten Gegenstands. Dieses Zwischenbild wird mit einer Lupe (Okular) betrachtet.

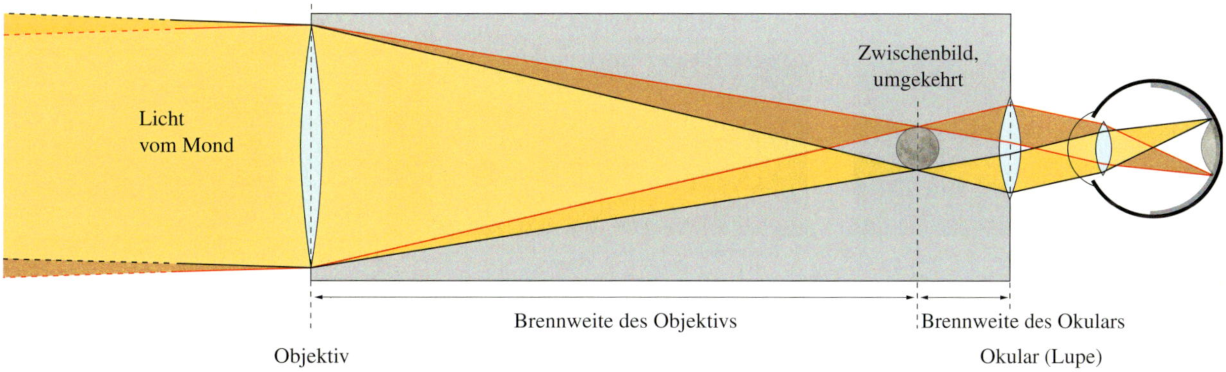

4 *Aufbau eines astronomischen Fernrohrs*

Alles klar?

1 Unser Sonnensystem
a Nenne die acht Planeten in der richtigen Reihenfolge. Fange mit dem sonnennächsten Planeten an.
b Welches sind die Nachbarplaneten der Erde?

2 Worin unterscheiden sie sich?
a Planeten und Sterne
b Monde und Planeten

3* Was versteht man unter Astrologie, was unter Astronomie?

4* Stelle das geozentrische und das heliozentrische Weltbild in Skizzen dar.

5* *Galilei* gelangen mit dem Fernrohr Entdeckungen, die gegen das Weltbild des Mittelalters sprachen.
a Beschreibe Galileis Entdeckungen.
b Die katholische Kirche lehnte das Weltbild des *Kopernikus* heftig ab. Versuche das zu erklären.

Erweiterung: Überblick

1 *Spektrum der Sonne*

Spektrum von Sternen Das Licht eines Sterns kann mit einem Prisma in seine Spektralfarben aufgeteilt werden. Das Spektrum unterscheidet sich von Stern zu Stern. Je höher die Temperatur an der Oberfläche des Sterns ist, desto stärker ist das blaue Licht im Spektrum vertreten. Die Linien im Spektrum verraten, woraus der Stern besteht. ▸1

Entfernung der Sterne Die Erde kreist um die Sonne. Dadurch ändert sich die Blickrichtung zu einem bestimmten Stern ganz geringfügig im Lauf eines halben Jahres. ▸2 Ein relativ naher Stern scheint seine Position vor dem Hintergrund weiter entfernter Sterne zu verändern. Aus diesen Änderungen lässt sich die Entfernung von Sternen berechnen.

Sterne entwickeln sich Die Sterne setzen in ihrem Innern Energie frei und senden Licht aus. Unsere Sonne ist ein Stern.
Sterne entwickeln sich aus Gaswolken. Die Gaswolken ziehen sich durch die Gravitationskraft zusammen. Dabei erhitzt sich das Gas. Bei einigen Millionen Grad Celsius verschmelzen Atomkerne miteinander. Bei diesem Vorgang wird sehr viel Energie frei.
Sterne verändern sich Millionen bis Milliarden Jahre nicht. Dann blähen sie sich zu Roten Riesen auf. Schließlich können sie in einer Supernova explodieren und als Weißer Zwerg oder Schwarzes Loch enden. ▸3–8

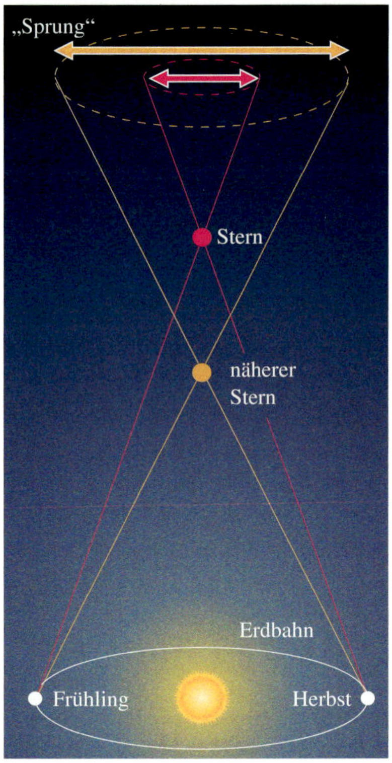

2 *Je weiter der „Sprung", desto geringer die Entfernung zur Erde.*

3 *Der Gasball wächst.*

4 *Atomkerne verschmelzen.*

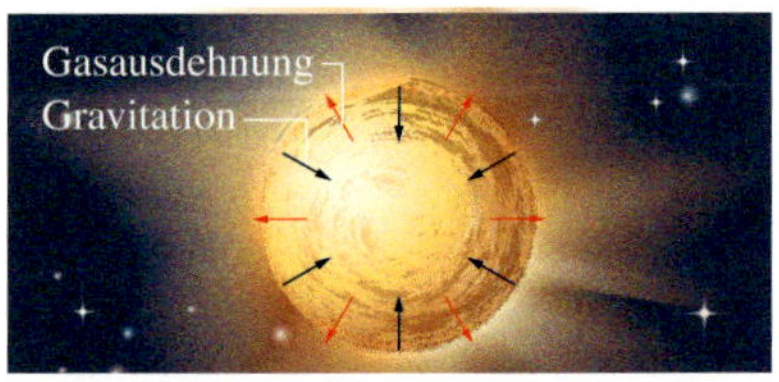

5 *Der Stern im Gleichgewicht*

6 *Roter Riese*

7 *Supernova*

8 *Weißer Zwerg*

Urknall Wir stellen uns vor, dass das Universum vor 13,5 Milliarden Jahren in einer Explosion entstanden ist. Seither dehnt es sich aus.

Alles klar?

1* Du fotografierst einen bläulich leuchtenden Stern und einen rötlich leuchtenden. Was verrät dir die Farbe des Sterns?

2* Beschreibe, wie sich ein Roter Riese weiterentwickelt. Wovon hängt sein endgültiges „Schicksal" ab?

Teste dich!

▷ Die Lösungen findest du im Anhang.

1 „Im Spiegel sieht man alles seitenverkehrt."
a Stimmt das? Beschreibe, was ein Spiegel vertauscht.
b Chris ist größer als ihre Mutter. Wenn sie deren Auto fährt, verstellt sie die Spiegel. In welche Richtung?
c Warum kann man sich selbst im Spiegel nicht sehen, wenn man seitlich am Spiegel steht?
d Was ist das Besondere an einem „Reflektor"?

2 An der Grenze zwischen Luft und Wasser oder Glas wird das Licht gebrochen.
a Im Bericht der Feuerwehr steht: „Ursache des Zimmerbrands war eine Vase, die auf der Fensterbank stand." Ist das möglich? Begründe deine Meinung.
b Welcher Zusammenhang besteht zwischen der Dicke einer Linse und ihrer Brennweite?
c „Fischestechen" ist auch für einen Indianer nicht einfach. Dort, wo der Indianer den Fisch sieht, ist der gar nicht. ▸**9** Übertrage die Skizze in dein Heft und ergänze den Lichtweg vom Fisch zum Auge des Indianers.

9

3 Löcher erzeugen Bilder.
a Skizziere, wie in einer Lochkamera das Bild einer Tanne entsteht.
b Wie lässt sich die Bildgröße verändern?
c Wie kann eine Lochkamera schärfere Bilder erzeugen?

4 Mischen von farbigem Licht
a Übertrage die Tabelle ins Heft und ergänze sie. ▸**10** Die ausgefüllte Spalte zeigt, woraus gelbes Mischlicht besteht.
b Weißes Licht kann man aus Grün und Magenta mischen. Bestätige diese Aussage mit dem Farbensechseck.

Grundfarbe	Mischlicht				
	Gelb	Magenta	Cyan	Weiß	Schwarz
Rot	✓	?	?	?	?
Grün	✓	?	?	?	?
Blau	–	?	?	?	?

10

5 Erforschung des Weltalls
a Welche Arten von Himmelskörpern im Weltall kennst du? Beschreibe ihre Eigenschaften.
b Astronomen untersuchen das Licht der Sterne ganz genau. Welche Informationen erhalten sie damit über einen Stern?
c Beschreibe, wie ein astronomisches Fernrohr funktioniert.

Fest, flüssig, gasförmig – wie kann ich das verstehen?

Was zeigt der Globus?

Was zeigen die Messgeräte an?

Haben wir alles richtig abgemessen?

Wieso sind die Ellen verschieden?

Woher weiß das Navi, wo ich bin?

Wie genau geht meine Uhr?

Arbeitsmethoden der Physik

▷ Genaue Maße sind nicht nur für Kaufleute und Techniker wichtig. Sie erhöhen die Verlässlichkeit der Welt, in der wir leben. „Unwägbarkeiten“ und „Unberechenbares“ versuchen wir zu vermeiden.

▷ In früheren Zeiten nahmen sich die Herrscher das Recht, die Maße für ihre Untergebenen festzulegen. Dabei machten sie oft sich selbst zum „Maßstab“. So wurden Längen mit der Armlänge des Herrschers – der Elle – gemessen.

▷ Einen Globus kennt jeder. Er ist ein „Modell“ zum Anfassen. Es zeigt die Länder, Kontinente und Ozeane der Erde.

▷ Modelle spielen auch in den Naturwissenschaften eine wichtige Rolle. Viele Beobachtungen in der Natur oder im Labor geben Rätsel auf. Oft lassen sich Abläufe nicht direkt beobachten. Die Wissenschaftler denken sich Modelle aus, um die Beobachtungen zu verstehen.

Vom Schätzen zum Messen

▷ Im Alltag reicht das Schätzen oft aus: Wie lange hält der Akku im Handy noch? Wie viel Zucker kommt in die Teekanne? Wie lange dauert mein Frühstück? Wie weit ist es zur Bushaltestelle?

▷ Manchmal will man es aber genauer wissen. Dann wird gemessen.

1 *Wo geht es hier ums Messen?*

Untersuchen Experimentieren

Schätzt zunächst die Antworten auf die folgenden Fragen. Überlegt dann: Wie können wir die richtigen Lösungen durch eigene Messungen finden? Verwendet für die Versuche Messgeräte aus dem Haushalt.

1 Genau hinsehen Betrachtet die beiden dicken roten Striche. ▸2 Welcher ist länger?

2 Kurze und lange Zeiten

a Die Sonne berührt den Horizont. Wie lange dauert ein Sonnenuntergang ab jetzt?

b Mit dem Wasserkocher wird ein Liter Wasser zum Kochen gebracht. Wie lange dauert das?

c Wie schnell könnt ihr die Taste einer Stoppuhr zweimal hintereinander drücken?

2

3 Rund um den Fußball

a Welchen Durchmesser hat ein Fußball (in Millimetern)?

b Wie schwer ist der Fußball (in Gramm)?

c Elfmeter! Wie lange braucht der Ball bis zum Tor?

d Ist der Luftdruck im Fußball größer als im Fahrradreifen? *Tipp:* Ihr benötigt eine Luftpumpe mit Manometer (Druckmesser).

4 Rund um den Haartrockner

a Wie viel Liter Luft pustet der Haartrockner jede Sekunde hinaus?
Tipps: Schaltet die kalte Stufe ein. Fangt die Luft in einem Müllsack (50 Liter) auf.

b Wie heiß wird die Luft am Haartrockner?
Tipp: Das Thermometer muss Temperaturen über 150 °C aushalten. Nehmt z. B. ein Bratenthermometer.

3 *Funkwecker*

4 *Sonnenuhr*

5 *Materialien für die Zeitmessung (Beispiele)*

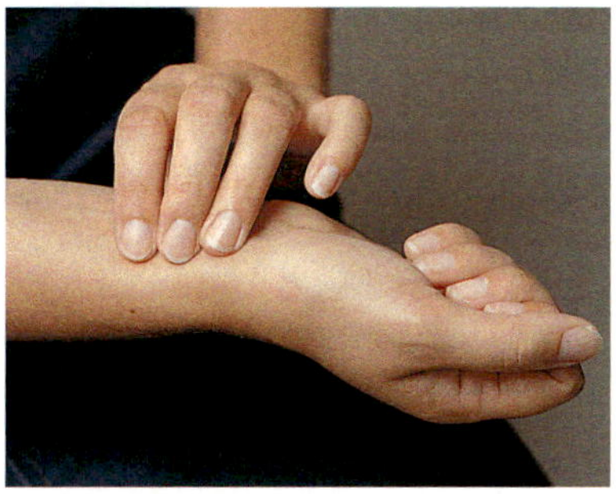

6 *Puls messen*

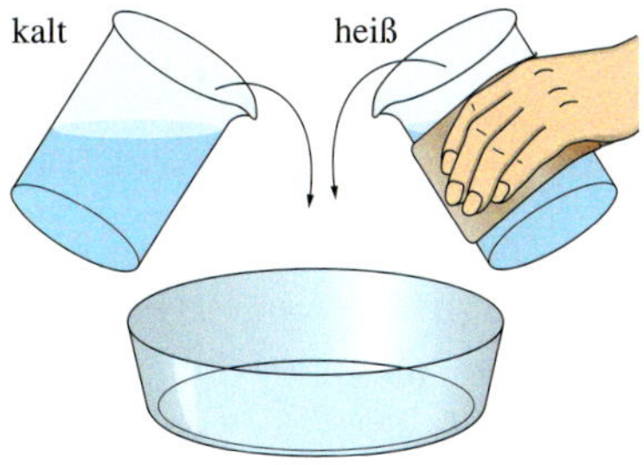

7 *Lauwarmes Wasser mischen*

5 So hat man früher gemessen Elektrische Messgeräte mit Digitalanzeige gibt es noch nicht lange. ▸3 Früher waren Messverfahren oft nicht so genau wie heute. ▸4

a Baut mit einfachen Mitteln ein Zeitmessgerät. ▸5

b Auch mit dem Pulsschlag kann man Zeitspannen vergleichen. ▸6 Schlägt der Puls immer gleichmäßig? Messt zunächst die Pulsschläge in 60 und dann in 90 Sekunden. Passen eure Messwerte zueinander? Wiederholt die beiden Messungen noch dreimal.

c Wie lang ist der Schreibtisch? Messt die Länge in *Ellen* und in *Fuß*. Eine Elle ist die Länge von deinen Fingerspitzen bis zum Ellenbogen. Vergleicht eure Messwerte miteinander.

6 Unser Temperatursinn

a Legt einen Suppenlöffel und ein Stück Styropor® über Nacht in ein Kühlfach. Beide haben dann die gleiche niedrige Temperatur. Legt eure Hände auf beide Gegenstände ...

b Mischt in einer Schale heißes und kaltes Wasser. Die Mischung soll sich mit dem Finger lauwarm anfühlen. ▸7 Messt die Wassertemperatur mit einem Thermometer.
Welche Wassertemperatur empfinden eure Lippen als lauwarm?

c* Ein Zimmer mit 24 °C ist uns zu warm. In der Badewanne frieren wir, wenn das Wasser nur 24 °C warm ist. Unser Körper reagiert auf Temperaturen anders als ein Thermometer. Warum ist das sinnvoll?

7* Messungen für Tüftler

a Welchen Umfang hat eine Getränkedose?

b Wie dick ist eine Seite eures Physikbuchs?

c Wie weit krabbelt eine Ameise in 10 Sekunden? *Tipp:* Lasst die Ameise auf kariertem DIN-A4-Papier laufen. Filmt die Bewegung. ▸8

8

Grundlagen Was gehört alles zu einer Messung?

Sarah erzählt Lisa von ihrem neuen Notebook. „Ein super Prozessor und ein 17er-Bildschirm!" Lisa überlegt: Ist ihr eigenes Notebook etwa kleiner? Sie nimmt ihr Geodreieck und misst nach. Die Bildschirm ist von links unten nach rechts oben sogar 38 cm lang! ▸1 Ist Lisas Bildschirm wirklich mehr als doppelt so groß wie Sarahs?

Richtig messen ist gar nicht so einfach:

- Die Messgeräte müssen im „richtigen" Bereich messen. Mit einer Briefwaage kannst du keinen Sack Kartoffeln wiegen. Fieber misst man nicht mit dem Bratenthermometer.
- Messgeräte müssen richtig anzeigen. Viele Messgeräte werden deshalb amtlich geprüft (geeicht).
- Die Einheit ist wichtig. Messwerte lassen sich nur vergleichen, wenn sie die gleiche Einheit haben. Die Bildschirmdiagonale wird oft in Zoll angegeben. 17 Zoll (17″) sind mehr als 17 Zentimeter.

Achtet man nicht auf die Einheiten, kann das fatale Folgen haben. Im September 1999 verglühte eine teure Sonde der NASA in der Atmosphäre des Planeten Mars. Nach fieberhafter Suche stieß man auf den Fehler: Für den Flug der Sonde waren zwei Kontrollzentren zuständig. In Denver hatte man mit Meter und Kilogramm gerechnet, in Pasadena mit Fuß und Pfund. ↻ 90-1

1 *Beim Bildschirm misst man die Diagonale in Zoll.*

Aus Umwelt und Technik Ohne Messgeräte geht nichts

Stell dir vor, an einem Tag würde kein Messgerät funktionieren. Dein Tag könnte so beginnen: Es wird langsam hell. Der Lärm auf der Straße weckt dich. Du schaust verwundert auf deinen Wecker – kaputt. Du springst aus dem Bett. Das Wasser im Bad ist viel zu heiß, die Milch im Kühlschrank dafür lauwarm. Was ist bloß los? Du schnappst dir deine Schultasche und rennst zur Bushaltestelle. Kein Bus ist zu sehen. Halb so schlimm, denkst du und fragst deinen Vater, ob er dich zur Schule fährt. Doch unterwegs an der Tankstelle funktionieren die Zapfsäulen nicht ...

Aber es reicht nicht, dass Messgeräte funktionieren. Sie müssen auch genau genug messen! Das kann manchmal schon sehr genau sein:

- Im Sport entscheidet oft ein Wimpernschlag über Sieg oder Niederlage. 1932 maß man die Zeiten bei den Olympischen Spielen auf eine zehntel Sekunde genau. Heute gibt man bei Wettkämpfen zehntausendstel Sekunden an.
- Das Gewinde einer Schraube darf nicht mehr als 0,02 mm vom angegebenen Wert abweichen. Sonst passt sie nicht mehr richtig.
- Manche Tabletten enthalten nur 20 millionstel Gramm Wirkstoff. Mehr könnte ungesund und gefährlich sein.

Aufgaben

1 „Messen ist auch im Alltag wichtig." ▸2–4 Finde weitere Beispiele.

2 Wie warm ist es im Klassenraum? Messt es mit verschiedenen Thermometern. Vergleicht die Messwerte.

3 Kannst du mit einer Personenwaage eine Tafel Schokolade oder eine Packung Milch wiegen? Probiere es aus und erkläre.

4 Wie spannend ein Film ist, kann man nicht messen. Nenne weitere Beispiele für nicht messbare Eigenschaften von Dingen.

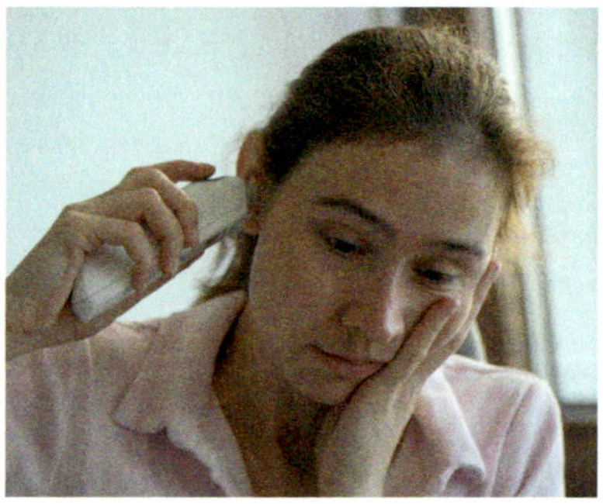

2

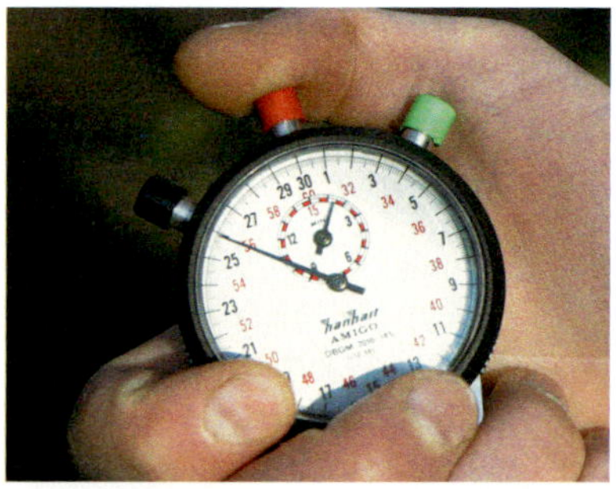

3

4

Aus der Geschichte Der mühsame Weg zum Meter

Frühere Längeneinheiten Heute wird die Länge fast überall auf der Welt in Metern gemessen. Vor mehr als 200 Jahren gab es diese Einheit noch nicht. Man benutzte den eigenen Körper als Maßstab.
Im alten Ägypten wurde *Elle* und *Fuß* verwendet. ▸**5** Das war nicht sehr genau. Schließlich sind Menschen verschieden groß.
Im Mittelalter legte *Karl der Große* (748–814 n. Chr.) die Länge seines Fußes als Längeneinheit fest. In England legte *Heinrich der Erste* im Jahr 1101 die Breite seines Daumens als *Inch* fest. Der Abstand von seiner Nase bis zum Daumen des ausgestreckten Arms war ein *Yard*. ▸**6** Diese Einheiten werden neben dem Meter bis heute in den USA verwendet. In Deutschland ist das Inch als *Zoll* bekannt (wie in Zollstock): 1 Zoll = 2,54 cm.
Eigentlich dürfte man Längen bei uns nicht in Zoll angeben. In der Europäischen Union gelten amtlich nur die *SI-Einheiten*: Meter (m), Kilogramm (kg), Sekunde (s), Ampere (A) und drei weitere grundlegende Einheiten.

Das Meter Die Französische Revolution bekämpfte die Idee, dass einzelne Herrscher „maßgebend" sind. Im Jahr 1793 wurde das *Meter* als Längenmaß eingeführt. 1 Meter war der zehnmillionste Teil des Viertelkreises zwischen Nordpol und Äquator. ▸**7** Dadurch wurde ein „Naturmaß" eingeführt. Es ist überall auf der Welt gleich.
Man kann natürlich nicht jedes neue Lineal oder Messband mit dem Erdumfang vergleichen. Deshalb fertigte man 1799 einen besonderen Stab aus Platin und Iridium an. Seine Länge glich dem zehnmillionsten Teil des Viertelkreises so genau wie möglich. Den Stab legte man als Einheit fest. Dieses „Urmeter" wird immer noch in Paris aufbewahrt. ▸**8–9** In Deutschland führte man das Meter im Jahr 1872 als einheitliches Längenmaß ein.
Heute reicht die Genauigkeit des Urmeters für wissenschaftliche Zwecke nicht mehr aus. Das Meter ist jetzt durch einen winzigen Bruchteil der Strecke festgelegt, die das Licht in einer Sekunde zurücklegt.

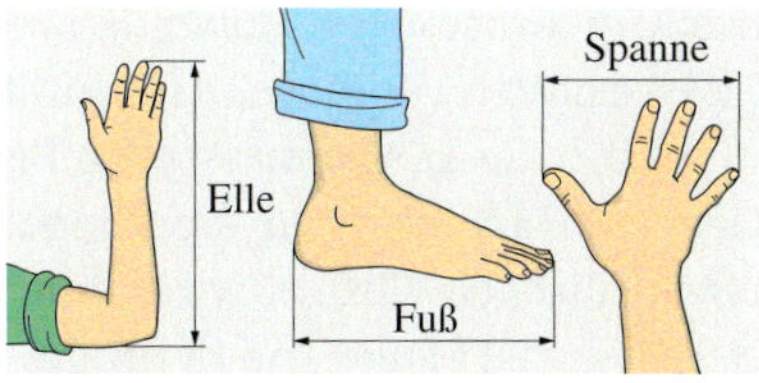

5 *Früher übliche Längeneinheiten*

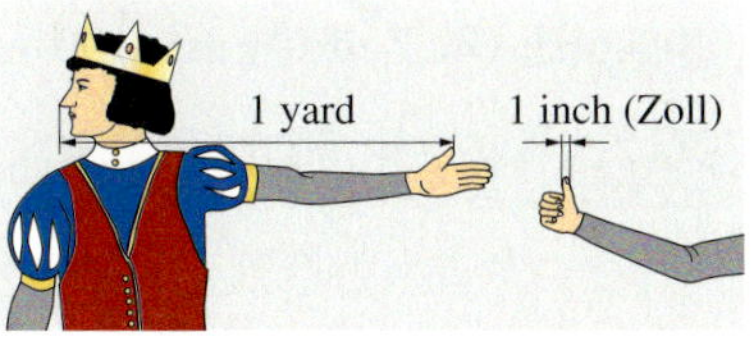

6 *Maßgebend: der Landesherr*

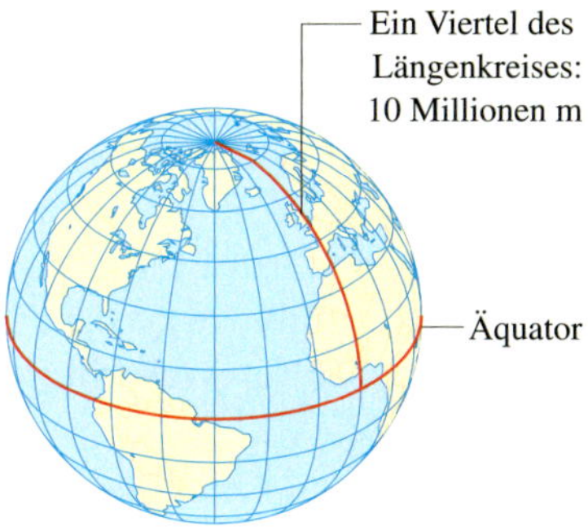

7 *„Maßgebend": die Erde*

91–1 Experiment Umfang der Erde

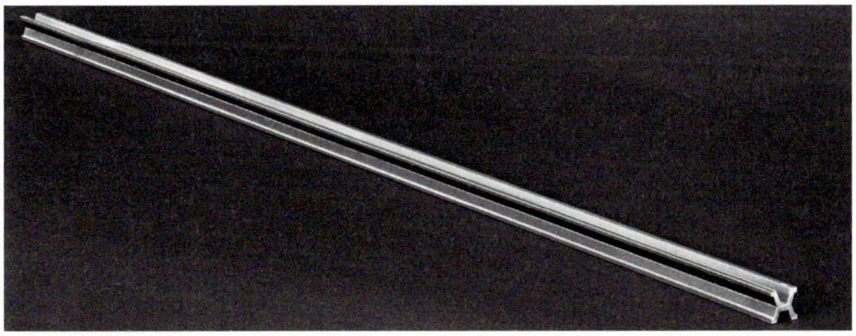
8 *Urmeter*

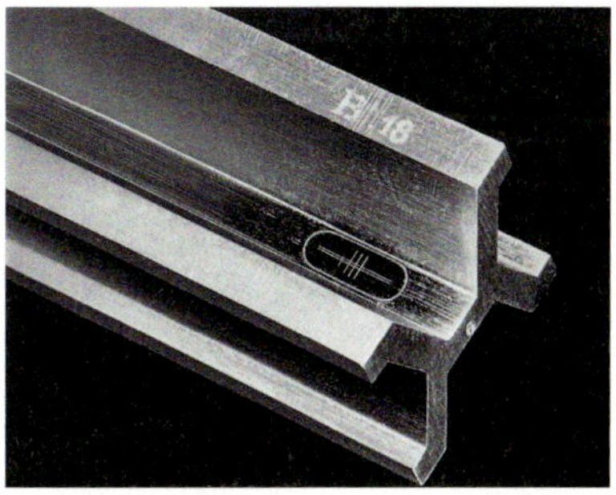
9 *Teil des Urmeters*

Aufgabe

5 Gemessen in Zoll
a Worauf beruht die Einheit 1 Zoll?
b Ein Plasmafernseher hat eine Bilddiagonale von 50 Zoll. Ist das mehr als 1 Meter? Rechne es aus.
c Miss bei deinem Bildschirm, wie lang die Diagonale ist. ▸**1** Gib den Messwert in Zentimetern an. Berechne daraus die Länge in Zoll.
d Nicht nur Bildschirme werden bei uns oft in Zoll angegeben …

Methode Physikalische Größen

Der Geschmack von Butter lässt sich nicht messen. Aber viele andere Eigenschaften: Wie breit ist ein Stück Butter? Wie groß? Wie schwer? Wie kalt? … ▸1 Alle messbaren Eigenschaften nennen wir *physikalische Größen*. Dazu gehören die Länge und die Masse. ▸2–7 Der Name der physikalischen Größe wird durch ein Formelzeichen abgekürzt. So steht *l* für die Länge und *m* für die Masse.

1

Physikalische Größen gibt man mit Zahlenwert und Einheit an.
Beispiel: Die Zeit für den 100-m-Lauf beträgt $t = 13{,}1$ s.

Größe	Formelzeichen	Zahlenwert	Einheit	Einheitenzeichen
Zeit	*t*	13,1	Sekunde	s

Aber Achtung: „m" ist z. B. das Formelzeichen für die Masse und das Einheitenzeichen für die Länge. Zur Unterscheidung schreiben wir Formelzeichen immer kursiv: *m* für die Masse, m für Meter.
Was unterscheidet einen Kilometer von einem Meter oder einen Milliliter von einem Liter?

- 1 Kilometer sind 1000 Meter. 1 Kilogramm sind 1000 Gramm. Bei der Vorsilbe „Kilo-" wird die Einheit immer mit 1000 malgenommen.
- 1 Milliliter sind 0,001 Liter. 1 Millisekunde sind 0,001 Sekunden. Bei der Vorsilbe „Milli-" wird die Einheit immer durch 1000 geteilt.

Weitere Vorsilben für Vielfache und Teile von Einheiten findest du im Anhang.

Aufgaben

1 Welche Größen verbergen sich hinter den Fragen zur Butter?

2 Passt in eine Packung Milch wirklich 1 Liter? Bestimme das Volumen mit einem Lineal.

3* Vielfache und Teile

a Tim scherzt: „Die Tafel Schokolade wiegt 100 000 mg." Rechne nach!

b Die Atomuhr in einem GPS-Satelliten geht auf ein Zehntel einer milliardstel Sekunde genau. Schreibe das kürzer mit einer passenden Vorsilbe.

Länge
Formelzeichen: *l*, *s*
Einheit: 1 m
Messgerät: Lineal, Messband

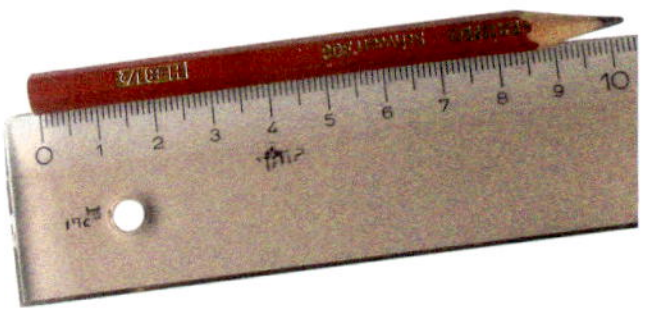

Masse
Formelzeichen: *m*
Einheit: 1 kg
Messgerät: Waage

Volumen
Formelzeichen: *V*
Einheit: 1 m³, 1 l
Messgerät: Messbecher

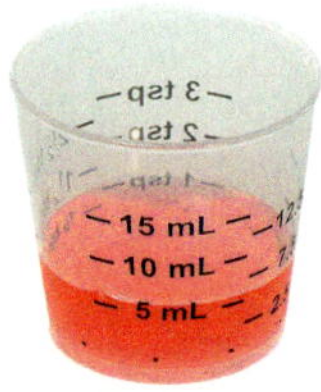

Zeit
Formelzeichen: *t*
Einheit: 1 s
Messgerät: Uhr

Temperatur
Formelzeichen: *T*
Einheit: 1 °C
Messgerät: Thermometer

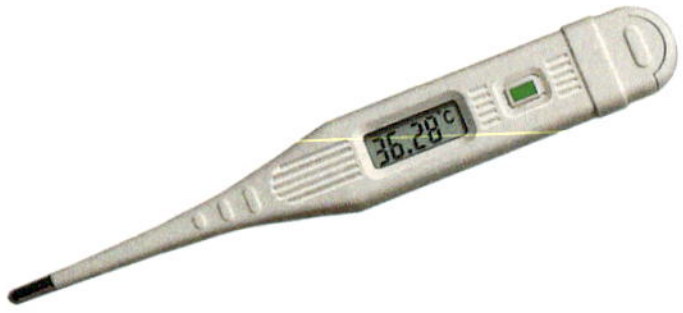

Geschwindigkeit
Formelzeichen: *v*
Einheit: $1\,\frac{m}{s}$, $1\,\frac{km}{h}$
Messgerät: Tachometer

2–7

Aus Umwelt und Technik Navigation mit GPS

Viele Handys sind mit *GPS* ausgerüstet *(Global Positioning System)*. Damit lässt sich auf der ganzen Welt die Position bestimmen – bis auf 1 m genau! Bei der modernen Form der Schnitzeljagd wird ein „Schatz" versteckt. Die GPS-Koordinaten des Schatzes werden ins Internet gestellt. ▸**8** Die Mitspieler suchen dann das Versteck.
Wie funktioniert das GPS? GPS-Satelliten umkreisen die Erde und senden Funksignale. Dein Handy empfängt die Signale. Je länger sie zu dir unterwegs sind, desto weiter ist es bis zum Satelliten. Aus der Laufzeit berechnet das Handy die Entfernung. Das Verfahren kennst du vom Gewitter. Wenn du den Donner 3 s nach dem Blitz hörst, war der Blitz 1 km von dir entfernt. Mit einer einzigen Entfernungsangabe lässt sich die Position nicht bestimmen. Das macht ein einfaches Beispiel klar: ▸**9** Du weißt, dass du dich in 4 km Entfernung von einem Sender befindest. Damit allein kannst du deine Position auf einer Landkarte nicht angeben. Angenommen, du weißt außerdem, dass du von einem zweiten Sender 3 km entfernt bist. Dann kommen nur zwei Orte für deinen Standort infrage ...
Das GPS-Verfahren ist sogar noch komplizierter: Dein Handy muss die Funksignale von mindestens vier Satelliten empfangen. Die Satelliten ruhen nicht: Mehr als 24 GPS-Satelliten kreisen ständig um die Erde. ▸**10** Ist einer davon direkt über dir, so ist er 20 200 km von dir entfernt. Trotzdem erreicht dich sein Signal schon nach 67,3 ms! Für eine Positionsbestimmung muss die Zeit also sehr genau gemessen werden.

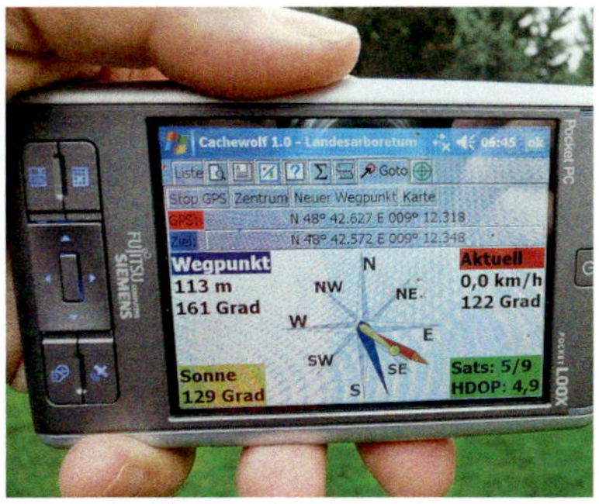

8 *Wo ist der Schatz versteckt?*

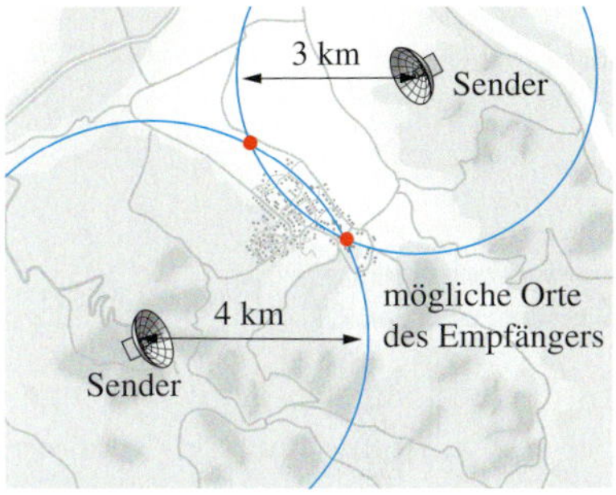

9

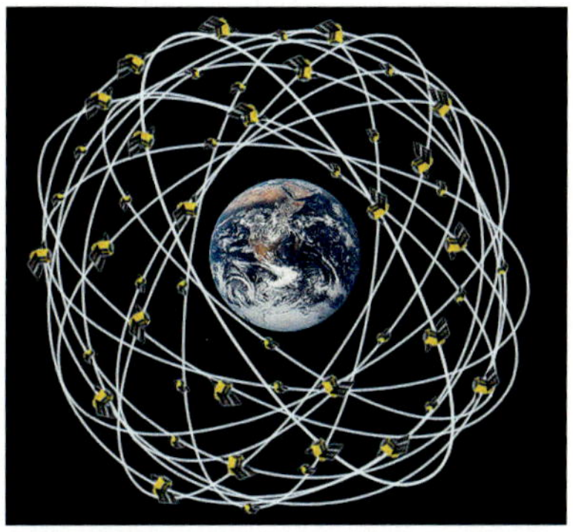

10 *GPS-Satelliten*

Aufgaben

4 Übersetze GPS ins Deutsche.

5 Wie wird die Entfernung des GPS-Empfängers zum Satelliten bestimmt?

6 Um die Position zu bestimmen, braucht man mehr als eine einzige Entfernungsmessung. Das zeigt ein Versuch. ▸**11** Befestige drei Fäden (mindestens 3 m lang) über dir an drei festen Punkten im Zimmer.
a Spanne zwei Fäden zur Ecke deines Tischs. Erreichst du noch weitere Orte im Zimmer mit denselben Fadenlängen?
b Was verändert sich, wenn du zusätzlich den dritten Faden an die Tischecke hältst? Erreichst du mit denselben Fadenlängen immer noch andere Orte?
c Was hat der Versuch mit dem GPS zu tun?

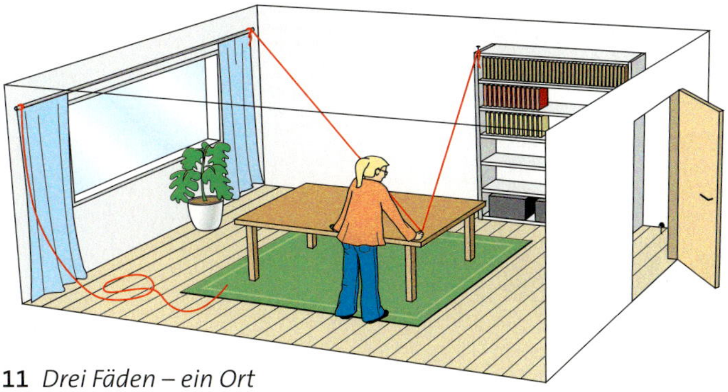

11 *Drei Fäden – ein Ort*

Die Masse messen

- ▷ Jeder Körper hat eine Masse: Staubkörnchen und Atom, Meerschweinchen und Elefant, Erde und Sonne.
- ▷ Wie misst man die Masse?

1

Grundlagen Die Masse

In der Umgangssprache sagt man z. B. „meine Katze wiegt 3 Kilo“ oder „sie hat ein Gewicht von 3 Kilogramm“. In der Sprache der Physik benutzt man statt Gewicht den Begriff *Masse*.

Die Einheit der Masse ist 1 Kilogramm (1 kg).
Das Formelzeichen für die Masse ist *m*.

1 Liter Wasser (von 4 °C) hat eine Masse von genau 1 kg. ▸2 Exakt so schwer ist das Urkilogramm. ▸3 Der Block wurde 1889 aus Platin und Iridium angefertigt. Diese teure Legierung ist sehr widerstandsfähig. Daher bleibt der Block unverändert und behält seine exakte Masse bei.
Früher benutzte man zum Wiegen meistens Balkenwaagen. ▸4 Dabei vergleicht man die unbekannte Masse eines Körpers mit der bekannten Masse von Wägestücken. Heute verwendet man in der Regel elektronische Waagen. Sie enthalten z. B. eine Metallfeder. Wenn sie belastet wird, verformt sie sich. Ein elektronischer Sensor misst die Verformung. Aus dem Messwert wird die Masse berechnet und an eine Digitalanzeige weitergegeben.

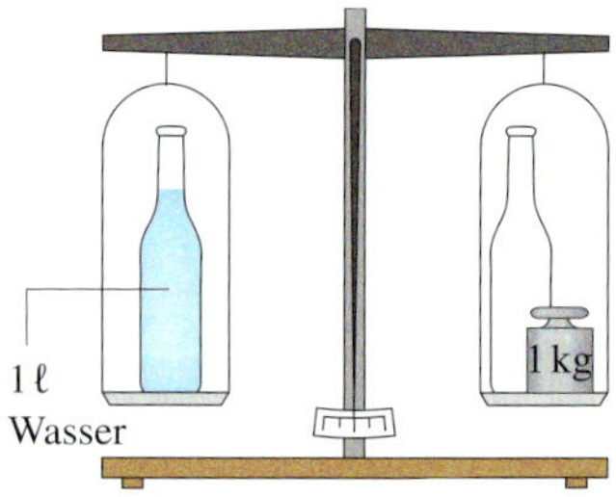

2 *Ein Kilogramm: 1 Liter Wasser (4 °C)*

3 *Das Urkilogramm*

4 *Balkenwaage*

Aufgaben

1 Bestimme die Masse von einer Packung Milch. Verwende einmal eine Küchenwaage und einmal eine Personenwaage. Vergleiche die Messwerte. Erkläre den Unterschied.

2 Diese Waage ist keine Balkenwaage. ▸1 Überlege, wie sie funktionieren könnte.

3 Das Urkilogramm darf niemand mit bloßen Händen anfassen. Erkläre diese Vorschrift.

4 Beim Juwelier werden Edelsteine nicht in Gramm, sondern in Karat gewogen. Informiere dich, was ein Karat ist. ▸5

5* Leon baut sich eine einfache, aber genaue Briefwaage. ▸6 Sie soll anzeigen, ob ein Brief noch als Standardbrief frankiert werden darf. Dazu muss der Brief weniger als 20 g wiegen.

a Welche Münzen wiegen zusammen möglichst genau 20 g? ▸7

b Baue selbst eine solche Waage. Prüfe, wie viele DIN-A4-Blätter als Standardbrief verschickt werden können. Vergiss den Umschlag nicht!

c Die Masse deiner Münzen kann von den Werten in der Tabelle etwas abweichen. Wie ist das möglich?

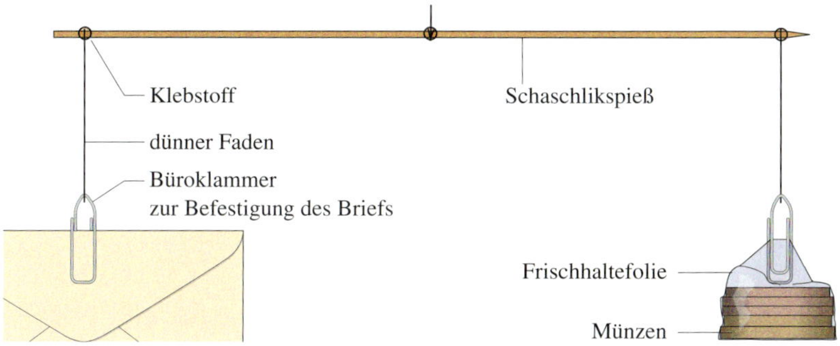

6

5 *„Stern von Afrika" (530 Karat)*

Münze	Masse
1 Cent	2,30 g
2 Cent	3,06 g
5 Cent	3,92 g
10 Cent	4,10 g
20 Cent	5,74 g
50 Cent	7,80 g
1 Euro	7,50 g
2 Euro	8,50 g

7 *Masse neuer Münzen*

Aus Umwelt und Technik — Waagen werden geeicht

Die Waagen in Geschäften werden alle zwei Jahre vom Eichamt überprüft. Dabei werden spezielle Wägestücke auf die Waagschale gelegt. ▸8 Diese Wägestücke werden selbst wieder regelmäßig geeicht.
Die Waage beim Fleischer kann Massen von 5 g bis 4 kg messen. Bis 1 kg darf sie höchstens 1 g ungenau sein, ab 1 kg nicht mehr als 2 g. 95-1
Immer wenn der Preis von einer Messung abhängt, müssen die Messgeräte geeicht sein. Die Eichämter kontrollieren daher auch Zapfsäulen von Tankstellen, Fahrpreisanzeiger in Tankstellen, Strom- und Wasserzähler ...

8 *Die Waage wird geeicht.*

Aufgabe

6 Erkläre, was man mit dem „Eichen" von Waagen meint.
Wie oft wird die Waage in einer Fleischerei geeicht? Und eure Küchenwaage? Begründe den Unterschied.

Das Volumen bestimmen

▷ Das Rezept für Muffins kommt ganz ohne Küchenwaage aus. ▸1 Welche Vorteile hat das? Und welche Nachteile?

▷ Warum wird zum Abmessen kein Messbecher empfohlen? ▸2

1

2

Untersuchen Experimentieren

1 Volumen fester Gegenstände ▸3 Messt das Volumen einer vollen Zahnpastatube, eines Radiergummis, Legosteins usw. Haltet eure Messwerte in einer Tabelle fest.

2* Wie viel Luft benötigen wir? Eine 5-Liter-Kunststoffflasche wird vollständig mit Wasser gefüllt, mit der Hand verschlossen und umgekehrt in eine Schale mit Wasser gestellt. Durch einen Schlauch könnt ihr Luft in die Flasche blasen. (Saubere Mundstücke verwenden!) ▸4

a Atmet normal ein und dann durch den Schlauch aus. Lest den Wert ab.

b Zählt, wie oft ihr in jeder Minute atmet. Berechnet, wie viel Luft ihr in 1 Minute braucht.

c Ermittelt das Luftvolumen, das ihr bei Belastung in 1 Minute benötigt.

d Vergleicht eure Ergebnisse.

3* Wasservolumen Wasseruhren messen den Wasserverbrauch in einem Haushalt. ▸5 Das hindurchfließende Wasser setzt ein Zählwerk in Gang.

a Lest eure Wasseruhr im Keller ab. Schreibt auf, wie viel Wasser ihr an einem Tag, in einer Woche, in einem Monat verbraucht.

b Berechnet, wie viel Wasser eine Person durchschnittlich pro Tag verbraucht.

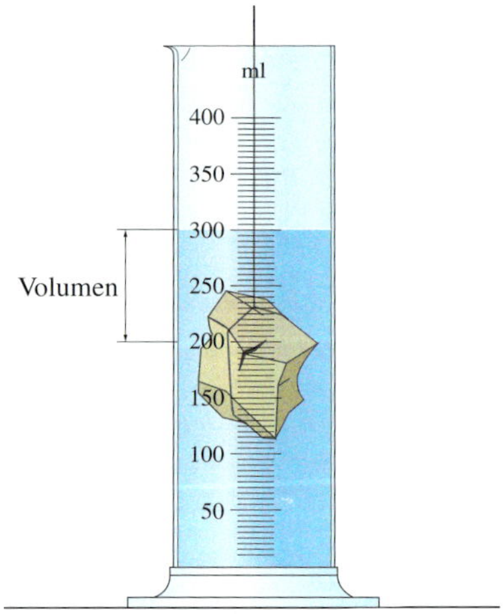

3

4 *Atemvolumen messen*

1: 158 m^3
2: Anzeige mal 0,000 1 m^3 = 0,1 l, also 0,45 l
3: Anzeige mal 0,001 m^3 = 1 l, also 3 l
4: Anzeige mal 0,01 m^3 = 10 l, also 70 l
5: Anzeige mal 0,1 m^3 = 100 l, also 200 l
Gesamtanzeige: 158 m^3 + 273,45 l

5 *Wasseruhr ablesen*

Grundlagen Das Volumen

Außer der Masse hat jeder Gegenstand noch eine weitere Eigenschaft: Er nimmt einen Raum ein. Dort, wo er ist, hat kein anderer Gegenstand Platz. Tauchst du in der Badewanne unter, so verdrängt dein Körper Wasser. Der Wasserspiegel steigt.

Das Volumen gibt an, wie viel Raum ein Gegenstand einnimmt.
Das Formelzeichen für das Volumen ist *V*.
Die Einheit ist 1 Kubikmeter (1 m³).

Das Volumen von Flüssigkeiten misst man mit Messbechern. Bei Gasen oder festen Gegenständen kann man die Verdrängungsmethode nutzen. ▸3

Das Volumen von Flüssigkeiten und Gasen wird meist in Litern (l) angegeben: ▸6

$1\,m^3 = 1000\,l$ (Würfel mit 1 m Kantenlänge)
$1\,dm^3 = 1\,l$ (Würfel mit 10 cm Kantenlänge)
$1\,cm^3 = 1\,ml$ (Würfel mit 1 cm Kantenlänge)

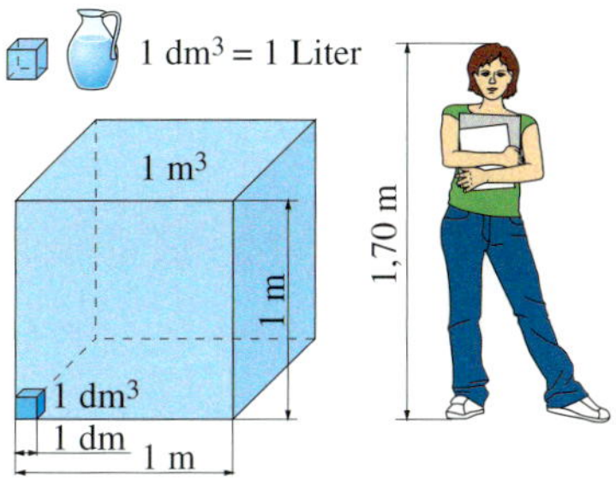

6

Aufgaben

1 Versuche mit den Armen zu zeigen, wie groß $1\,m^3$ ist.

2 Rechne um!
a In cm³: $1\,dm^3$; 200 ml; 5 l
b In l: 300 ml; $0{,}5\,m^3$; $750\,cm^3$

3 Genaues Ablesen will gelernt sein. ▸7–8
Was machen Mirko und Sandra falsch? ▸9–10 Sind ihre Messwerte zu groß oder zu klein? Probiere es selbst aus.

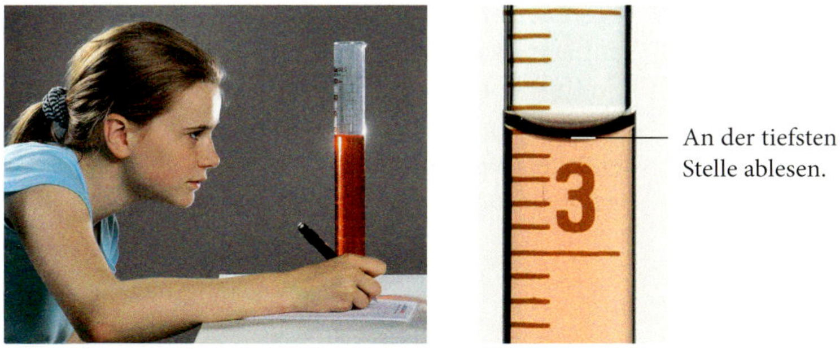

7–8 *So wird richtig abgelesen!*

9–10 *So nicht ablesen!*

4 Beweise mit einem Versuch: „Wo Luft ist, kann kein Wasser sein." Nimm als Hilfsmittel: Trinkglas, Eimer und Wasser. Beschreibe den Versuch.

5 Wie lässt sich das Volumen eines Topfs bestimmen? Plane einen Versuch dazu und führe ihn durch. Gib das Volumen in ml an.

6* Wie viele Tropfen Wasser ergeben einen Milliliter?
a Plane einen Versuch, mit dem du es messen kannst. Führe ihn durch.
b Berechne das durchschnittliche Volumen eines Tropfens. Gib es in µl an.

Messwerte darstellen

▷ Wo lässt sich die Isolierwirkung von Kaffeekannen besser erkennen – an den Messwerten oder im Diagramm?

Thermoskanne										
Zeit in min	0	1	2	3	4	5	6	7	8	9
Temperatur in °C	95	94	94	93	92	91	90	89	88	87

Glaskanne										
Zeit in min	0	1	2	3	4	5	6	7	8	9
Temperatur in °C	91	88	84	80	77	75	73	71	69	68

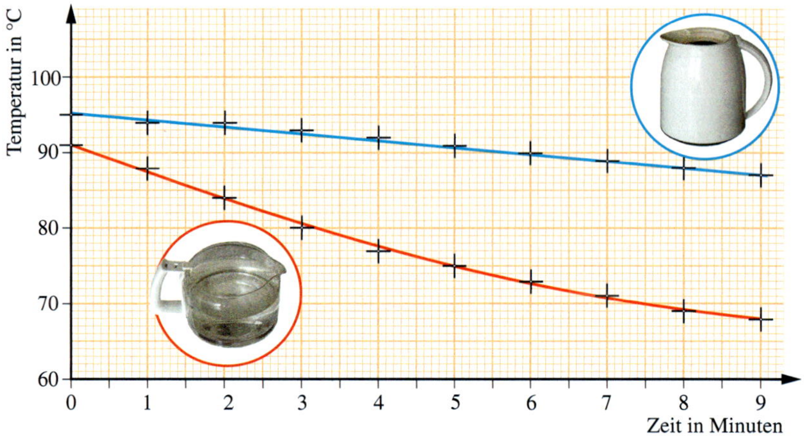

1 *Abkühlen von heißem Wasser*

Untersuchen Experimentieren

1 Abkühlen von Wasser *Ihr braucht:* Dreifuß mit Netz, Gasbrenner, Becherglas mit Wasser, Thermometer.

a Bringt 150 ml Wasser zum Sieden. Schaltet anschließend den Brenner ab. Messt nun alle 30 s die Temperatur so lange, bis das Wasser eine Temperatur von 50 °C hat.

b Tragt eure Messwerte in eine Tabelle ein.

2 Volumen und Masse von Wasser und Sand
Ihr braucht: Messzylinder, Spritzflasche mit Wasser, Becherglas mit Sand, Waage.
Messt nacheinander Wasser und Sand mit einem Volumen von 50 ml, 100 ml, 150 ml, 200 ml und 250 ml ab. Bestimmt mit der Waage jeweils die Masse. Tragt die Messwerte in eine Tabelle ein.

3 Regenmesser

a Baut einen Regenmesser. ▸2

b Ermittelt eine Woche lang jeden Abend die Niederschlagsmenge. Lest dazu ab, um wie viel Millimeter der Pegel jeweils gestiegen ist.
Fertigt eine Tabelle an. Tragt eure Messwerte ein.

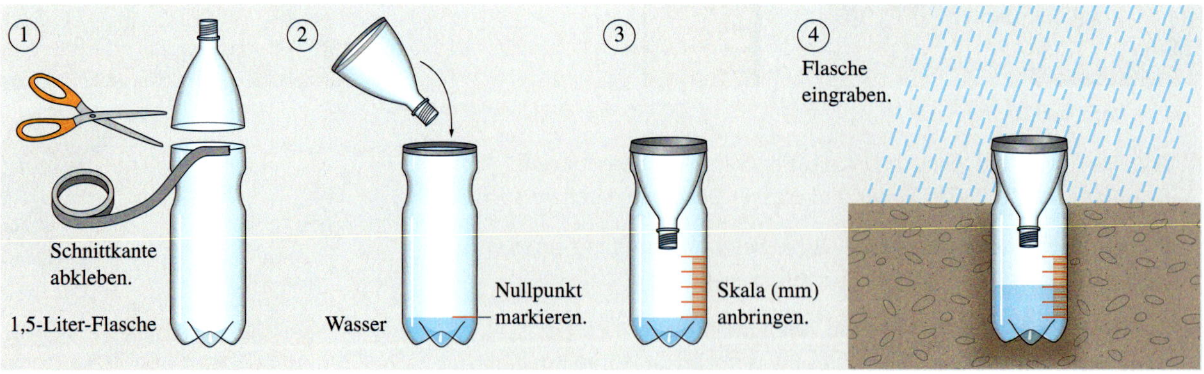

2 *Regenmesser (selbst gebaut)*

Methode Messwerte im Diagramm darstellen

1 Zeichne die beiden Achsen (z. B. für Temperatur und Zeit). Beschrifte sie mit dem Namen der Größe und ihrer Einheit. Der Schnittpunkt der Achsen erhält den Zahlenwert 0.

2 Nutze die ganze Fläche des Diagramms. Dazu musst du die Achsen sinnvoll einteilen: Suche den größten Wert, der auf der Achse eingetragen werden soll. Trage ihn möglichst weit rechts bzw. möglichst weit oben ein. Unterteile die Achsen.

3 Beim Säulendiagramm zeichnest du für die einzelnen Zeitpunkte die gemessene Temperatur als Säule. ▸3
Beim Temperatur-Zeit-Diagramm kennzeichnest du nur die Endpunkte der Säulen mit einem Kreuz und verbindest sie dann. ▸4

4 Darf man durch die Messpunkte immer eine Kurve legen?
Wenn du Wasser erhitzt, ändert sich die Temperatur allmählich. Im Temperatur-Zeit-Diagramm kannst du die Punkte durch eine Linie verbinden. Mathematisch spricht man von einer Kurve. Die Punkte zwischen den Messpunkten entsprechen gut dem wirklichen Temperaturverlauf, denn zwischen zwei Messpunkten wird sich die Temperatur wohl kaum sprunghaft ändern.
Anders ist es bei der täglichen Ablesung der Regenmenge. Eine Kurve zwischen zwei Messpunkten bedeutet: Die Regenmenge hat sich verändert – auch in Zeiten, in denen es nicht regnete! Zur Darstellung ist ein Säulendiagramm geeigneter.

5 Zickzack- oder Ausgleichskurve? Meist spiegelt eine glatte Kurve durch die Punkte den Vorgang besser wider als eine Zickzackkurve. Beim Diagramm zur Abkühlung von Wasser würde ein Verbinden der Messpunkte bedeuten, dass sich die „Abkühlgeschwindigkeit“ in den Messpunkten immer wieder plötzlich ändert. ▸5 Solche Änderungen widersprechen der Erfahrung. Meist liegen ihnen Messfehler zugrunde. Zeichne daher „glatte“ Kurven. Wir sprechen von Ausgleichskurven.

Aufgaben

1 Fertigt zu den Versuchen auf der linken Seite Diagramme an. Sie sollten mindestens die Größe einer halben Heftseite haben.

2 Lest aus dem Diagramm zu Versuch 2 ab, welche Masse 25 ml, 120 ml und 230 ml Wasser jeweils haben.

3* Computer erstellen Diagramme schnell und präzise. Stellt die Diagramme aus Aufgabe 1 mit einem Programm zur Tabellenkalkulation dar. ↻ 99-1

4* Kannst du mit dem Diagramm zur Regenmenge die jährliche Niederschlagsmenge vorhersagen? Begründe deine Antwort.

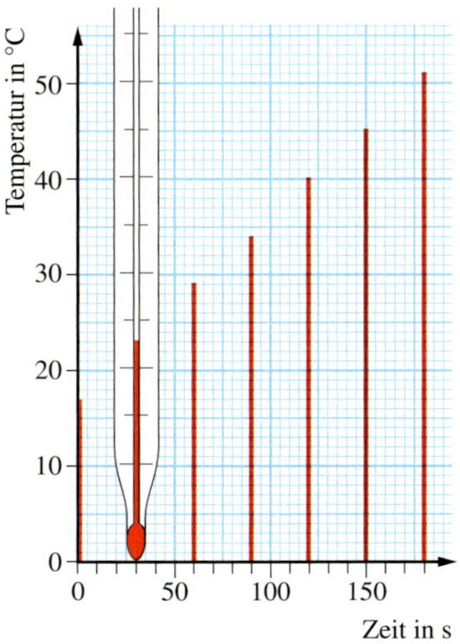

3 *Säulendiagramm: Wasser erwärmen*

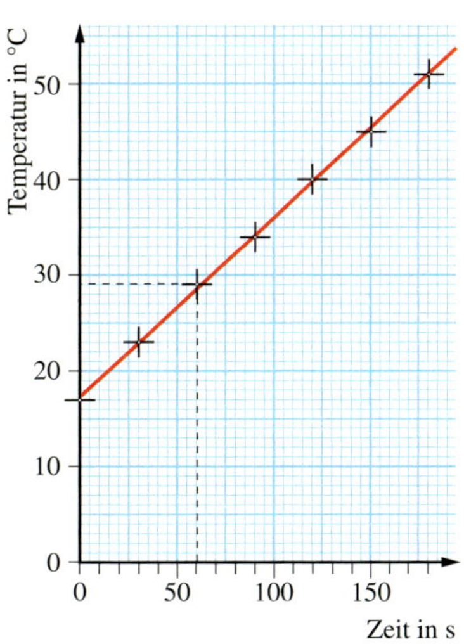

4 *Temperatur-Zeit-Diagramm*

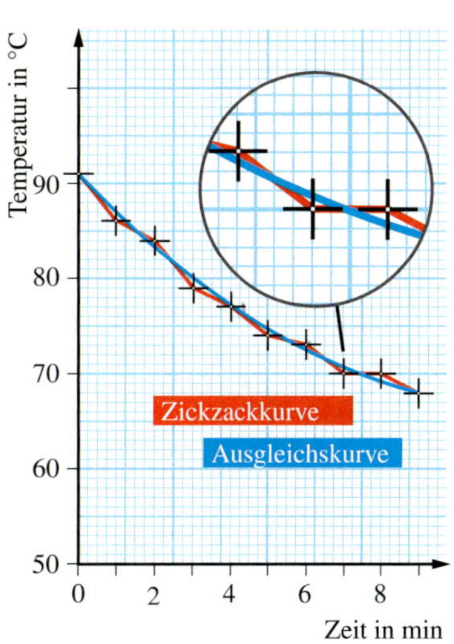

5 *Ausgleichskurve zeichnen*

Die Dichte

▷ Kleine Gegenstände sind leicht und große schwer?

1

2

Grundlagen Die Dichte

Für die Masse und das Volumen von Sand gilt: ▸3
Doppeltes Volumen → doppelte Masse,
dreifaches Volumen → dreifache Masse …
Die Masse ist *proportional* zum Volumen: $m \sim V$.
Im Diagramm ergibt sich eine Gerade durch den Ursprung. ▸4 Für andere Stoffe erhält man andere Geraden.
Wenn man die Masse jeweils durch das zugehörige Volumen teilt, erhält man für jeden Stoff einen konstanten Wert. Für Sand ergibt sich $1{,}54\ \frac{\text{g}}{\text{cm}^3}$. Für Wasser erhält man $1{,}00\ \frac{\text{g}}{\text{cm}^3}$, für Ethanol $0{,}79\ \frac{\text{g}}{\text{cm}^3}$.

Der Quotient aus Masse und Volumen ist für jeden Stoff konstant. Er ist ein Kennzeichen des Stoffs. Man bezeichnet ihn als Dichte. Die Dichte hat das Formelzeichen ϱ (griech. Rho).

Dichte = $\frac{\text{Masse}}{\text{Volumen}}$; $\varrho = \frac{m}{V}$. Die Einheit der Dichte ist $1\ \frac{\text{kg}}{\text{m}^3}$.

Je mehr ein Würfel von $1\ \text{cm}^3$ eines Stoffs wiegt, desto größer ist die Dichte des Stoffs. Meist gibt man die Dichte in Gramm pro Kubikzentimeter an:

$$1\ \frac{\text{g}}{\text{cm}^3} = 1000\ \frac{\text{kg}}{\text{m}^3}.$$

Luft hat eine sehr kleine Dichte: $0{,}0012\ \frac{\text{g}}{\text{cm}^3}$. Bei Gasen gibt man die Dichte meist in Gramm pro Liter an:

$$1\ \frac{\text{g}}{\text{l}} = 0{,}001\ \frac{\text{g}}{\text{cm}^3}.$$

Volumen in cm^3	Masse in g
0	0
20	30,8
40	60,2
60	92,4
80	123,8
100	152,0
120	185,0

3 *Messwerte für Sand*

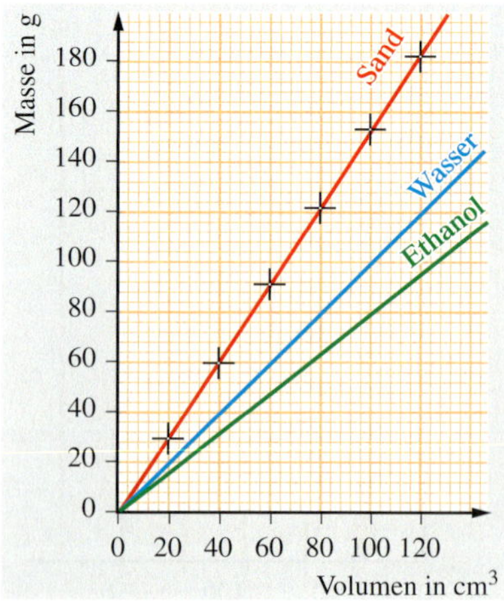

4 *Masse und Volumen für verschiedene Stoffe*

Aufgaben

1 „Sand ist schwerer als Wasser." Hier ist nicht die Masse gemeint ...

2 Gib die Dichte von Luft in $\frac{g}{l}$ und in $\frac{kg}{m^3}$ an.

3 Von den Messwerten zur Dichte ▸3

a Berechne die Dichte von Sand für die Messwerte in der Tabelle.

b Der Quotient sollte eigentlich immer gleich sein. Der Sand kann ja nur eine Dichte haben. Versuche die Abweichungen zu erklären.

c* Wie erhältst du aus den sechs leicht verschiedenen Quotienten einen Mittelwert? Berechne ihn.

4 Toni hat Volumen und Masse von Sand durcheinander geteilt. Der Quotient beträgt 0,65. Aber Sand hat doch eine größere Dichte als Wasser! Tim beruhigt ihn: „Das ist kein Messfehler. Du hast bloß nicht die Dichte berechnet." Kläre den Fall auf.

5 Bestimme die Dichte von einem 250-g-Paket Butter – ohne Messzylinder!

6 Bestehen 10-Cent-Münzen aus reinem Gold?

a Alicia hat einen Turm aus zwanzig 10-Cent-Münzen gebaut. Für seine Masse und sein Volumen misst sie: $m = 82\,\text{g}$ und $V = 10\,\text{cm}^3$. Berechne die Dichte des Metalls, aus dem die Münzen bestehen.

b Beantworte die Eingangsfrage mit dem Ergebnis deiner Rechnung.

7* Eine Glasscheibe ist 4,0 mm dick, 60 cm breit und 1,20 m hoch. Welche Masse hat die Scheibe? *Tipp:* Das Glas hat eine Dichte von $2{,}6\,\frac{g}{cm^3}$.

Musteraufgabe

Ein Stück Plastilin (30 g) verdrängt in einem Gefäß 15 ml Wasser. Berechne die Dichte.

Lösung:

$\varrho = \frac{m}{V}$

$\varrho = \frac{30\,g}{15\,ml} = \frac{30\,g}{15\,cm^3}$

$\varrho = 2{,}0\,\frac{g}{cm^3}$

Die Dichte beträgt $2{,}0\,\frac{g}{cm^3}$.

Erweiterung – Neue Größen durch Quotienten

Wie erkennt man proportionale Zuordnungen?

– Wenn du die eine Größe verdoppelst, verdoppelt sich auch die andere Größe. Verdreifachst du die eine, verdreifacht sich die andere.
– Im Diagramm ergeben die Wertepaare eine Gerade durch den Ursprung (0|0) des Koordinatensystems.
– Der Quotient aus den einzelnen Wertepaaren hat immer den gleichen Wert. Er heißt *Proportionalitätsfaktor*.

Proportionalitätsfaktor als neue Größe Der Proportionalitätsfaktor kann als neue Größe definiert (festgelegt) werden. *Beispiele:*

– Manchmal wird ein Radfahrer über eine längere Strecke weder schneller noch langsamer. Dann ist der zurückgelegte Weg proportional zur benötigten Zeit. Der Proportionalitätsfaktor heißt *Geschwindigkeit*:

$$\text{Geschwindigkeit} = \frac{\text{Weg}}{\text{Zeit}}.$$

– Für Gegenstände aus demselben Stoff ist der Quotient aus Masse und Volumen konstant. Der Proportionalitätsfaktor heißt *Dichte*:

$$\text{Dichte} = \frac{\text{Masse}}{\text{Volumen}}.$$

Aber auch der Quotient aus Volumen und Masse ist konstant. Für Wasser ergibt sich 1 cm³ pro g, für Stahl 0,13 cm³ pro g. Zum schwereren, „dichteren" Stoff (Stahl) gehört der kleinere Wert. Das entspricht nicht unserem Verständnis von Dichte.

Aufgaben

8* Masse und Volumen von Wasser sind proportional zueinander. Beschreibe, woran man das erkennen kann.

9* In Dubai steht der höchste Wolkenkratzer der Welt. Ein Aufzug fährt direkt zur Aussichtsplattform in etwa 450 m Höhe. Erst nach 45 s erreicht er das Ziel.

a Wie viele Meter legt der Aufzug in jeder Sekunde zurück?

b Teile die zurückgelegte Strecke durch die benötigte Zeit. Welche physikalische Größe ergibt sich?

101-1

Das Teilchenmodell

▷ In ein Glas wird etwas Fruchtsirup gefüllt und vorsichtig mit Wasser übergossen. Es bildet sich eine gut sichtbare Trennlinie zwischen Wasser und Sirup. ▸1 Nach sechs Tagen haben sich Sirup und Wasser gemischt. ▸2–3 Das Glas wird dabei nicht bewegt und der Inhalt nicht umgerührt.

▷ Wie kann man erklären, dass sich Wasser und Sirup ohne äußere Einflüsse durchmischen?

1 *Sirup und Wasser am ersten Tag*

2 *... nach drei Tagen*

3 *... nach sechs Tagen*

Untersuchen Experimentieren

Notiert zu jedem Experiment, was ihr beobachtet. Versucht die Beobachtung kurz zu erklären. *Tipp:* Skizzen und Bilder können die Erklärung verständlicher machen und das Schreiben langer Texte ersparen.

1 **Zuckerwasser** Legt ein Stück Kandiszucker in ein randvolles Glas Wasser. Deckt das Glas zu. Was beobachtet ihr nach einer Stunde? Lasst das Glas einige Tage stehen. Schmeckt dann die Flüssigkeit. Aber nicht vorher umrühren!

2 **Lebt die Milch?** Gebt einen Tropfen Milch in 20 ml Wasser. Betrachtet die Mischung mit in einem Mikroskop in 400-facher Vergrößerung. Was fällt euch auf?

3 **Durch Schütteln wird's warm?** ▸4 Füllt in einen Mixbecher 50 g Wasser. Messt die Temperatur auf 0,1 °C genau. Schüttelt ihn mehrmals hintereinander kräftig eine Minute lang. Messt nach jedem Schütteln die Temperatur. *Tipp:* Haltet den Becher mit Papiertaschentüchern. Sonst wird das Wasser durch die Hand erwärmt.

4 **Schon bekannt? – Weitere Beobachtungen**

a Taucht den Hals einer Glasflasche in eine Seifenlösung. Über der Öffnung soll sich ein Seifenhäutchen bilden. Erwärmt nun die Flasche mit euren Händen.

b Magnetisiert einen Nagel oder eine Büroklammer. *Tipp:* Verwendet bei der Erklärung die Vorstellung von den Elementarmagneten. ▸5

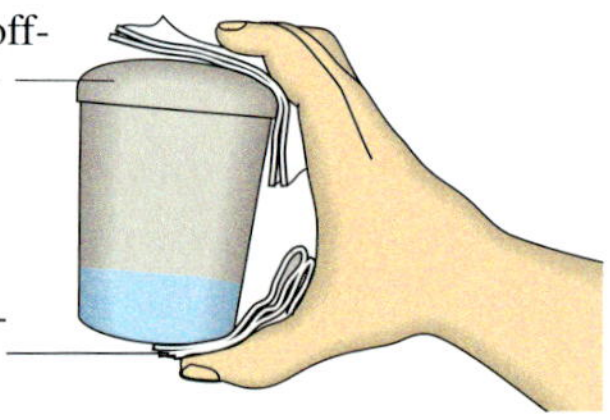

4

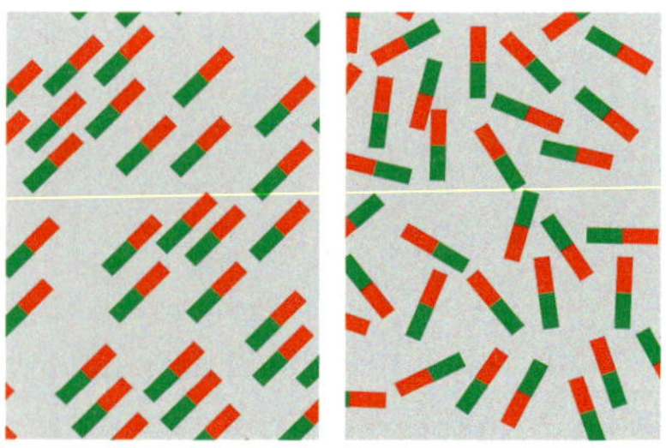

5 *Magnetisch – unmagnetisch*

Grundlagen Modelle helfen verstehen

Was sind Modelle? Das Wort kennst du vielleicht schon vom Modellauto oder von der Modelleisenbahn. Im Unterricht hast du wahrscheinlich ein Augenmodell kennengelernt oder das Modell eines menschlichen Skeletts. Diese Modelle zeigen einige wichtige Eigenschaften der „echten" Gegenstände:

- Das Modellauto gleicht in Form und Farbe dem Auto. Es ist aber viel kleiner und sein Motor liefert keinen Antrieb.
- Das Augenmodell zeigt nur die wichtigsten Bestandteile des Auges. Es ist viel größer als das wirkliche Auge.

Neben solchen „Gegenstandsmodellen" gibt es in der Physik auch „Denkmodelle". Sie werden nicht gebaut, sondern ausgedacht. Du kennst bereits das Modell der Elementarmagnete ▸5 und ein einfaches Teilchenmodell ▸6. Sie helfen dir, Beobachtungen zu erklären:

- Ein Magnet und ein Nagel aus Eisen ziehen sich gegenseitig an. Die Elementarmagnete im Eisen werden durch den Magneten ausgerichtet. Der Nagel wird dadurch zum Magneten. Er ist genauso gepolt wie der erste Magnet. Beide Magnete ziehen sich an.
- Wasser kann fest, flüssig oder gasförmig sein. Die Wasserteilchen halten im Eis sehr fest zusammen, im flüssigen Wasser weniger und im Wasserdampf gar nicht.

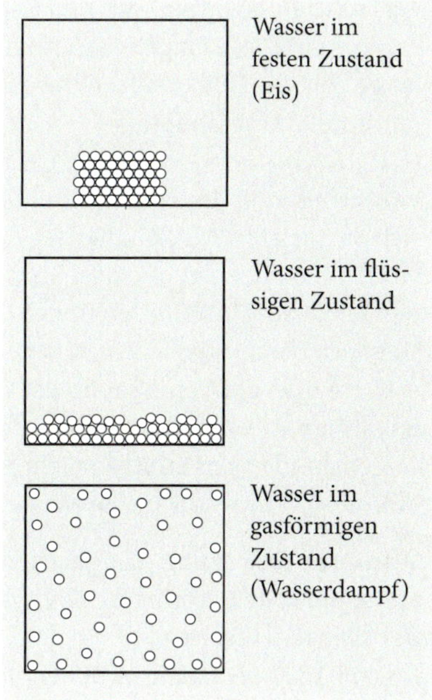

6 *Einfaches Teilchenmodell*

103-1 Simulation
Fest – flüssig – gasförmig

Modelle haben Grenzen Eine Brücke dehnt sich in der Sommerhitze aus. Diese Beobachtung lässt sich mit dem einfachen Teilchenmodell nicht erklären. Daher erweitern wir das Modell: Wir stellen uns vor, dass die Eisenteilchen der Brücke untereinander verbunden sind, aber nicht still an ihren Plätzen sitzen. Sie bewegen sich immer ein wenig hin und her. Je höher die Temperatur ist, desto stärker bewegen sich die Teilchen. Für die stärkere Bewegung brauchen die Teilchen immer mehr Platz: Die Brücke dehnt sich aus.

Diese Vorstellung kannst du mit einem Spiel veranschaulichen. ▸7 Kinder stehen dicht beieinander und bewegen sich kaum. Dann beginnen sie sich stärker zu bewegen …

Aufgaben

1 Welche Eigenschaften eines menschlichen Skeletts zeigt das Modell aus der Biologiesammlung? Welche nicht?

2 Das Spiel zur Wärmeausdehnung soll für flüssige und gasförmige Körper gespielt werden. ▸7 Was muss sich ändern?

3 Elementarmagnete

a Wenn du einen Magneten zerbrichst, erhältst du zwei neue Magnete. Erkläre diese Beobachtung mit dem Modell der Elementarmagnete.

b Es gibt zwei Möglichkeiten, wie du einen magnetisierten Nagel entmagnetisieren kannst:
- den Nagel erhitzen
- mehrmals mit einem Hammer auf den Nagel schlagen

Erkläre das Entmagnetisieren mit der Vorstellung von den Elementarmagneten.

7 *Spiel zur Wärmeausdehnung*

Aus der Geschichte Stoff oder Bewegung?

Was passiert eigentlich mit den Gegenständen beim Erwärmen? Diese Frage beschäftigte die Menschen lange Zeit. Die Denkmodelle haben sich im Lauf der Jahrhunderte verändert.

Wärme als Stoff Bis Mitte des 19. Jahrhunderts stellten sich die meisten Wissenschaftler Wärme als einen Stoff vor. Beim Erhitzen geht dieser Stoff z.B. von der glühenden Kohle auf ein Hufeisen über. Wie alle Stoffe benötigt auch der ausgedachte „Wärmestoff" Platz. So erklärte man die Ausdehnung der Gegenstände beim Erwärmen. Allerdings gab es Zweifel: Warum werden Gegenstände beim Erhitzen nicht schwerer? Der Wärmestoff muss doch eine Masse haben ...

Wärme als Bewegung Zur gleichen Zeit gab es ein weiteres Modell: Wärme ist so etwas wie die Bewegung der kleinsten Teilchen.
Im Jahr 1827 beobachtete der englische Arzt und Botaniker *Robert Brown* etwas Überraschendes. Er zerquetschte Pollenkörner von Pflanzen in einem Tropfen Wasser. Die Bruchstücke der Pollen beobachtete er unter dem Mikroskop. Sie zuckten unregelmäßig hin und her. ▸1 Ihre Bewegung hörte niemals auf. Erst einige Jahrzehnte später konnte man die Beobachtung erklären: Die sichtbaren Bruchstücke werden ständig von den unsichtbaren Wasserteilchen angestoßen. Diese sind viel kleiner als die Bruchstücke und selbst in ständiger Bewegung.
Wenn man Wasser erwärmt, bewegen sich seine Teilchen heftiger hin und her. Dadurch dehnt sich das Wasser aus. Schwerer wird es nicht.

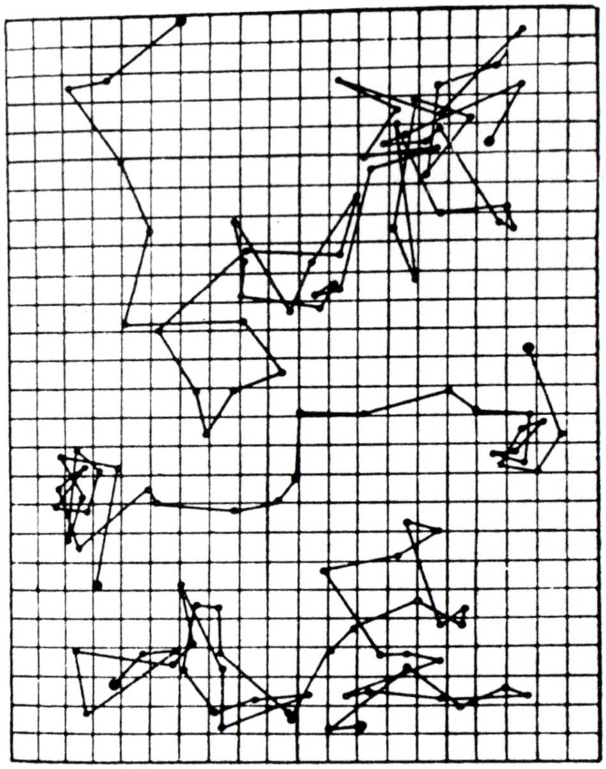

1 *Skizze von Robert Brown: die Bewegung dreier Pollenbruchstücke in Wasser. Die Punkte geben den Ort der Körnchen im Abstand von jeweils 30 s an.*

Aufgaben

1 Sirup im Wasser
a Sirup verteilt sich ganz von alleine im Wasser. Erkläre dies mit dem Teilchenmodell.
b In heißem Wasser löst sich der Sirup viel schneller. Hast du eine Erklärung dafür?

2 Die Simulation „Brownsche Bewegung" hilft dir, die Bewegung der Teilchen zu verstehen. ▸2
Öffne die Simulation. Blende die Wasserteilchen („Moleküle") ein. Was beobachtest du bei verschiedenen Temperaturen? Erkläre deine Beobachtungen mit dem Teilchenmodell.

3 Gegenstände kann man nicht weiter als bis −273,15 °C abkühlen. Mit dem Teilchenmodell kannst du erklären, warum es eine tiefste Temperatur gibt.

↻ 104–1 Simulation Brownsche Bewegung

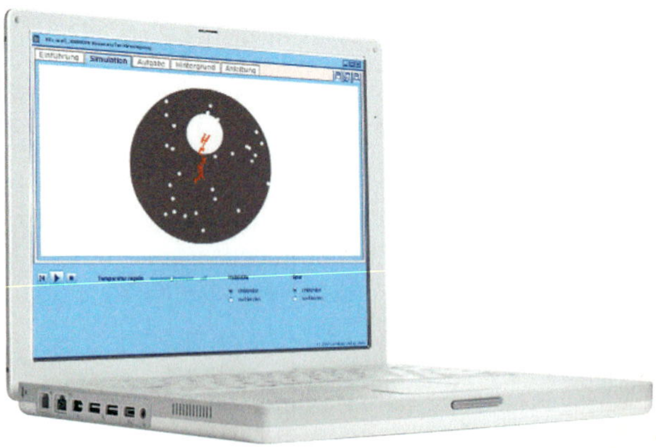

2 *Simulation „Brownsche Bewegung" im Einsatz*

Überblick

Größen Alle messbaren Eigenschaften nennen wir *physikalische Größen*. Dazu gehören die Länge, die Masse ... Die Länge hat das Formelzeichen l, die Masse das Formelzeichen m.
Die Größenangabe besteht immer aus zwei Teilen: Zahlenwert und Einheit; *Beispiel:* $l = 3{,}7\,\text{m}$.

Größe	Formelzeichen	Zahlenwert	Einheit
Länge	l	3,7	Meter

Für alle Einheiten gibt es Vorsilben. Sie geben das Vielfache oder den Teil der Einheit an. Beispielsweise bedeutet die Vorsilbe „Kilo-“ das Tausendfache, die Vorsilbe „Milli-“ ein Tausendstel.

Masse und Volumen
Die Masse gibt an, wie viel ein Gegenstand wiegt. Ihre Einheit ist 1 Kilogramm (1 kg). Das Formelzeichen für die Masse ist m.
Das Volumen gibt an, wie viel Raum ein Gegenstand einnimmt. Die Einheit ist 1 Kubikmeter ($1\,\text{m}^3$). Das Formelzeichen für das Volumen ist V.

Dichte Bei Sand und Wasser ist die Masse proportional zu ihrem Volumen:
Doppeltes Volumen → doppelte Masse,
dreifaches Volumen → dreifache Masse ...
Der Quotient aus Masse und Volumen ist konstant. Er definiert die Dichte eines Stoffs:

$$\text{Dichte} = \frac{\text{Masse}}{\text{Volumen}};\quad \varrho = \frac{m}{V}.$$

Die Einheit der Dichte ist $1\,\frac{\text{kg}}{\text{m}^3}$; $1\,\frac{\text{g}}{\text{cm}^3} = 1000\,\frac{\text{kg}}{\text{m}^3}$.

Die Dichte gibt an, wie viel $1\,\text{cm}^3$ eines Stoffs wiegt.

Denkmodelle Wir stellen uns vor, dass alle Gegenstände aus Teilchen bestehen. Mit dieser Vorstellung können wir die verschiedenen Zustandsformen (fest, flüssig, gasförmig) erklären. Die Ausdehnung von Gegenständen beim Erwärmen lässt sich mit dieser einfachen Vorstellung nicht erklären. Deshalb wird das Modell durch die Teilchenbewegung erweitert. Auch die Vorstellung von Elementarmagneten in Gegenständen aus Eisen ist ein Denkmodell.

Alles klar?

1 Bei welchem Diagramm sind Volumen und Masse eines Stoffs abgetragen? Entscheide es, ohne die Achsenbezeichnung zu kennen. ▸**3**

2 Berechne die Masse der Luft in eurem Klassenzimmer. Gib sie in Gramm und in Kilogramm an. *Tipp:* Ein Liter Luft hat eine Masse von etwa 1,2 g.

3 „Jan ist schwerer als Ina.“ – „Eisen ist schwerer als Granit.“

a Erkläre, von welcher physikalischen Größe jeweils die Rede ist.

b* Was ist schwerer: ein 1 m langer, 50 cm breiter und 50 cm hoher Styroporklotz ($0{,}015\,\frac{\text{g}}{\text{cm}^3}$) oder ein Granitstein mit einem Volumen von 7 l ($2{,}7\,\frac{\text{g}}{\text{cm}^3}$)?

4* Welcher Quotient ist für die Dichte sinnvoll:
$\frac{\text{Masse}}{\text{Volumen}}$ oder $\frac{\text{Volumen}}{\text{Masse}}$? Begründe deine Antwort.

5 Wie kannst du bei einer Kette prüfen, ob sie aus Gold ist, ohne sie zu beschädigen?

6 Wasser strömt aus einem Wasserhahn. Ist das Volumen proportional zur Zeit? Untersuche es. Finde einen Namen für die Größe, die der Quotient beschreibt.

7 Tauche eine leere Sprudelflasche mit der Öffnung knapp unter Wasser. Umschließe sie mit beiden Händen und warte einige Zeit ab. Welche Beobachtung erwartest du? Erkläre mit dem Teilchenmodell.

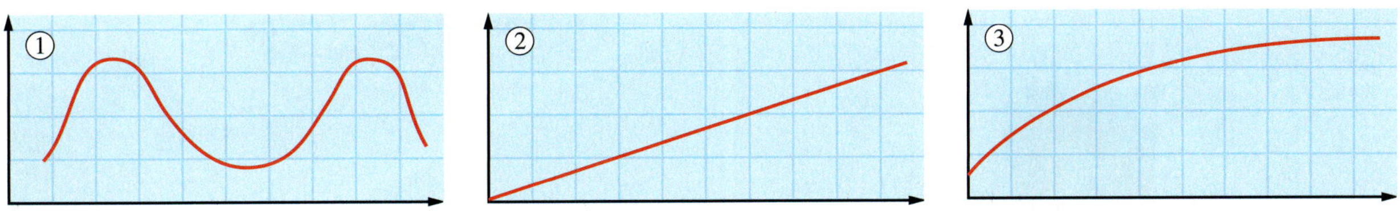

3

Was wäre, wenn nachts alle Lichter ausgehen würden?

Wozu nutzt man elektrische Energie?

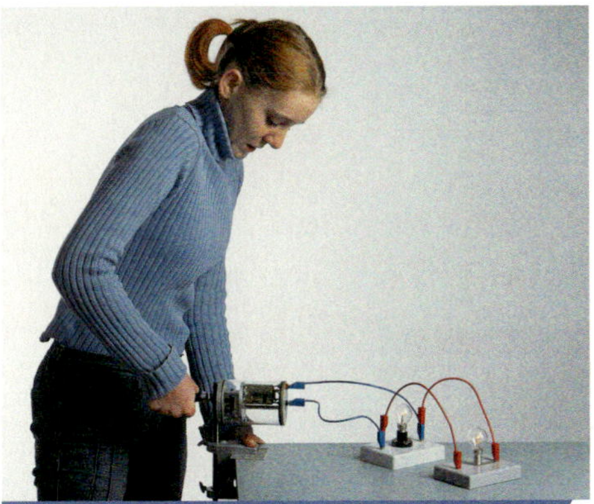
Elektrische Energie im Handumdrehen?

Was hat sich durch Elektrogeräte alles verändert?

Woraus bestehen elektrische Anlagen?

Stromstärke messen – mit dem Kompass?

Elektrische Stromkreise

- Aus dem Weltall gesehen ist Europa nachts ein Lichtermeer. Unsere moderne Welt ist ohne elektrische Energie nicht denkbar. Wir können unseren Alltag ohne elektrische Geräte nicht mehr bewältigen.
- Elektrische Stromkreise übertragen Energie. In vielen Experimenten wirst du Stromkreise erforschen. Du kannst Messgeräte selbst bauen und Messungen durchführen.
- Modelle helfen dir, die Vorgänge im Stromkreis zu verstehen. Dabei lernst du, dass in elektrischen Anlagen Energie von Elektronen übertragen wird. Die Elektronen werden von den Energiequellen mehr oder weniger stark angetrieben. Mit dieser Vorstellung wirst du die Größen Stromstärke und Spannung verstehen lernen.
- Die Geräte für Strom- und Spannungsmessung wirst du in vielen Versuchen einsetzen. Komme dem elektrischen Widerstand auf die Spur!
- Sicherheit in elektrischen Anlagen ist für dich kein Fremdwort mehr. Nach der Bearbeitung des Kapitels wirst du die vielen elektrischen Geräte unseres Alltags mit einem Expertenblick betrachten.

Elektrizität – sichtbar gemacht

▷ Sicher hat es bei dir schon manchmal geknistert, wenn du deinen Pullover ausgezogen hast. Im Dunkeln kannst du dann sogar kleine Funken sehen.

▷ Hast du beim Anfassen der Türklinke oder auf der Rolltreppe schon einmal einen kleinen elektrischen Schlag bekommen? Auch hierbei kannst du kleine Blitze zwischen Gegenständen und Hand beobachten.

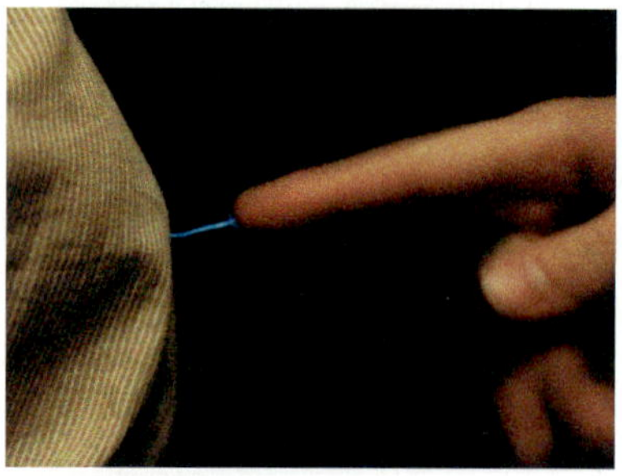
1 *Funke*

2 *Klebt ohne Klebstoff!*

Untersuchen

1 Wie verhalten sich geriebene Luftballons? Reibt zwei Luftballons mit einem Pullover oder einem Lappen aus Wolle. Ihr könnt sie auch aneinanderreiben.

a Beobachtet, wann sich die Ballons wie in einem der Bilder verhalten. ▸**3–5** Was müsst ihr machen, damit sie sich so verhalten? Beschreibt es.

b Wann verhalten sich die Ballons in welcher Weise? Versucht Regeln aufzustellen.

c Reibt die Ballons so, dass sie sich gegenseitig abstoßen. ▸**5** Lasst dann euren Nachbarn ein Blatt Papier zwischen die Ballons halten. Was passiert?

2 Verhalten sich geriebene Gegenstände immer gleich? Reagieren geriebene Gegenstände immer so wie im Bild ▸**6**? Beschreibt Fälle, in denen Gegenstände einander anziehen.
Nennt Fälle, in denen sie sich abstoßen.

3 *Geriebener Luftballon*

4 *Luftballons, die einander anziehen*

5 *Luftballons, die einander abstoßen*

6

Grundlagen Elektrisch geladene Gegenstände

Reibt man einen Luftballon an einem Pullover, so funkt und knistert es zwischen beiden. Außerdem ziehen sich Pullover und Luftballon an. Wir sagen: Die Gegenstände sind *elektrisch geladen*. Dabei stellen wir uns vor, dass sich nach dem Reiben eine Art „elektrischer Stoff“ auf den Oberflächen befindet. Diesen Stoff nennen wir „elektrische Ladung“.
Wiederholt man den Vorgang mit einem zweiten Luftballon, so stoßen sich beide Ballons ab. Vom Pullover werden dagegen beide angezogen. Die anziehenden und abstoßenden Kräfte können wir uns so erklären:

Wir nehmen an, dass es zwei verschiedene Arten elektrischer Ladung gibt. Gegenstände können elektrisch positiv (+) oder elektrisch negativ (–) geladen sein.
Zwei gleich geladene Gegenstände stoßen sich ab. ▸7
Zwei ungleich geladene Gegenstände ziehen einander an. ▸8

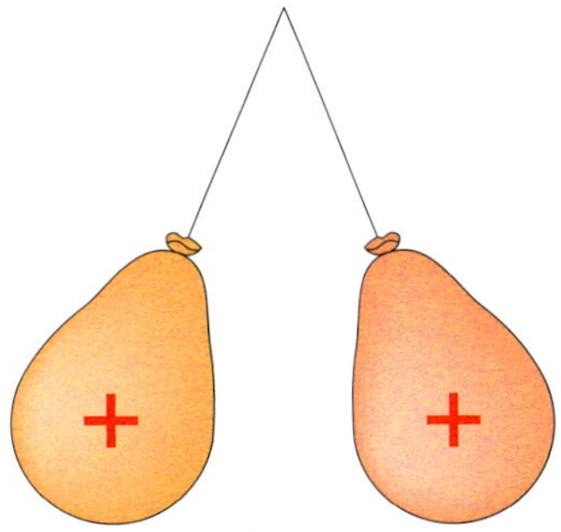

7

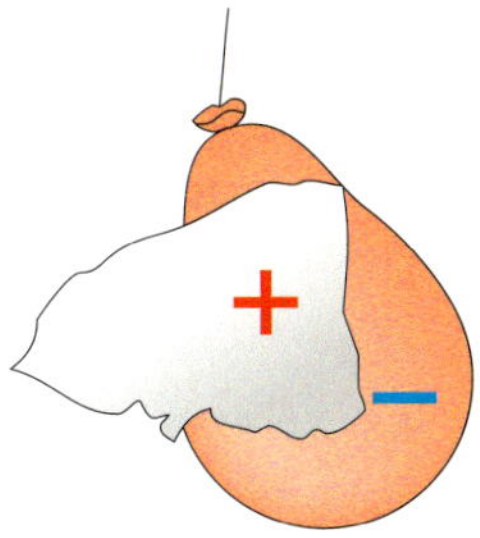

8

Grundlagen Elektrische Teilchen

Du hast das *Teilchenmodell* bereits kennengelernt. Wir haben uns vorgestellt, dass alle Dinge aus Teilchen aufgebaut sind. Dieses Modell erweitern wir jetzt, um die Versuche mit elektrisch geladenen Gegenständen genauer erklären zu können:

Wir nehmen an, dass die Dinge aus elektrisch positiven und elektrisch negativen Teilchen bestehen.

Ein ungeladener Gegenstand hat gleich viele positive und negative Teilchen. Er ist *elektrisch neutral*. Nur die negativen Teilchen können von einem zum anderen Gegenstand übergehen. Wir nennen sie *Elektronen*. Bei der engen Berührung zweier Gegenstände wechseln Elektronen von einem Gegenstand zum anderen. ▸9 Nach dem Trennen sind beide Gegenstände nicht mehr neutral, sondern elektrisch geladen. ▸10
Die elektrisch positiven Teilchen können sich in unserem Modell nicht bewegen, sie bleiben immer an ihren Plätzen.

Der eine Gegenstand hat Elektronen abgegeben, die elektrisch positiven Teilchen sind nun in der Überzahl. Dieser Gegenstand ist elektrisch positiv geladen.
Der andere Gegenstand hat zusätzliche Elektronen bekommen; bei ihm überwiegen die negativen Teilchen. Dieser Gegenstand ist elektrisch negativ geladen.

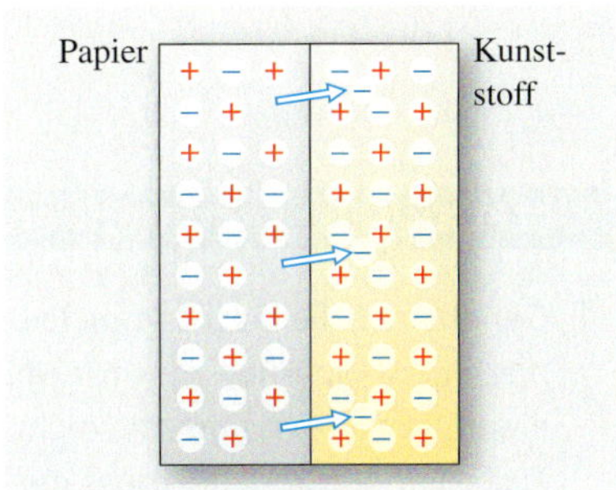

9 *Bei enger Berührung gehen Elektronen auf den anderen Gegenstand über.*

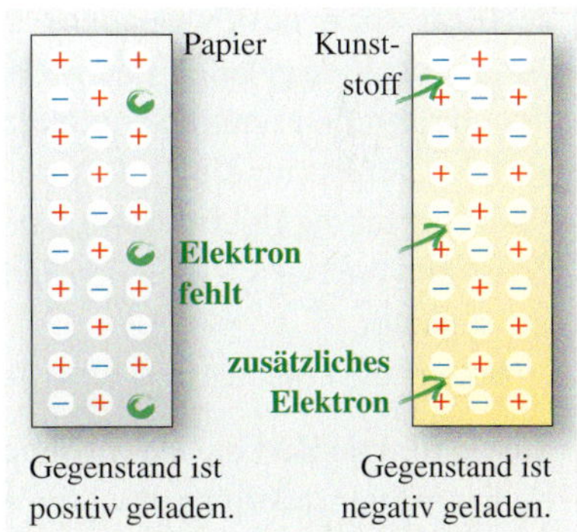

10 *Nach dem Trennen: Elektronenmangel – Elektronenüberschuss*

Erweiterung Teilchen genauer betrachtet: das Atom

In den Dingen bilden jeweils mehrere elektrisch positive und negative Teilchen eine Einheit: das *Atom*. ▸11 Im Atomkern befinden sich elektrisch positive Teilchen. Die gleiche Anzahl elektrisch negativer Teilchen (Elektronen) bildet die Atomhülle. Ein Atom hat normalerweise gleich viele positive und negative Teilchen. Es ist elektrisch neutral. Es können jedoch Elektronen aus der Hülle herausgerissen werden.

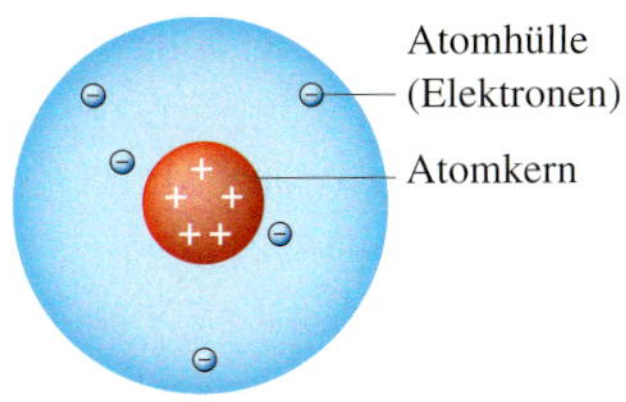

11

Ladung kommt in Bewegung – der Ladungsausgleich

▷ Wenn es blitzt, ist immer elektrische Ladung mit im Spiel. Beim Griff an die Türklinke, beim Ausziehen eines Pullovers oder beim Gewitter bewegt sich elektrische Ladung. Blitze sind ein Nachweis für elektrische Ladung.

▷ Es gibt noch weitere Möglichkeiten, elektrische Ladung aufzuspüren.

1 *Gewitter*

Untersuchen Experimentieren

1 **Geriebene Folie lässt Lampe leuchten** Reibt eine Kunststofffolie kräftig mit einem Wolltuch. Berührt mit der Folie die elektrischen Kontakte einer Leuchtstoffröhre, die nicht angeschlossen ist. ▸2
Tipps: Für den Versuch muss der Raum völlig abgedunkelt sein. Das Experiment klappt noch besser, wenn ihr die zweite Seite der Röhre mit blanken Teilen von Heizungs- oder Wasserrohren verbindet.

2 **Negativ oder positiv geladen?** Ermittelt mit der Glimmlampe, wie Gegenstände geladen sind. ▸3 Haltet die Lampe an einem Kontakt fest und führt den zweiten Kontakt an den geladenen Gegenstand. Achtet dabei auf das Innere der Glimmlampe.
- Leuchtet die Elektrode am Gegenstand, so ist er negativ geladen.
- Wenn die Elektrode an der Hand leuchtet, ist der Gegenstand positiv geladen.

Notiert die Ergebnisse in einer Tabelle in eurem Heft.

3 **Wie funktioniert ein Elektroskop?** Elektrische Ladung könnt ihr mit einem Elektroskop nachweisen. ▸4
a Reibt eine Kunststofffolie. Streift sie am Teller des Elektroskops ab. Beschreibt, was geschieht.
b Schaut euch den Aufbau des Elektroskops genauer an. Ihr wisst ja, wie sich geladene Gegenstände zueinander verhalten. Was könnt ihr daraus schließen?

4* **Bauanleitung: Elektroskop** Mit einem Elektroskop könnt ihr elektrische Ladung nachweisen. ▸5 *Ihr braucht:* ein Honigglas mit Kunststoffdeckel, isolierten Kupferdraht (1,5 mm Durchmesser), Alufolie, einen Nagel und Alleskleber.
a Schlagt mit dem Nagel in die Mitte des Kunststoffdeckels ein Loch.
b Entfernt an jedem Ende des Kupferdrahts 1 cm von der Isolierung.

2

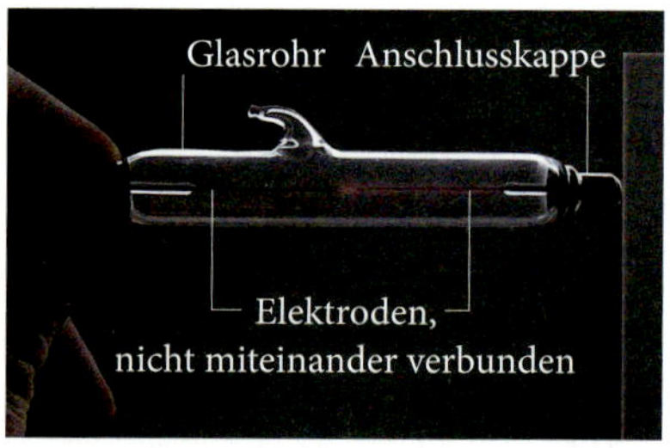

3 *Glimmlampe*

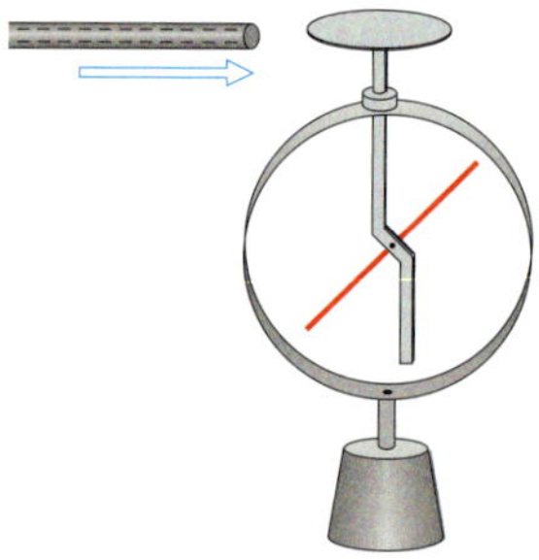

4 *Elektroskop*

c Steckt den Draht durch das Loch. Streicht an beiden Seiten Klebstoff um das Loch. Biegt mit einer Zange die blanken Drahtenden um.
d Schneidet aus der Aluminiumfolie einen schmalen Streifen (10 cm lang, 0,5 cm breit). Knickt ihn in der Mitte.
e Legt den Streifen über das untere Drahtende. Klebt ihn mit einem Tröpfchen Klebstoff fest. Seine Hälften dürfen nicht zusammenkleben!
f Wenn der Klebstoff trocken ist, streicht ihr die Alustreifen glatt. Sie müssen eng nebeneinanderhängen.
g Schraubt den Deckel auf das Glas. Euer Elektroskop ist fertig! Haltet einen geladenen Gegenstand an das obere Drahtende. Beobachtet die Folienstreifen.

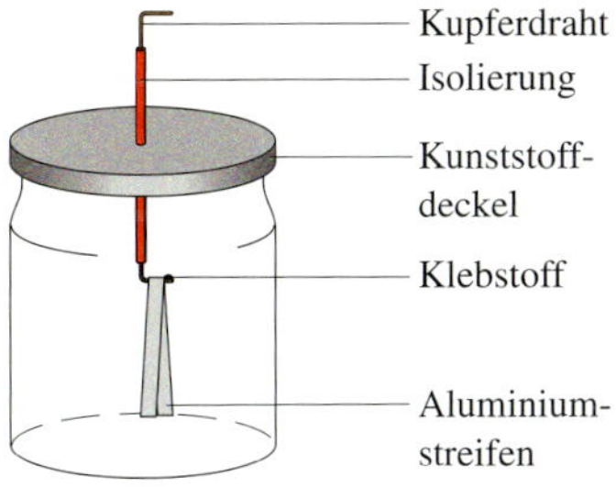

5 *Elektroskop zum Selberbauen*

5* **Wie ist der Gegenstand geladen?** Mit einem Elektroskop könnt ihr nachweisen, ob ein Gegenstand negativ oder positiv geladen ist.
a Ladet das Elektroskop positiv auf. Nehmt dazu einen Plexiglasstab, der an einer PVC-Folie gerieben wurde.
b Haltet geladene Gegenstände an den Elektroskopteller. Stellt fest, ob sie positiv oder negativ geladen sind. Ladet das Elektroskop immer wieder neu auf.
Erklärt eure Entscheidungen.

6* **Leiter oder Nichtleiter?** Ladet das Elektroskop vor jedem Test auf. Berührt dann den Elektroskopteller mit verschiedenen ungeladenen Gegenständen: Holzlöffel, Draht, Kunststoffstab, Alufolie … Unterscheidet anhand des Zeigerausschlags, welche Gegenstände Leiter und welche Nichtleiter sind. Erklärt eure Entscheidungen.

Grundlagen Ladungsausgleich

Gegenstände sind meistens neutral. Sie besitzen gleich viel positive und negative Ladung. Durch engen Kontakt stören wir dieses Gleichgewicht. Wir trennen die positive und negative Ladung.
Eine Glimmlampe blitzt auf, wenn du mit ihr einen negativ geladenen Luftballon berührst. ▸6 Dabei fließt ein kleiner Teil der negativen Ladung über die Lampe in deine Hand. Der Ballon ist an der Berührungsstelle jetzt wieder ungeladen.
Wenn der Ballon am Anfang positiv geladen ist, fließt negative Ladung von deiner Hand über die Lampe zum Ballon. An der Berührungsstelle ist der Ballon dann ebenfalls wieder ungeladen. Es hat ein Ladungsausgleich stattgefunden.

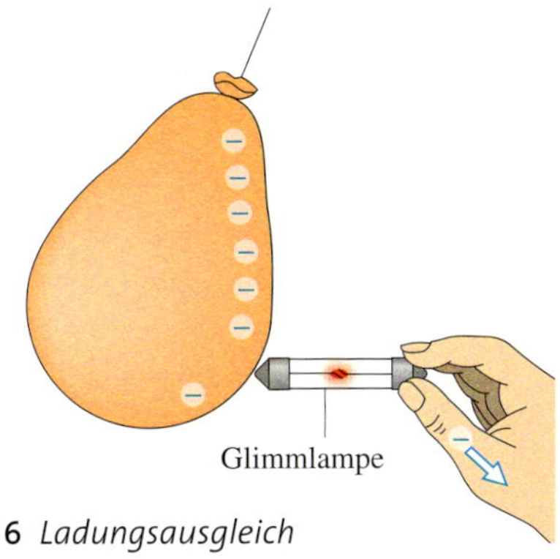

6 *Ladungsausgleich*

Beim Ladungsausgleich fließt negative Ladung von dem einen Gegenstand zum anderen. Dabei können Funken entstehen oder Glimmlampen aufleuchten.

In Metallen ist ein Teil der Elektronen frei beweglich. Deshalb werden Metalle schon bei einer Berührung vollständig entladen. Stoffe, in denen ein Teil der negativen Ladung frei beweglich ist, bezeichnet man als *Leiter*. In *Nichtleitern* ist die negative Ladung nicht beweglich.

Geladene Gegenstände wirken von ferne

▷ Die Folie und der Luftballon sind elektrisch geladen. Sie wirken aus der Ferne auf ungeladene Haare und Watte.

▷ Gelingen euch die Experimente auch?

1

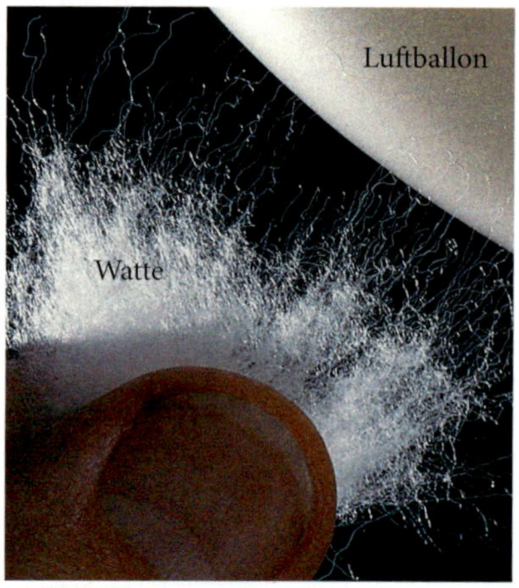

2

Untersuchen

1 Anziehung aus der Ferne Ladet eine Klarsichtfolie kräftig auf. Haltet sie über Papierschnipsel oder kleine Styroporkügelchen. ▸3

a Bei welchem Abstand wirkt die geladene Folie auf die Teile auf dem Tisch? Versucht eine möglichst große Entfernung zu ermitteln, bei der noch eine Wirkung zu bemerken ist.

b Wiederholt den Versuch. Ermittelt den Abstand, bei dem die Schnipsel oder Kügelchen an die Folie springen.

c Berührt mit den Fingern die Stelle, unter der ein Teilchen an der Folie klebt. Beobachtet genau, was passiert.

2 Blitze aus dem Luftballon? Ein Tortenheber (oder der Boden einer Tortenform) aus Metall liegt auf einem Trinkglas oder Joghurtbecher. Darauf wird ein geladenes Stück Styropor® gelegt. Es ist zuvor mit einem Wolltuch kräftig gerieben worden. *Tipp:* Den Tortenheber beim Auflegen des Styropors nicht mit der Hand berühren!

a Langsam nähert sich der Finger dem Griff des Tortenhebers. ▸4 Es springt ein winziger Funke über. Im Dunkeln seht ihr ihn noch besser.

b Das Stück Styropor wird wieder vom Tortenheber heruntergenommen. Ist der leere Tortenheber noch geladen? Prüft es.

c Legt das Styroporstück wieder auf den Tortenheber. Könnt ihr wieder einen Funken erzeugen?

3* Springende Farbe? Ladet einen Luftballon oder einen Plastiklöffel auf. Haltet ihn über Papierschnipsel, kleine Styroporkügelchen oder fein gemahlenen Pfeffer.

a Beschreibt, was passiert.

b Dieser Effekt wird in der Industrie genutzt. Große, verwinkelte Gegenstände werden so bis in alle Ecken gleichmäßig mit Farbe überzogen. ▸5 Beschreibt, wie eine solche Anlage funktionieren könnte.

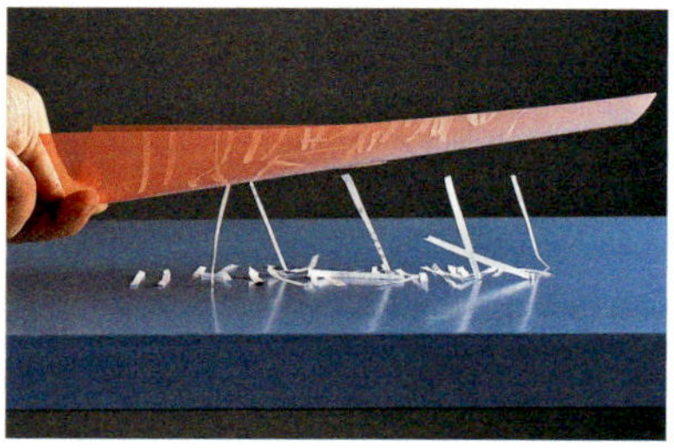

3

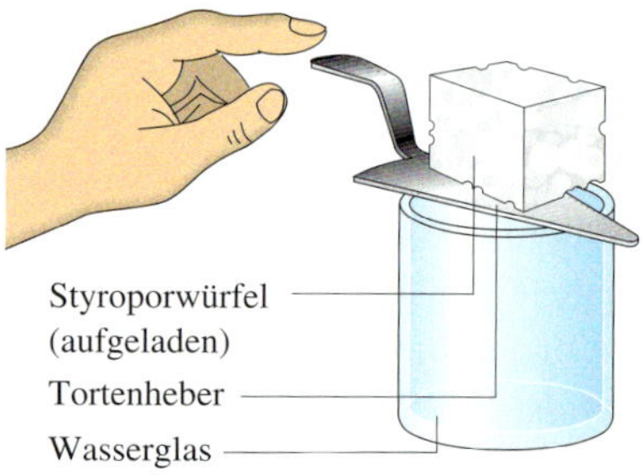

4

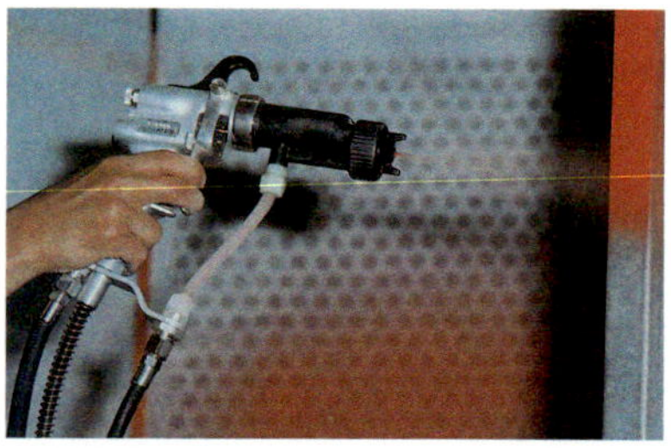

5 *Lackierpistole*

4* **Gebogener Rauch** Führt eine geladene Folie an den Rauch eines Räucherstäbchens heran. ▸6

a Beobachtet und beschreibt die Wirkung. Gelingt euch Ähnliches mit anderen geladenen Gegenständen?

b Könnt ihr mit der geladenen Folie auch einen Wasserstrahl ablenken? Versucht es.

5* **Reagiert das Elektroskop auch ohne Berührung?** Streift eine geladene Folie am Teller des Elektroskops ab. Achtet auf den Zeigerausschlag.

a Nähert dem Teller ein aufgeladenes Stück Plexiglas®, ohne das Elektroskop zu berühren. Bei welchem Abstand bemerkt ihr schon eine Veränderung?

b Verwendet nun ein aufgeladenes Stück PVC.

c Führt den Versuch auch mit dem selbst gebauten Elektroskop durch.

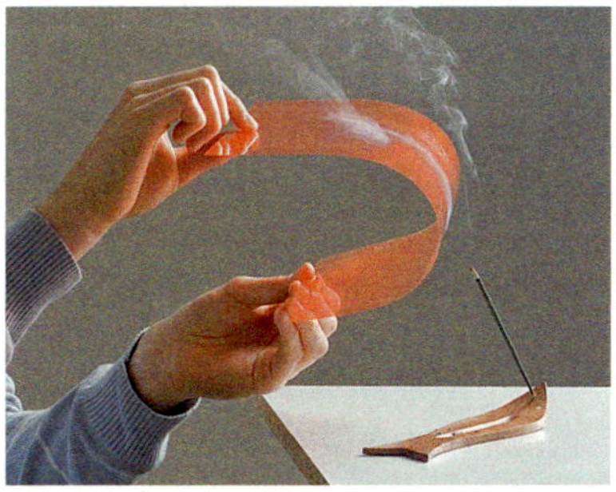
6

Grundlagen Elektrisches Feld

Papierschnipsel bewegen sich, ohne berührt zu werden. Haare stehen zu Berge und Kerzenrauch wird aus der Ferne angezogen. Der Zeiger eines Elektroskops schlägt bereits bei der Annäherung eines geladenen Gegenstands aus. ▸7 In allen Fällen sind elektrisch geladene Gegenstände im Spiel. Sie wirken schon von Weitem.

Jeder elektrisch geladene Gegenstand hat um sich herum ein elektrisches Feld. Im elektrischen Feld stellt man abstoßende und anziehende Wirkungen fest.

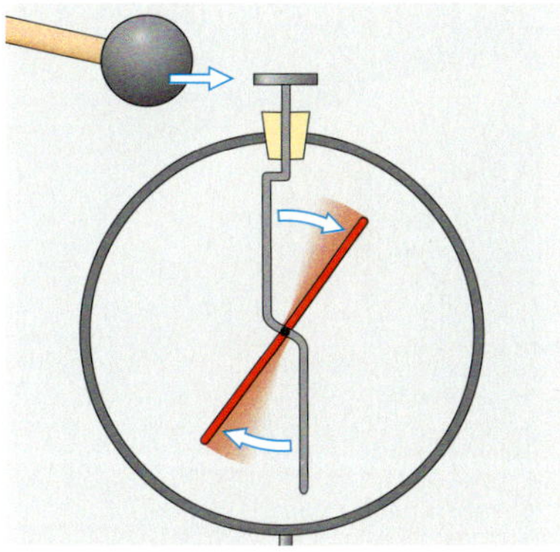
7 *Elektrische Wirkung auch ohne Berühren*

Erweiterung Ladungsverschiebungen durch elektrische Felder

Das elektrische Feld wirkt auf die elektrischen Teilchen in den Stoffen. Beim Elektroskop erklärt man den Zeigerausschlag ohne Berührung so: Teller und Zeiger bestehen aus Metall. In ihm sind viele Elektronen immer frei beweglich. Durch das elektrische Feld werden diese Elektronen im Metall verschoben. Wenn der herangeführte Gegenstand positiv geladen ist, werden die Elektronen angezogen. ▸8 Ist er negativ geladen, werden sie abgestoßen. ▸9

Unter dem Einfluss des elektrischen Felds kommt es zu einer ungleichen Elektronenverteilung in Metallen. Der eine Teil des Metalls ist positiv, der andere negativ geladen.

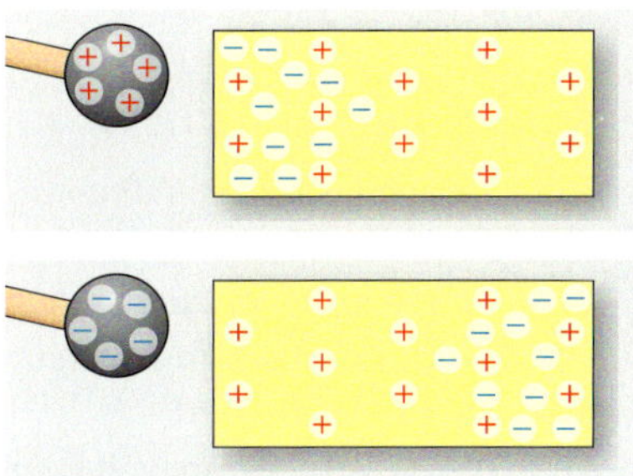
8–9 *Ladungsverschiebungen im neutralen Metallgegenstand*

Auch bei Annäherung von geladenen Gegenständen an Nichtmetalle (z. B. Haare, Wattefasern oder Papier) kommt es zu Ladungsverschiebungen in kleinen Bereichen der Stoffe.

113-1 Simulation
Metalle aufladen – auch ohne Berührung

Aus Natur und Umwelt Gewitter

Gewitterwolken Sie sind riesige Wolkentürme. Von oben sehen Gewitterwolken wie ein Schirm aus. Von der Seite betrachtet, gleichen sie oft einem Amboss. ▸1 Die Wolkenunterseite liegt 1 bis 2 km über dem Erdboden. Die Wolke reicht bis in eine Höhe von 10 km. Die Temperatur beträgt im unteren Bereich ca. 20 °C, oben sind es oft weniger als –50 °C.

Ladungstrennung In der Gewitterwolke herrscht ein starker Aufwind. Er reißt Regentropfen und Schneekristalle so stark nach oben, dass sie zerteilt werden. ▸2 Gleichzeitig fallen schwere Teile wie Hagelkörner nach unten und streifen die aufsteigenden Teilchen. Dabei wird Ladung getrennt – wie beim Reiben einer Kunststofffolie. Im oberen kalten Bereich der Wolke bilden sich Eiskristalle. Sie sind bei ihrem Weg nach oben positiv geladen worden. Die Wassertropfen unten in der Wolke sind negativ geladen. So entstehen in der Gewitterwolke gewaltige Ladungsunterschiede.

Aufgaben

1 Erkläre, wie in einer Gewitterwolke elektrische Ladung getrennt wird.

2 Kannst du „Blitze" im Klassenraum erzeugen? Präsentiere der Klasse deinen Plan und erkläre ihn.

114-1 Video Entstehung eines Blitzes

1 *Gewitterwolke*

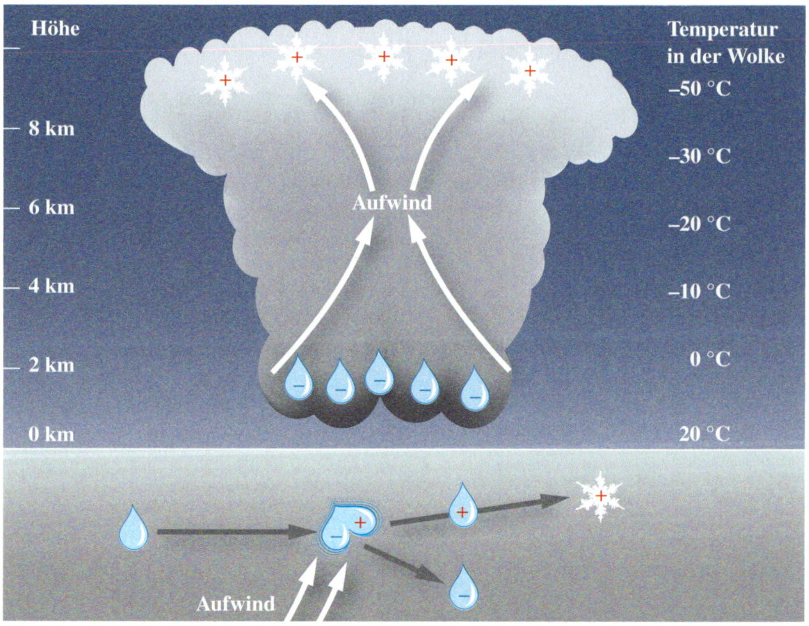

2 *Ladungstrennung in der Gewitterwolke*

Blitz und Donner Werden die Ladungsunterschiede zu groß, dann gleichen sie sich durch einen Blitz schlagartig aus. ▸3 Blitze sind riesige elektrische Funken. Die meisten verlaufen innerhalb der Gewitterwolke oder zwischen zwei Wolken. Nur jeder fünfte Blitz trifft die Erde. Während des Blitzes fließt für kurze Zeit sehr viel Ladung. Auf ihrem Weg erhitzt sie die Luft bis auf 30 000 °C und lässt sie grell aufleuchten. Dabei dehnt sich die Luft explosionsartig aus – es donnert.

Wenn die Gewitterwolke weit weg ist, sehen wir erst den Blitz und hören etwas später den Donner. Der Schall braucht in der Luft drei Sekunden für einen Kilometer. Wenn zwischen Blitz und Donner neun Sekunden vergehen, war der Blitz drei Kilometer entfernt.

Der Blitz zwischen Wolke und Erde kann für uns gefährlich werden. Der plötzliche Ladungsausgleich erfolgt mit einem kräftigen Blitz in den Erdboden, in einen Baum oder in ein Haus.

3 *Blitz von der Wolke zur Erde*

Erweiterung Elektrische Felder und Feldlinien

In der Umgebung eines elektrisch geladenen Gegenstands beobachten wir Wirkungen auf andere geladene Gegenstände. Sie werden angezogen oder abgestoßen. ▸4–5
Wir sagen: Im *elektrischen Feld* des geladenen Gegenstands werden andere geladene Gegenstände angezogen oder abgestoßen.

Ein kleiner elektrisch geladener Gegenstand bewegt sich in einem elektrischen Feld auf einer bestimmten Bahn. Diese Bahn bezeichnen wir als elektrische Feldlinie.

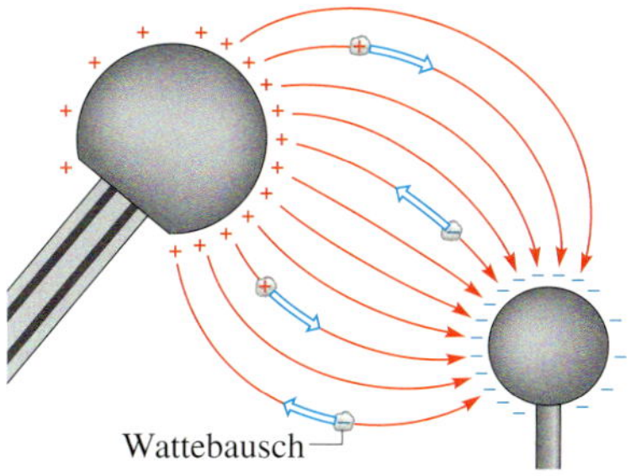

4 *Wattebausch im elektrischen Feld*

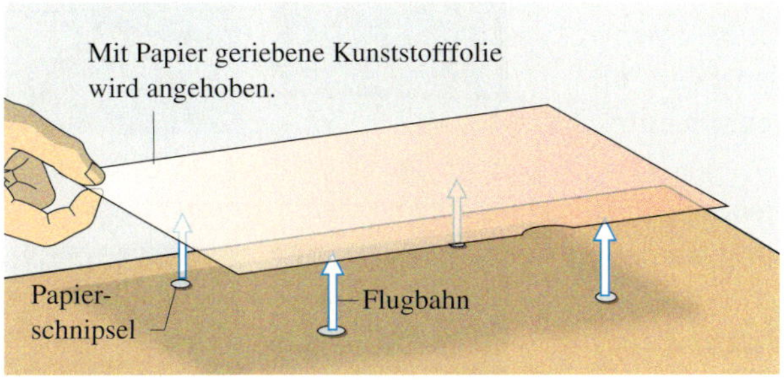

5 *Papierschnipsel im elektrischen Feld*

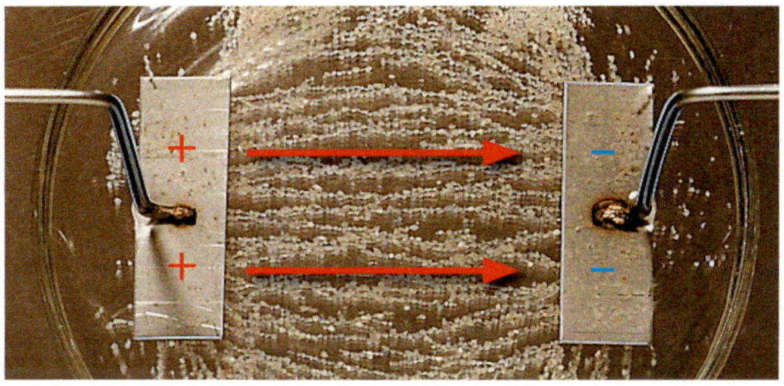
6 *Grießkörner ordnen sich entlang von Feldlinien an.*

Den Verlauf elektrischer Feldlinien können wir mit Grießkörnern darstellen. ▸6 Im elektrischen Feld kommt es zu geringfügigen Ladungsverschiebungen in den Körnern. Sie haben einen positiven und einen negativen Bereich und lagern sich aneinander.
Für elektrische Feldlinien ist eine Richtung vereinbart: Sie beginnen an positiven Ladungen und enden an negativen Ladungen. ▸7 Die Richtung einer Feldlinie entspricht also der Bewegungsrichtung eines kleinen positiv geladenen Gegenstands.
Je dichter die Feldlinien liegen, desto stärker ist das elektrische Feld.

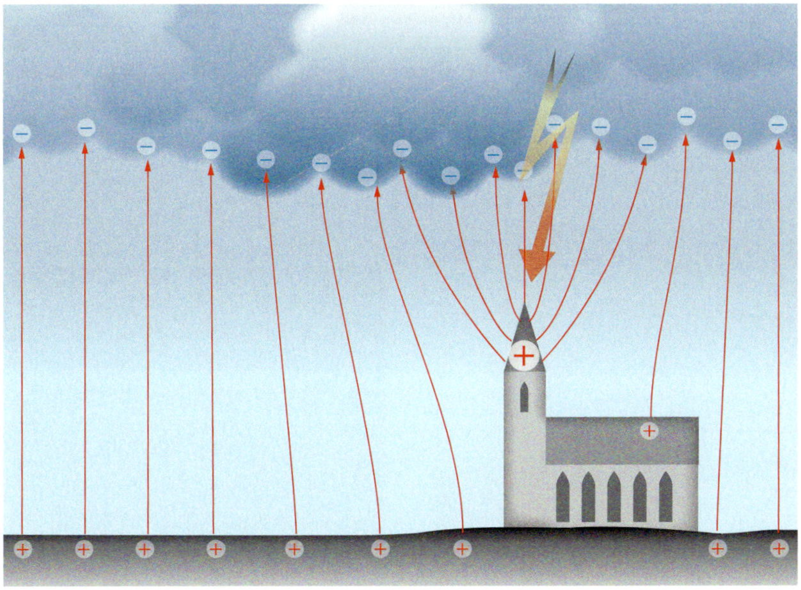
7 *Elektrisches Feld zwischen Erdboden und Gewitterwolke*

Aufgaben

3* Wie kannst du den ungefähren Bereich eines elektrischen Felds einfach bestimmen? Beschreibe einen Versuch.

4* „Meine Haare stehen zu Berge." Was hat dies mit dem elektrischen Feld zu tun?

5* Nenne Beispiele aus Natur und Technik, in denen elektrische Felder vorkommen.
Beschreibe einen Versuch, mit dem du elektrische Feldlinien sichtbar machen kannst.

Aus Natur und Umwelt — Wie du dich vor Blitzschlag schützen kannst

Vom Gewitter kann man unterwegs leicht überrascht werden. Der Donner ist nämlich nur rund 10 km weit gut zu hören. Wenn das Gewitter mit $60 \frac{km}{h}$ näher kommt, bleiben nach dem ersten Donner nur 10 Minuten Zeit. Dann musst du Schutz gefunden haben.
Beim Gewitter solltest du unbedingt die folgenden Regeln beachten:

- Vermeide es, die höchste Erhebung im Gelände zu sein. Fahrradfahren kann lebensgefährlich sein. ▸1
- Suche in freiem Gelände Mulden und tiefer gelegene Wege auf. ▸2
- Im Innern eines Walds mit gleichmäßig hohen Bäumen bist du ziemlich sicher. Vermeide jedoch den Waldrand oder die Nähe besonders hoher Bäume. Hocke dich im Wald mindestens 3 m von Stämmen und Astspitzen entfernt hin. ▸3 Die Hockstellung ist wichtig, damit bei einem nahen Blitzeinschlag keine Ladung vom Erdboden durch den einen Fuß und die Beine zum anderen Fuß fließt. Verzichte auf den Regenschutz unter tief hängenden Ästen.
- Bade nie bei Gewitter in offenem Gewässer! Das Wasser zieht den Blitz zwar nicht an. Aber du bist beim Baden die höchste Erhebung auf der Wasseroberfläche. ▸4
- Sicheren Schutz vor Blitzen bieten alle Räume, die von Metall umschlossen sind: Autos, Schiffe, Gondeln einer Seilbahn oder Eisenbahnwaggons. ▸5
- In nicht geschützten Scheunen, Holz- oder Steinhütten hockt man sich in die Raummitte. ▸6

1 Nicht höchste Erhebung sein!

2 In Mulden hinhocken!

3 Abstand zu Bäumen halten!

4 Bei Gewitter nicht baden!

5 Im Auto bist du sicher!

6 In Hütten in die Mitte hocken!

Blitzableiter Viele Wohnhäuser haben eine Blitzschutzanlage. ▸7 Der geschützte Bereich wird durch eine Fangleitung und kurze Fangstäbe begrenzt. Sie bilden die höchsten Stellen des Hauses und können Blitze „einfangen". Über Ableiter aus 1 cm dickem Metalldraht wird die Ladung des Blitzes zur Erde abgeführt, ohne Schaden anzurichten. Eine gut leitende Verbindung zum Erdreich wird durch den Ringerder hergestellt. Er besteht aus einem 5 cm breiten Metallband. Es wird 1 m tief eingegraben oder in das Fundament eingegossen.
Bei Hochspannungsmasten sind alle Spitzen über eine Fangleitung verbunden. Über die Masten ist sie direkt mit der Erde verbunden. ▸8

Aufgaben

1 Warum solltest du beim Gewitter nie die höchste Erhebung sein? *Tipp:* Siehe „Elektrische Felder und Feldlinien", elektrisches Feld am Kirchturm.

2 Wie schützt der Blitzableiter bei Gewitter? Erkläre es deiner Klasse.

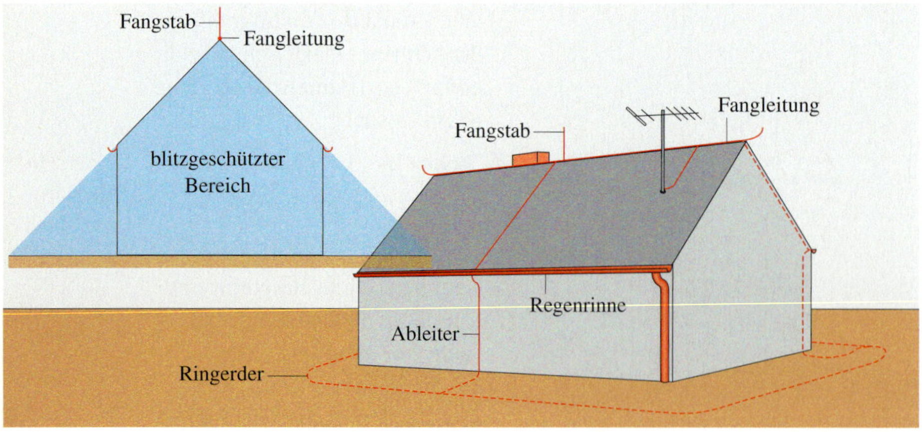

7 *Blitzschutzanlage eines Hauses*

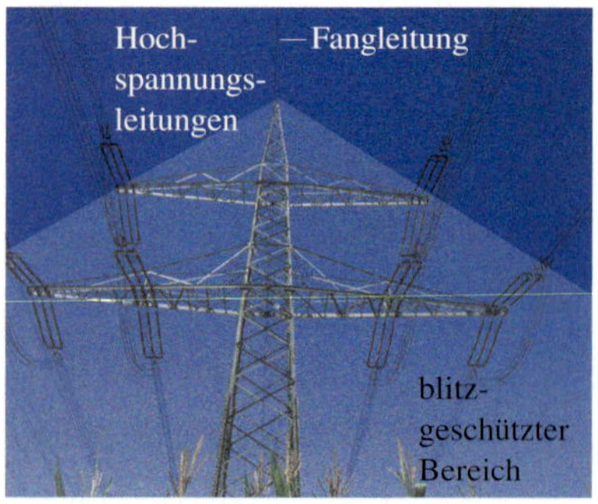

8 *Blitzschutz für Stromleitungen*

Überblick

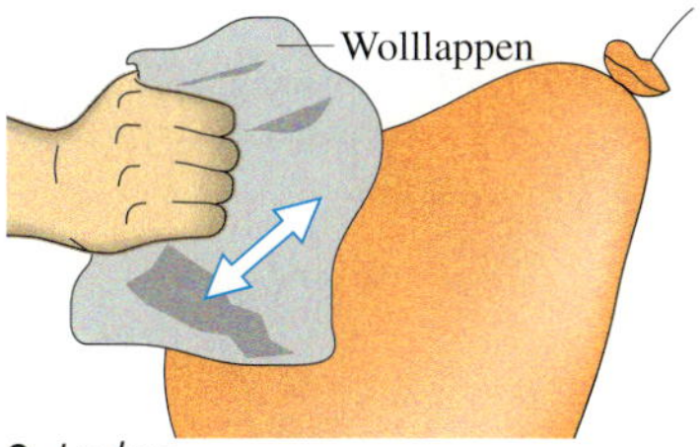

9 *Laden*

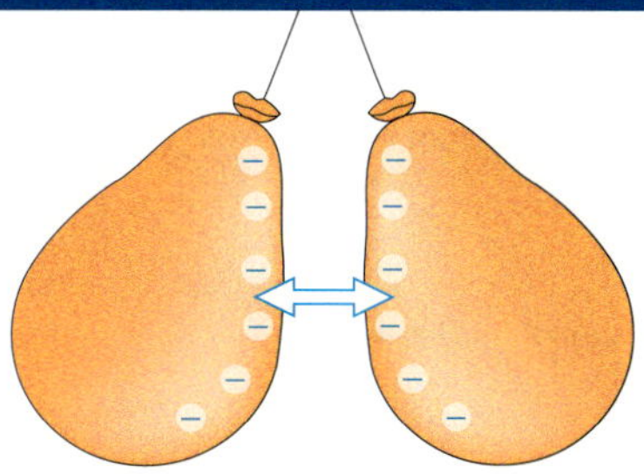
10 *Abstoßung*

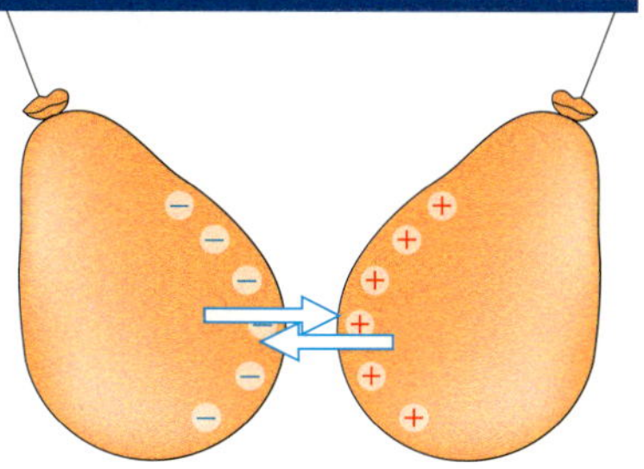
11 *Anziehung*

Laden und Entladen

Wenn man zwei Gegenstände in enge Berührung bringt und dann trennt, können beide elektrisch aufgeladen werden. Der eine Gegenstand ist positiv geladen und der andere negativ.
Gegenstände mit gleicher Ladung stoßen einander ab. Dinge mit ungleicher Ladung ziehen sich an.
Gegenstände aus Metall müssen beim Aufladen isoliert sein, sonst fließt die elektrische Ladung beim Anfassen zur Erde ab.

Neutral – positiv – negativ

Alle Gegenstände sind aus elektrisch positiven und elektrisch negativen Teilchen aufgebaut. Nur die negativen Teilchen können von einem zum anderen Gegenstand übergehen. Wir nennen sie *Elektronen*.
- Sind positive und negative Teilchen in gleicher Menge vorhanden und gleichmäßig verteilt, ist der Gegenstand elektrisch *neutral*.
- Wenn ein Gegenstand Elektronen verliert, überwiegen bei ihm die positiven Teilchen. Er ist *positiv geladen*.
- Nimmt ein Gegenstand Elektronen auf, ist er *negativ geladen*.

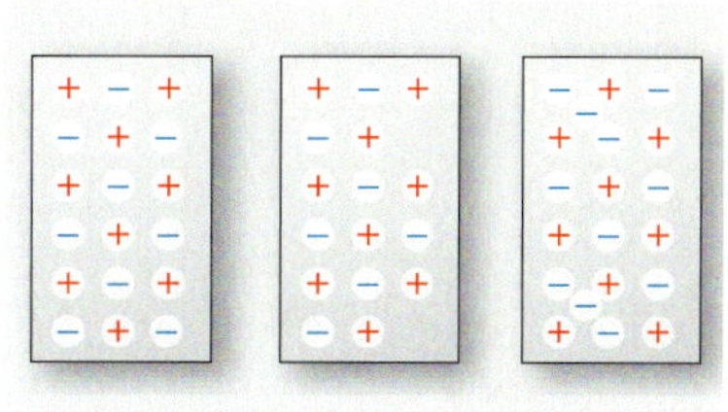
12 *Neutral – positiv – negativ*

Elektrisches Feld

Jeder geladene Gegenstand hat um sich herum ein elektrisches Feld. Andere geladene Gegenstände werden in diesem elektrischen Feld abgestoßen oder angezogen.

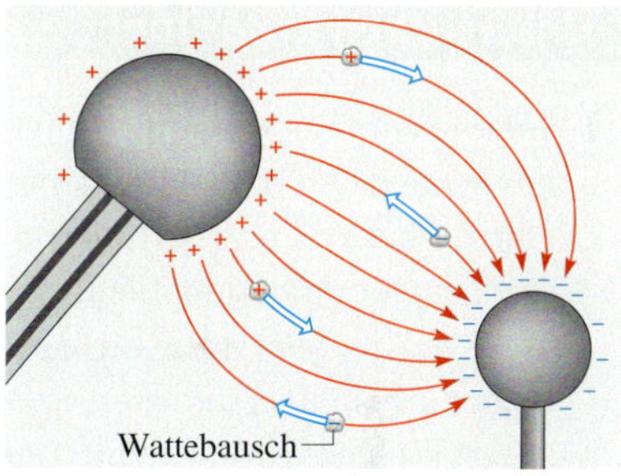

13 *Elektrisches Feld*

Alles klar?

1 Wie unterscheidet sich ein negativ geladener Gegenstand von einem neutralen? Erkläre mit dem Modell.

2 Positive Teilchen können in Gegenständen nicht wandern. Wieso können Dinge trotzdem positiv geladen sein? Erkläre mit dem Modell.

3 Gibt es eine Lampe, die ohne Batterie oder Netzstecker leuchtet? Erkläre, wie sie funktionieren könnte.

4 Beim Ausziehen des Pullovers sieht man manchmal kleine Blitze. Erkläre, wie sie entstehen. Was passiert in dem Moment, wenn du die Blitze im Dunkeln siehst? Erkläre mit dem Modell.

5 Wenn man zwei Gegenstände aneinanderreibt, werden beide elektrisch geladen. Erkläre, was dabei passiert. Ein Modell hilft dir.

6 Beim Berühren von Türklinken bekommt man manchmal einen elektrischen Schlag. Erkläre, was hier vor sich geht.

7 Was ist zu beachten, wenn du draußen von einem Gewitter überrascht wirst? Nenne Regeln.

8* Der Zeiger eines Elektroskops ist ausgeschlagen. Beim Berühren des Tellers geht der Zeiger zurück. Erkläre den Zustand vor und nach dem Berühren.

Elektrische Anlagen

▷ Du testest deine Fahrradbeleuchtung. Welche Energieformen sind hier beteiligt?

1

Untersuchen Experimentieren

1 Energie wird übertragen Schließt die Scheinwerferlampe an einen Fahrraddynamo an. Treibt ihn über eine Kurbel an. Zur Übertragung der Drehbewegung werden Gummibänder benutzt. ▸2
Was stellt ihr fest, wenn die Verbindung zur Lampe beim Kurbeln unterbrochen wird?
Bringt mehrere Lampen zum Leuchten. Welchen Unterschied stellt ihr fest?

2 Energie wird spürbar Elektrische Energie gibt es nicht umsonst. Das könnt ihr mit einem Handgenerator erleben.
Versucht eine Lampe zum Leuchten zu bringen. ▸3
Verwendet auch die Scheinwerferlampe vom Auto.
Schließt eine kleine Akkubohrmaschine an den Handgenerator an. Bohrt ein Loch in ein Brett.

3* Wasserkochen per Handbetrieb Wickelt ein 20 cm langes Drahtstück (Chromnickel, Durchmesser 0,4 mm) auf eine Kugelschreibermine. Die entstehende Wendel dient als „Tauchsieder". ▸4
Um wie viel Grad Celsius könnt ihr 50 cm^3 Wasser innerhalb von 5 Minuten erwärmen?
Wie lange würde es dauern, bis das Wasser siedet?
Wie viele Menschen müssten kurbeln, um in dieser Zeit 1 Liter Wasser zum Kochen zu bringen?

2 *Fahrraddynamo*

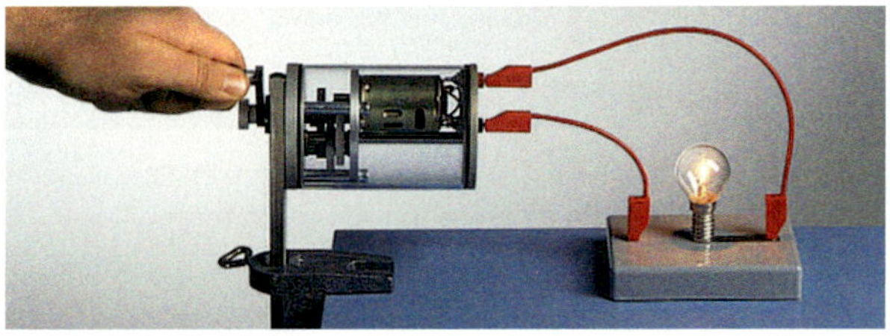

3 *Handgenerator*

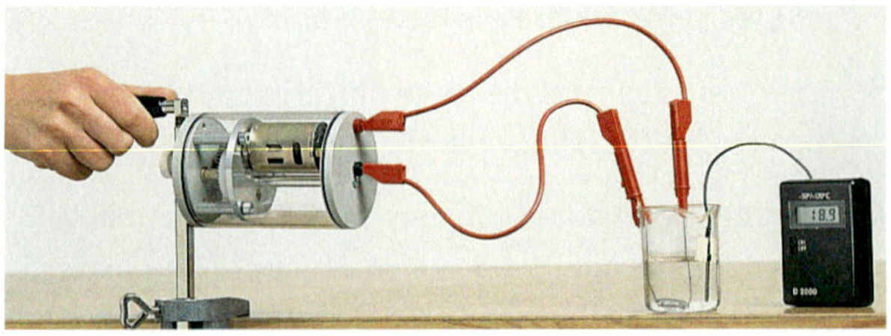

4 *Handgenerator mit Tauchsieder*

Grundlagen Elektrische Anlagen übertragen Energie

119–1 Bilderserie Elektrische Energiewandler

Mit elektrischer Energie können wir Wasser kochen, Kuchenteig rühren oder ein Zimmer beleuchten. Diese Vorgänge erfordern Energie in verschiedenen Formen: Wärme zum Heizen, Bewegungsenergie zum Rühren und Strahlungsenergie zum Beleuchten. Woher kommt die Energie, die Elektrogeräte abgeben?
Herd, Mixer und Lampen erhalten über ihre Anschlussleitungen elektrische Energie. Sie stammt aus *elektrischen Energiequellen* – z. B. von Generatoren in Kraftwerken, aus Batterien oder Solarzellen. ▸5
Den elektrischen Energiequellen muss ebenfalls Energie zugeführt werden, allerdings keine elektrische.
Elektrische Energiequellen und Elektrogeräte wandeln eine Energieform in eine andere um. Sie sind *Energiewandler.* Diese Umwandlung geschieht in einer *elektrischen Anlage.*

Eine elektrische Anlage besteht aus drei Teilen:
- **Die elektrische Energiequelle gewinnt elektrische Energie aus einer anderen Energieform.**
- **Leitungen (z. B. Kupferdrähte) übertragen elektrische Energie.**
- **Das elektrische Gerät wandelt die elektrische Energie in die gewünschte Energieform um.**

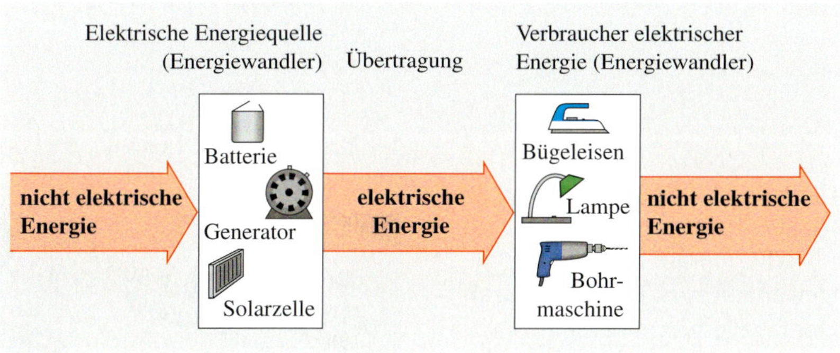

5 *Elektrische Anlage*

Elektrische Anlagen sind ein Beispiel für Systeme, mit denen wir Energie übertragen und umwandeln.

Aufgaben

1 Nenne die Bestandteile einer elektrischen Anlage.

2 Nenne drei Elektrogeräte. Beschreibe, in welche Energieformen sie die elektrische Energie umwandeln. Fertige dazu jeweils eine passende Zeichnung an.

3 Welche Energieformen wandeln Generator, Solarzelle oder Batterie in elektrische Energie um?

4 Im Auto erzeugt die Lichtmaschine elektrische Energie.
a Woher bekommt dieser Generator die nötige Energie?
b Welche Verbraucher gibt es im Auto? In welche Energieformen wandeln sie elektrische Energie um? Zeichne für ein Beispiel eine Energieumwandlungskette. ▸5

5 Die Fahrradbeleuchtung ist eine elektrische Anlage. Nenne die Bestandteile und die beteiligten Energieformen.

6* Elektrogeräte werden als „Verbraucher“ bezeichnet. Findest du die Bezeichnung sinnvoll? Überlege: Was verschwindet? Was entsteht? Nenne andere Vorgänge, bei denen von Verbrauch die Rede ist.

„Power" – gemessen in Watt

▷ Der Begriff *Strom* kommt im Alltag oft vor. Lies die Meldungen. Beschreibe, was jeweils gemeint ist.

Je kälter, desto mehr Strom

Im Kühlschrank reicht normalerweise eine Temperatur von 7 °C aus. Wird der Thermostat auf 5 °C gestellt, verbraucht der Kühlschrank gleich 15 Prozent mehr Strom.

Gut geplant und schon gespart

Energieeinsparung beginnt bei der Planung. Um z. B. einen Büroraum zu beleuchten, würde der Strombedarf für Glühlampen ca. 30 Watt pro m^2 betragen. Werden Leuchtstofflampen verwendet, verringert sich dieser …

Strom und Wärme aus Altholz

Seit 2011 läuft die deutschlandweit größte Anlage zur energetischen Nutzung von Altholz. 120 000 t Altholz können jährlich im Heizkraftwerk in Strom und Wärme umgewandelt werden.

Stromverbrauch schwankt nur noch wenig

Die Anforderungen der Verbraucher an die Kraftwerke bleiben von 8 bis 18 Uhr fast auf Höchstlastniveau. Nur nachts geht der Stromverbrauch ein wenig zurück.

1

Beobachten Experimentieren

1 Angaben auf Geräten Auf jedem Elektrogerät ist eine „Wattzahl" angegeben. Sie ist ein Maß für die elektrische Energie, die pro Sekunde in das Gerät hineinfließt und dort umgewandelt wird. Lest die Wattzahl von einigen Geräten ab. Stellt sie in einer Tabelle zusammen. ▸2

2 Elektrogeräte mit unterschiedlicher Wirkung Vergleicht die Wirkung gleichartiger Geräte mit unterschiedlicher Wattzahl. Gebt jeweils an, wie sich die größere Wattzahl auswirkt.

a Ermittelt die Wattzahlen verschiedener Haushaltslampen. Stellt Wattzahl und Wirkung der Lampen in einer Tabelle gegenüber.

b Untersucht die Wirkung verschiedener Haartrockner.

c Ermittelt die Wattzahl von Hi-Fi-Verstärkern, Heizlüftern, Infrarotlampen, Kaffeemaschinen, Mikrowellengeräten …

3 Wasserkochen möglichst schnell Ein halber Liter Wasser wird mit einem 1000-Watt-Tauchsieder zum Sieden gebracht. Wievielmal so lange dauert es wohl mit einem 300-Watt-Tauchsieder? Überprüft es.

4 Leistung messen Ermittelt die Wattzahl verschiedener Elektrogeräte mit einem speziellen Messgerät. ▸3 Dokumentiert eure Ergebnisse in übersichtlicher Form.

a Computer im Betrieb und im Energiesparmodus

b Fernsehgerät im Stand-by-Betrieb

c Drucker beim Ausdrucken und im Stand-by-Betrieb

2 *Wattzahl eines Mikrowellenherds*

3 *Messen der Wattzahl*

Grundlagen Leistung und strömende Energie

Die Wattzahl auf Elektrogeräten gibt an, wie groß ihre *Leistung* ist. Sie ist umso größer, je mehr elektrische Energie pro Sekunde in das Gerät hineinfließt und von ihm umgewandelt wird.
Beispiel: Tauchsieder wandeln elektrische Energie in Wärme um. Ein Tauchsieder mit 1000 Watt Leistung wandelt pro Sekunde mehr als dreimal so viel Energie um wie einer mit 300 Watt. Er erzeugt also viel mehr Wärme pro Sekunde. Deshalb sieden 0,5 Liter Wasser bei 1000 W schon in 3 Minuten, bei 300 W erst in 10 Minuten. ▸4 Wie viel Energie pro Sekunde zugeführt und umgewandelt wird, stellen wir in der Zeichnung durch die verschieden dicken Pfeile dar.

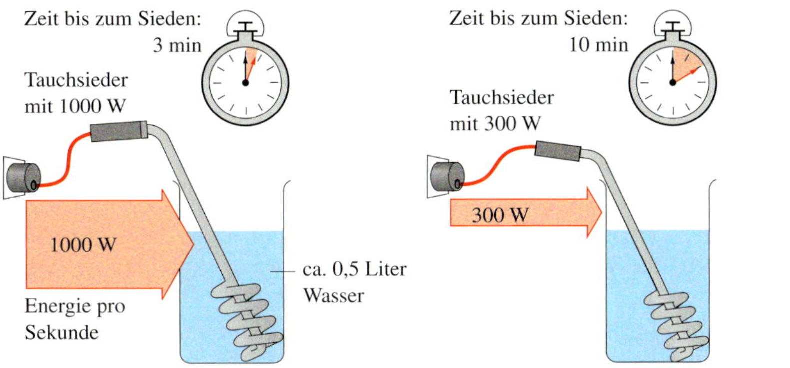

4 *Leistung und strömende Energie bei zwei Tauchsiedern*

In elektrischen Anlagen strömt Energie von der Quelle zum Verbraucher. Im Alltag meinen wir meist diesen Energiestrom, wenn wir von „Strom“ sprechen.
Die Leistung *P* (engl. *power*) gibt an, wie viel Energie ein Elektrogerät pro Sekunde umwandelt. Genauso viel Energie muss pro Sekunde zum Gerät hinströmen. ▸5
Die Leistung wird in Watt (W) gemessen.

Kleine Leistungen gibt man in Milliwatt (mW) an, große in Kilowatt (kW) oder Megawatt (MW):
1 mW = 0,001 W; 1 kW = 1000 W; 1 MW = 1000 kW = 1 000 000 W.

Aufgaben

1 Der Mixer braucht einen *Strom* von 300 Watt. Was ist damit gemeint?

2 Zeichne den Energiestrom (Pfeile):
- für eine 8-Watt- und eine 40-Watt-Lampe
- für einen 600-Watt- und einen 1200-Watt-Haartrockner

3 Gib die Leistung in Watt an: 2,5 kW; 75 kW; 1,2 MW; 50 mW.

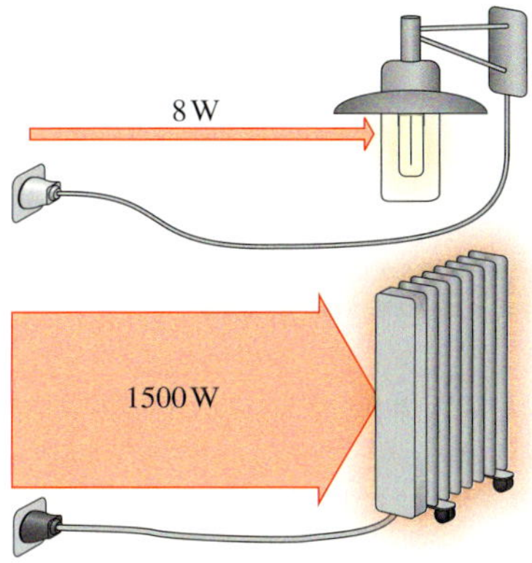

5

Aus der Technik Elektrische Geräte und ihre Leistung

Gerät	Leistung
Taschenlampe	300 mW
Fahrradlampe	3 W
Autolampe	60 W
Fernseher	100 W
Plasmabildschirm	400 W
Bügeleisen	1 kW
Elektroherd	7 kW

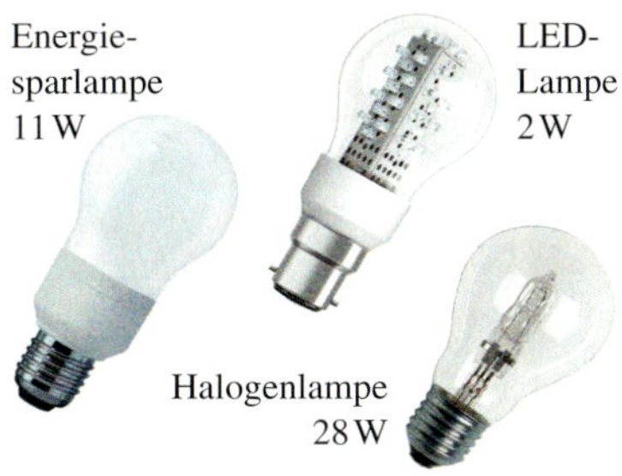

6 *Leistungen von Lampen*

Energietransport durch Kreisläufe

▷ Wie wird bei der Motorsäge und bei der Dampfmaschine die Energie übertragen? Erkennst du Gemeinsamkeiten? ▸1–2

1 *Waldarbeiter mit Kettensäge*

2 *Dampfmaschine mit Dynamo*

Experimentieren

1 Kreislauf sichtbar gemacht Ein wassergefülltes Rohr wird erhitzt. ▸3

a Vermutet, was geschehen wird.

b Wo wird die Energie zugeführt? Wo wird die Energie abgeführt?

c Benennt Energiequelle, Übertragungsteil und Verbraucher.

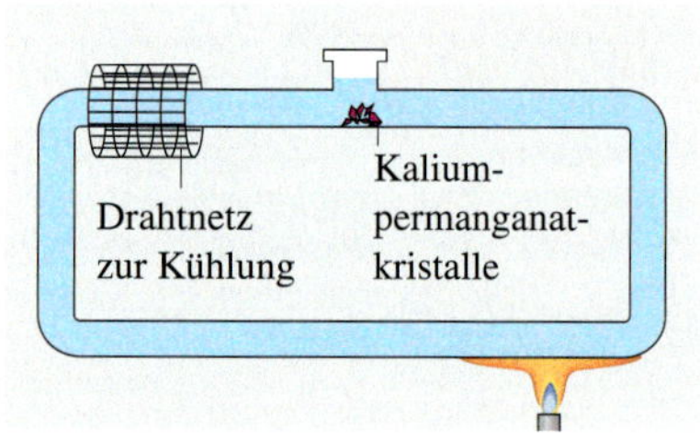

3 *Energietransport mit Wasser*

2 Mechanische und elektrische Kreisläufe Energie kann mechanisch oder elektrisch übertragen werden. In beiden Fällen nutzt man Kreisläufe.

a Mit zwei Riemenscheiben und einem Riemen kann man Energie mechanisch übertragen. ▸4

b Ersetzt die Riemenscheiben durch einen Handgenerator und einen Motor. Die Energie wird jetzt elektrisch übertragen. ▸5

c Benennt jeweils Energiequelle, Übertragungsteil und Verbraucher.

d Welche Energieumwandlungen sind zu erkennen?

e Beschreibt Gemeinsamkeiten und Unterschiede beider Anlagen.

3* Vom Kraftwerk in den Haushalt Heute wird ein großer Teil der Energie elektrisch übertragen.

a Baut die Energieübertragung vom Kraftwerk zum Verbraucher nach. ▸2 Eine Dampfmaschine stellt das Kraftwerk dar. Die Kabel vom Generator (Dynamo) zur Lampe entsprechen den Überlandleitungen.

b Nennt die Energieformen, die Energiewandler und die Energieumwandlungen.

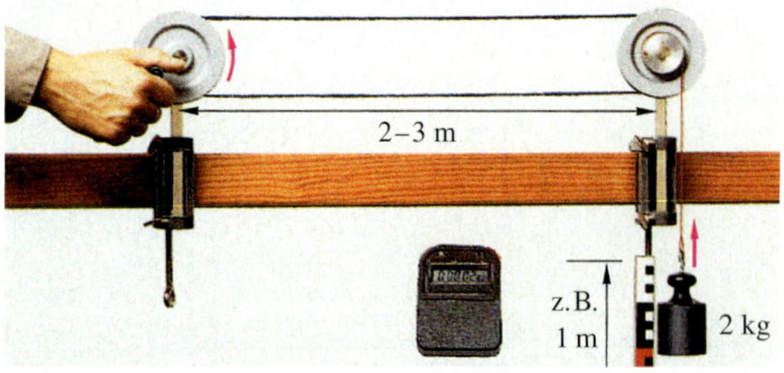

4 *Mechanische Energieübertragung*

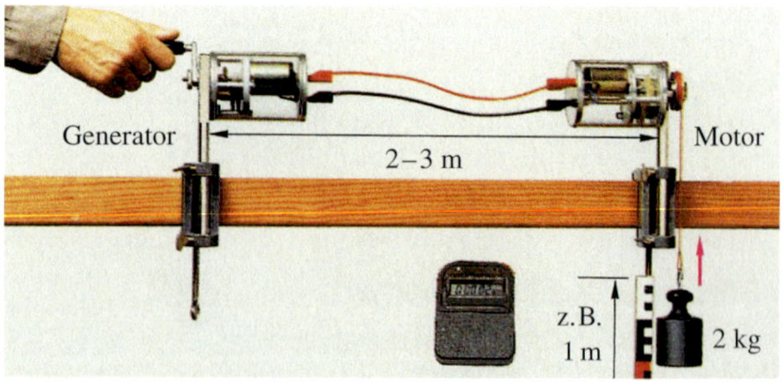

5 *Elektrische Energieübertragung*

Grundlagen Kreislauf von Elektronen

Energie wird oft dadurch übertragen, dass sich etwas im Kreis bewegt. Das kann Wasser sein, ein Riemen oder eine Kette. Bei der elektrischen Energieübertragung ist von einem Kreislauf nichts zu sehen. Nach unseren *Vorstellungen* bewegt sich jedoch in den Leitern etwas im Kreis.
Alle Stoffe bestehen aus elektrisch positiven und negativen Teilchen. In Metallen ist ein Teil der negativen Teilchen (Elektronen) frei beweglich. Die positiven Teilchen sind an ihre Plätze gebunden.

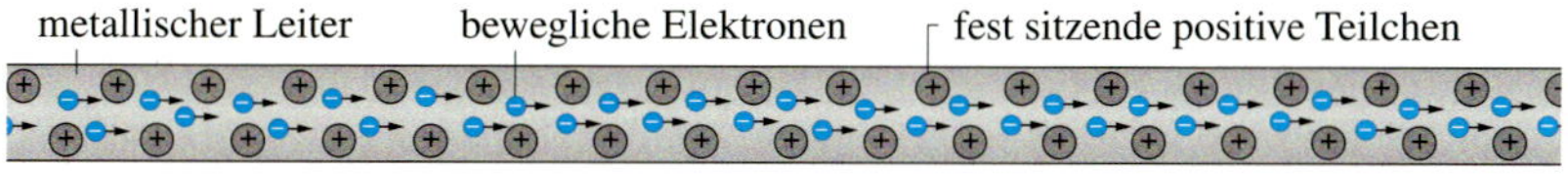

6 *Elektronenbewegung im Draht*

Wenn die Elektronen verschoben werden, führen sie ihre elektrische Ladung mit. ▸6 Die Elektronenbewegung kannst du dir vorstellen wie bei einer Fahrradkette: Ein Kettenglied wird nur bewegt, wenn man die ganze Kette bewegt. Die Kettenglieder werden vom Antriebsrad angeschoben. Durch den Kreislauf der Kette wird Energie übertragen.
Im elektrischen Stromkreis bewegen sich keine Kettenglieder, sondern Elektronen. Wie die Kettenglieder verschieben sich alle beweglichen Elektronen im Metalldraht gleichzeitig. Mit ihnen bewegt sich elektrische Ladung mit und bildet einen Kreislauf. Elektrische Energiequellen „schieben" die beweglichen Elektronen im Kreis herum. ▸7

Wenn elektrische Ladung durch Elektronen transportiert wird, spricht man von einem Elektronenstrom oder Ladungsstrom.

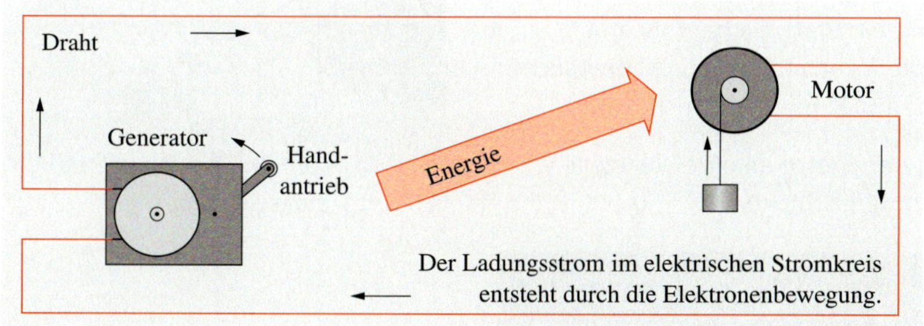

7 *Energietransport mit Stromkreis*

123-1 Simulation Elektronenstrom – Energiestrom
Simulation Handgenerator im Stromkreis

Aus der Technik

Weitere Kreisläufe

Damit dein Zimmer im Winter warm ist, muss dem Heizkörper Wärme zugeführt werden. Durch den Kreislauf des Heizungswassers wird die Energie vom Kessel in den Heizkörper transportiert. ▸8

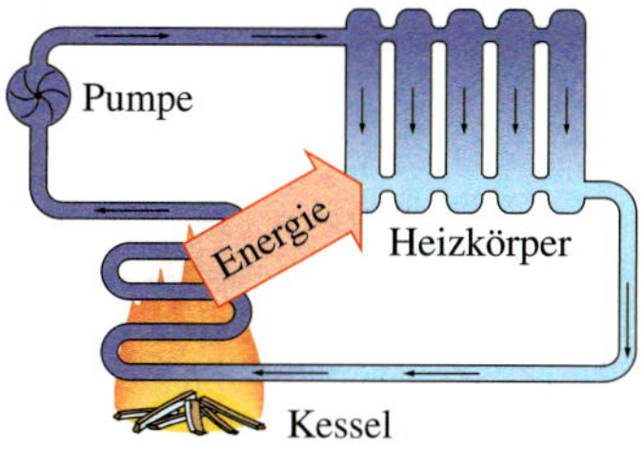

8 *Heizung*

Bei einer Kettensäge läuft eine Kette im Kreis. Sie transportiert Energie vom Motor zum Baumstamm. Beim Spinnrad läuft ein Riemen im Kreis. Durch den Kreislauf wird Energie vom Antriebsrad zur Schnurrolle transportiert. ▸9

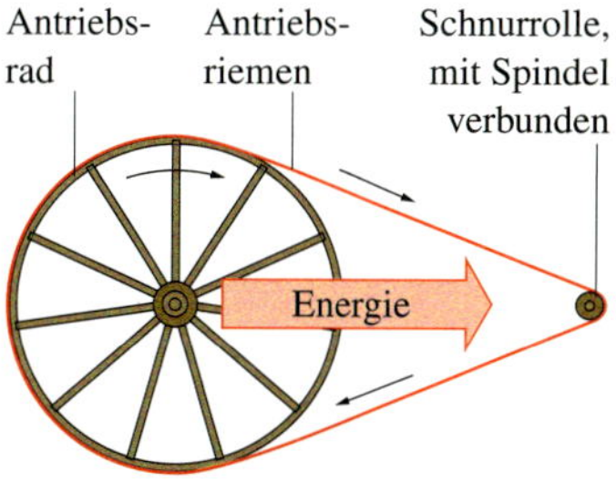

9 *Spinnrad*

Aufgaben

1 Man spricht von einem elektrischen Strom„kreis". Was strömt im Kreis herum? Wozu dient der Kreislauf?

2 In den Abbildungen siehst du Kreisläufe zur Energieübertragung. ▸7–9
a Beschreibe die Aufgaben der verschiedenen Teile.
b Benenne Energiequelle, Übertragungsteil und „Verbraucher" in den Kreisläufen.
c „Es gibt keinen Energiekreislauf." Erläutere diese Aussage für die Abbildungen.

3 Eine Fahrradkette, eine Warmwasserheizung und ein elektrischer Stromkreis haben Gemeinsamkeiten und Unterschiede. Stelle sie in einer Tabelle gegenüber.

4* Elektronen bewegen sich in einem Leiter ungefähr mit 1 mm pro Sekunde.
a Zeichne mit dieser Geschwindigkeit einen 3 cm langen Bleistiftstrich. Wie lange dauert es?
b Trotz der geringen Elektronengeschwindigkeit läuft der Mixer gleich nach dem Einschalten. Erkläre!

Erweiterung: Wie man Elektronen antreiben kann

▷ Beim Dynamo dreht sich ein Magnet in einer Spule. Eine Batteriezelle besteht aus zwei elektrischen Leitern mit feuchtem Pulver dazwischen.

▷ Kennst du noch weitere elektrische Energiequellen?

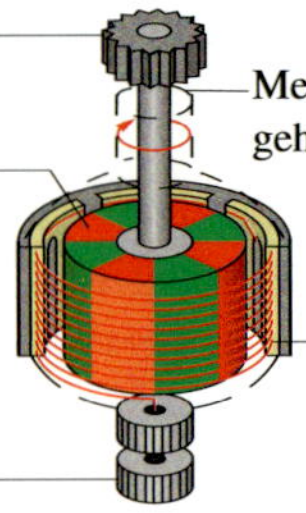

1 *Dynamo*

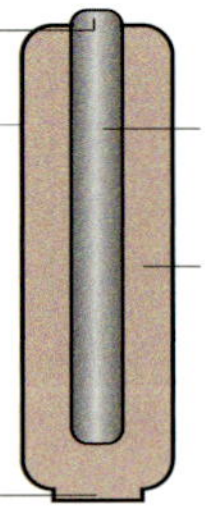

2 *Batteriezelle*

Untersuchen Experimentieren

Führt die Versuche in Gruppen durch. Es wird ein empfindlicher „Mikromotor" benötigt. Überlegt jeweils, aus welcher Energieform die elektrische Energie erzeugt wird. Stellt euch die Experimente gegenseitig vor.

1 Elektrische Energie aus der Flamme Knotet zwei Drähte aus Kupfer und Konstantan an einem Ende zusammen. An die freien Enden wird der Mikromotor angeschlossen. Erhitzt den Knoten dieses Thermoelements bis zur Rotglut. ▸3

2 Elektrische Energie aus Bewegung – das Dynamoprinzip Wickelt auf ein Glasröhrchen 50 Windungen Kupferlackdraht (0,3 mm ∅). Kratzt die Drahtenden blank. Verbindet sie mit dem Motor. ▸4 Stoßt einen Magneten schnell in die Spule und zieht ihn ruckartig heraus.

3 Elektrische Energie aus Zitronen Tränkt ein Blatt Küchenrolle mit Zitronensaft. Legt es zwischen ein Kupfer- und ein Zinkblech. Die Bleche dürfen sich nicht berühren. Schließt den Motor an die Bleche an. ▸5

4 Elektrische Energie aus Licht Schließt den Motor an eine Solarzelle an. Beleuchtet sie oder haltet sie in das Sonnenlicht. ▸6

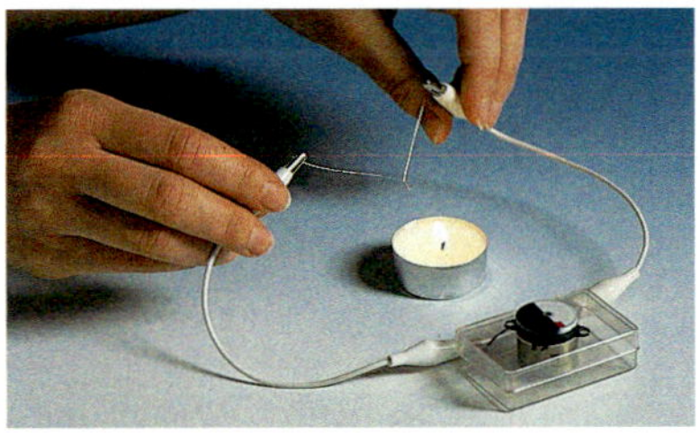

3 *Thermoelement*

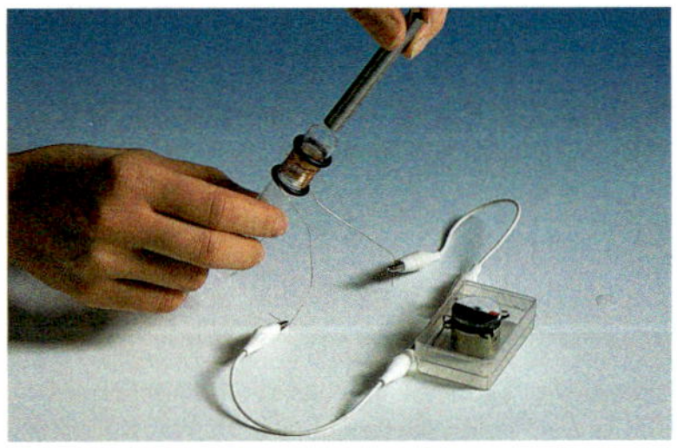

4 *Prinzip eines Dynamos*

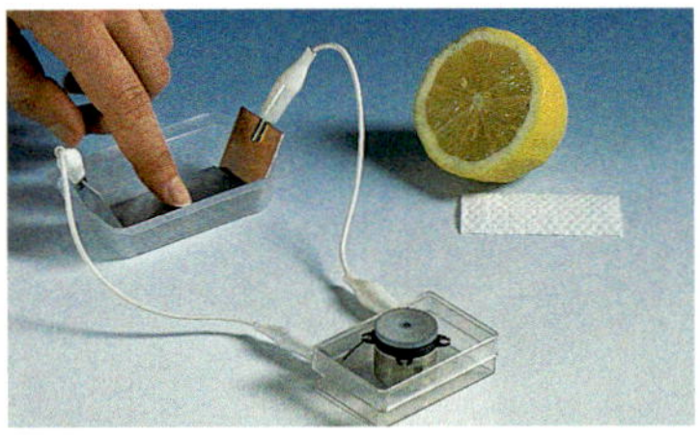

5 *Kupfer-Zink-Batterie*

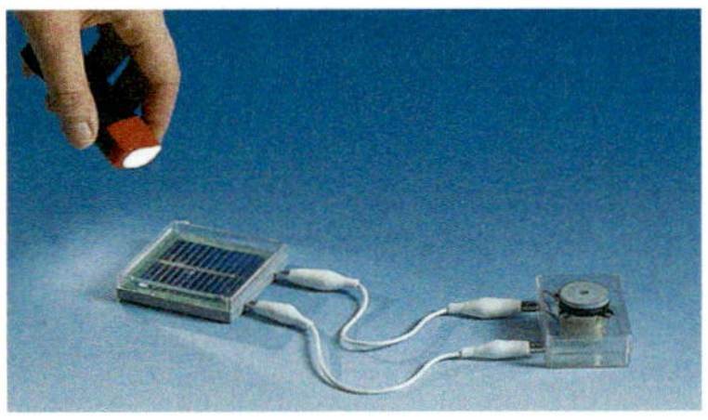

6 *Solarzellen*

Grundlagen Elektrische Energiequellen

Elektrische Energiequellen setzen Elektronen in Bewegung und erzeugen so einen Elektronenstrom. Die dafür erforderliche Energie wandeln die elektrischen Energiequellen aus anderen Energieformen um.
Eine der ersten elektrischen Energiequellen war so ähnlich aufgebaut wie die Kupfer-Zink-Batterie. ▸5 Man nennt sie nach ihrem Erfinder „Voltazelle".

124–1 Bilderserie Elektrische Energiequellen

Überblick

Transport elektrischer Energie durch den Kreislauf der Elektronen
In Haushalt und Industrie erleichtern uns elektrische Geräte viele Aufgaben. Elektrische Anlagen wandeln Energie um und übertragen sie zum Verbraucher:
- In der Energiequelle wird elektrische Energie aus anderen Energieformen erzeugt.
- Im Verbraucher wird die elektrische Energie in eine andere Energieform umgewandelt.
- Die Übertragung elektrischer Energie kann man mit der Energieübertragung durch einen umlaufenden Riemen oder eine Kette vergleichen.

Im elektrischen Stromkreis wird die Energie durch den Kreislauf von Elektronen übertragen.

Energie strömt
Im Stromkreis wird durch den Kreislauf der Elektronen (Elektronenstrom) elektrische Energie von der Energiequelle zum Verbraucher übertragen. Die Wattzahl des Verbrauchers gibt an, wie viel Energie er pro Sekunde umwandelt. Sie ist ein Maß für seine Leistung.
In jeder Sekunde muss so viel Energie strömen, wie der Verbraucher umwandelt.

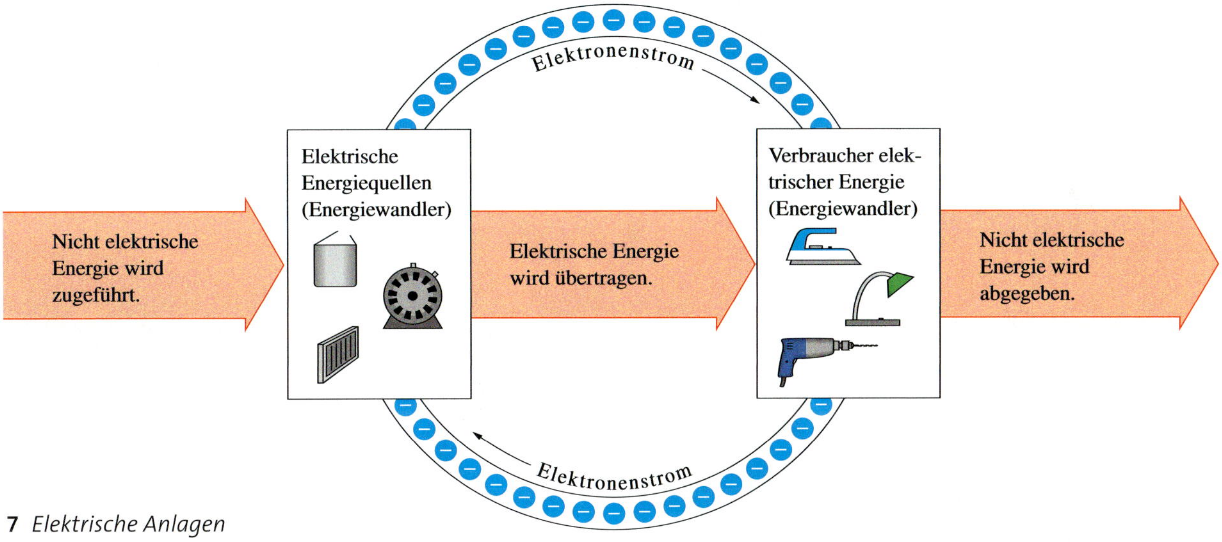

7 *Elektrische Anlagen*

Alles klar?

1 Nenne Elektrogeräte aus dem Haushalt. Gib jeweils an, welche Aufgaben sie erfüllen und in welcher Form sie Energie abgeben.

2 Alle elektrischen Anlagen bestehen aus drei wichtigen Teilen. Wie heißen sie und welche Aufgaben haben sie?

3 Zeichne Pfeile für den Energiestrom in einem Stromkreis mit einer 6-Watt-Lampe und mit einer 3-Watt-Lampe.

4 Eine elektrische Anlage kann man mit dem „Kreislauf" in einer Warmwasserheizung vergleichen. Stelle die wichtigen Teile dieser Energieübertragungsanlagen in einer Tabelle einander gegenüber. Beschreibe ihre Aufgaben.

5 „Die Energie strömt niemals im Kreis." Warum spricht man trotzdem vom Stromkreis?

Ströme und ihre Messung

Verschiedene Ströme

▷ Beschreibe, was jeweils „strömt“.

▷ Welches Bild stellt keinen Strom dar? Begründe deine Auswahl.

1

3

5

2

4

6

Beobachten Untersuchen

1 Verschiedene Ströme im Alltag Sucht nach Strömen, die in eurer Umgebung vorkommen. Wie könntet ihr gleichartige Ströme vergleichen und messen?

2 Bilden Ameisen immer Ströme? Warum kann man bei dem Gewimmel in einem Ameisenhaufen nicht von „Strom“ sprechen? Eine Ameisenstraße dagegen stellt einen Strom dar. Erklärt den Unterschied.

3 Ströme unterscheiden In den Bildern ▸**3–4** und den Bildern ▸**5–6** strömt jeweils das Gleiche. Welche Unterschiede gibt es?

4 Wir messen und vergleichen Wasserströme

a Öffnet den Wasserhahn nur wenig. Messt, wie viel Wasser innerhalb von 10 s ausströmt. Berechnet, wie viel Wasser pro Sekunde fließt. ▸**7**

b Öffnet den Hahn stärker und messt, wie viel Wasser in 5 s ausströmt. Berechnet, wie viel Wasser pro Sekunde fließt.

c Welche Einheit kann man zum Vergleich der Ströme benutzen?

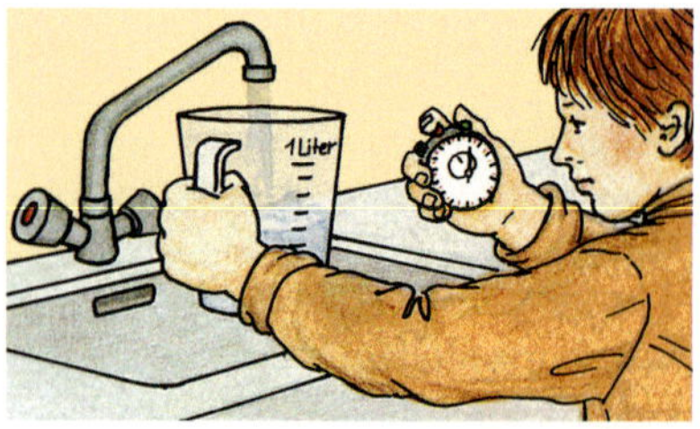

7 *Wasserströme messen*

Grundlagen Wie Ströme gemessen und berechnet werden

Ströme Wir sprechen von einem Strom, wenn sich eine „Menge“ in eine Richtung bewegt. Wie groß ist z. B. ein Wasserstrom? Man kann das Volumen des Wassers messen, das in einer bestimmten Zeit aus dem Hahn strömt. ▸8 Den Wasserstrom berechnet man dann so:

$$\text{Wasserstrom} = \frac{\text{Volumen des Wassers}}{\text{Zeit}}.$$

Bei einem Menschenstrom muss man die Menschen zählen, die in einer bestimmten Zeit an der Zählstelle vorbeikommen:

$$\text{Menschenstrom} = \frac{\text{Anzahl der Menschen}}{\text{Zeit}}.$$

In einem Stromkreis bewegen sich Elektronen durch die Leiter. Jedes Elektron transportiert eine unveränderliche Menge elektrischer Ladung. Um den Elektronenstrom zu messen, müsste man Elektronen zählen:

$$\text{Elektronenstrom} = \frac{\text{Anzahl der Elektronen}}{\text{Zeit}}.$$

Die Elektronen sind jedoch nicht zu sehen. Ihre Anzahl ist unvorstellbar groß. Wie groß ein elektrischer Strom ist, kann man nur indirekt bestimmen. Man misst, wie stark der elektrische Strom an einer bestimmten Stelle im Stromkreis wirkt. Dazu gibt es spezielle Messgeräte.

Um einen Elektronenstrom (Ladungsstrom) zu messen, müsste man die Anzahl der Elektronen bestimmen, die in einer bestimmten Zeit an der Zählstelle vorbeikommen. Man bestimmt dies nur indirekt, indem man die magnetische Wirkung oder die Wärmewirkung des Elektronenstroms nutzt.

127-1 Simulation Ströme messen – Elektronen zählen

Ein Spiel hilft verstehen Die Klasse stellt sich im Kreis auf. Jeder erhält einen Tennisball. ▸9 Ihr seid ein Modell des Stromkreises und stellt die Atome dar. Der Tennisball symbolisiert ein frei bewegliches Elektron. Eine Person wird als Energiequelle bestimmt. Sie „schiebt“ die Elektronen an, indem sie ihren Ball an den Nachbarn weitergibt. Alle geben die Bälle gleichzeitig weiter. Eine zweite Person spielt den „Verbraucher“. Sie gibt einen Ton von sich, wenn ein „Elektron“ vorbeikommt.
Ihr könnt das Modell erweitern: Eine Messstelle ermittelt, wie groß der Strom ist. Ihr könnt große und kleine Elektronenströme darstellen …

9 *Modell des elektrischen Stromkreises*

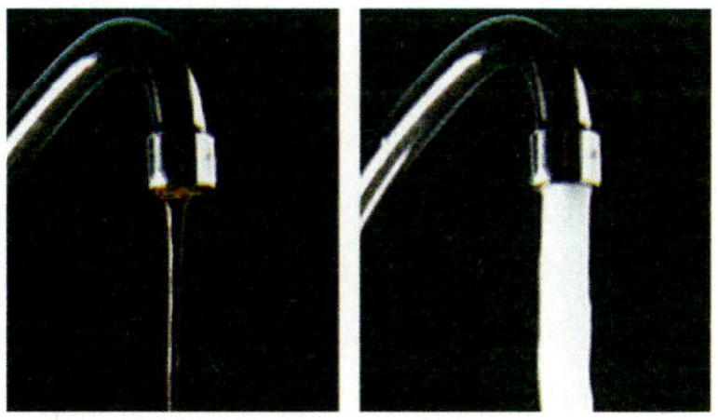

8 *Kleiner Wasserstrom – großer Wasserstrom*

Aufgaben

1 Bei welcher Quelle ist der Wasserstrom größer?
- Aus der ersten Quelle strömen in 12 Sekunden 600 Liter Wasser.
- Aus der zweiten Quelle strömen 720 Liter in 15 Sekunden.

2 In 1 cm^3 Kupfer befinden sich immer gleich viele frei bewegliche Elektronen. Ihre Anzahl ist unveränderlich.
Zwei Kupferdrähte sind gleich dick. Die Elektronenströme in den Drähten sind aber unterschiedlich. ▸10–11
Was ändert sich an der Elektronenbewegung, wenn der Strom in einem Draht größer wird?

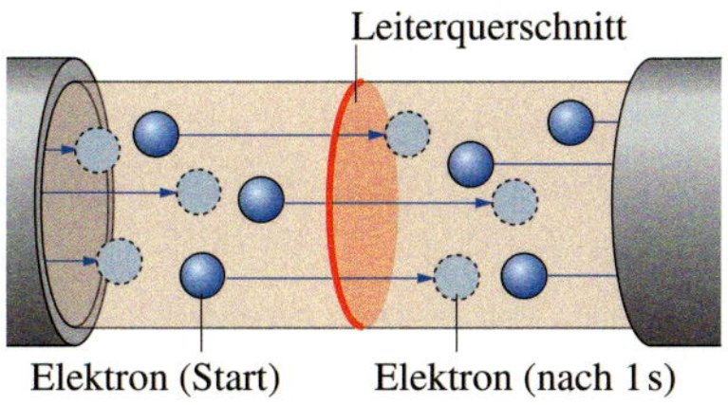

10 *Großer Elektronenstrom*

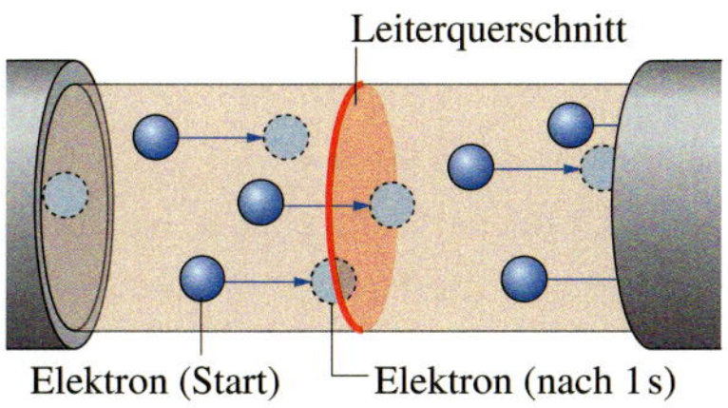

11 *Kleiner Elektronenstrom*

Wie macht man Unsichtbares messbar?

▷ Im Jahr 1820 entdeckte der dänische Physiker *Hans Christian Oersted* (1777–1851) etwas Überraschendes. Eine Kompassnadel befand sich in der Nähe eines elektrischen Leiters. Sie wurde immer dann abgelenkt, wenn der elektrische Stromkreis geschlossen war. Wie konnte das sein?

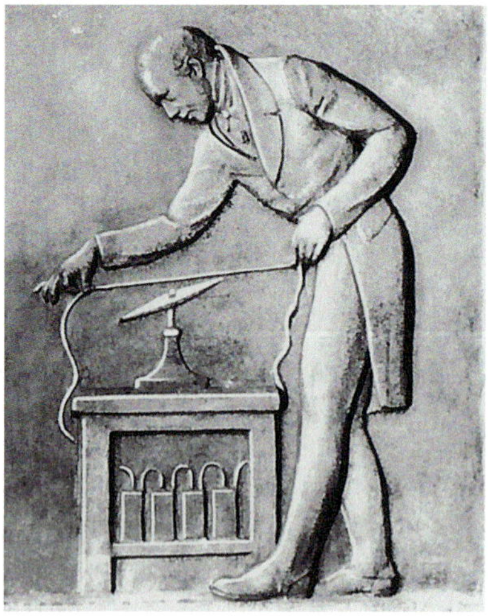

1 *Oersteds Versuch*

Grundlagen Die magnetische Wirkung und erste Strommesser

Die Elektronen in einem Leiter sind unsichtbar. Wir können sie nicht abzählen. Man kennt jedoch unterschiedliche Wirkungen des elektrischen Stroms. Sie werden von der bewegten elektrischen Ladung hervorgerufen. *Oersted* beobachtete die magnetische Wirkung des Stroms. ▸1
Diese Entdeckung wurde bald zur Strommessung genutzt. ▸2
Elektrischer Strom übt eine Kraft auf eine Magnetnadel aus. Sie ist umso größer, je größer der Elektronenstrom ist. Noch heute sprechen wir von der „Stärke" des elektrischen Stroms. Dabei stellen wir uns aber keine Kraft vor, sondern denken an die „Elektronenzahl pro Sekunde".

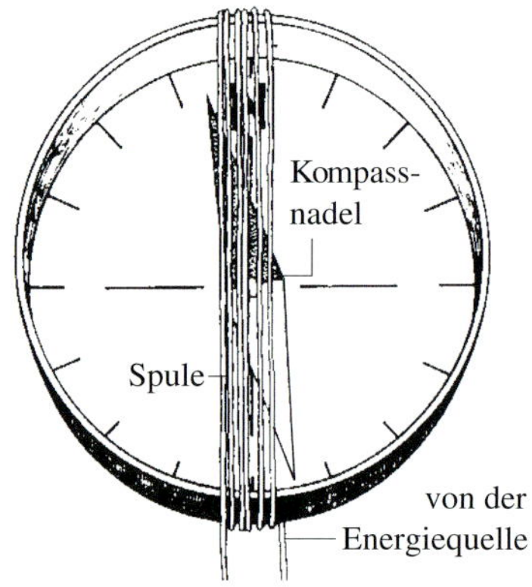

2 *Früher Strommesser*

Experimentieren

1 Oersteds Versuch Stellt eine Kompassnadel dicht unter einen Leiter. Dreht den Leiter so, dass er in gleicher Richtung wie die Magnetnadel verläuft. ▸3

a Schaltet das Netzgerät (6 V) ein. Was beobachtet ihr?

b Polt die Energiequelle um und wiederholt den Versuch.

2 Strommessung mit dem Kompass Baut den Strommesser nach. ▸2
Wickelt dazu 1 m lackierten Kupferdraht (0,3 mm ∅) um einen Kompass. Kratzt den Lack an den Drahtenden ab. Baut das Messgerät in einen Stromkreis ein. ▸4
Richtet den Kompass in Nord-Süd-Richtung aus.

a Schließt den Schalter. Markiert dann den Ausschlag der Kompassnadel.

b Ersetzt die Lampe durch eine Lampe, die einen größeren Strom benötigt. Wie weit schlägt die Nadel nun aus?

c Wie hängen Stromstärke und Ausschlag der Nadel zusammen?

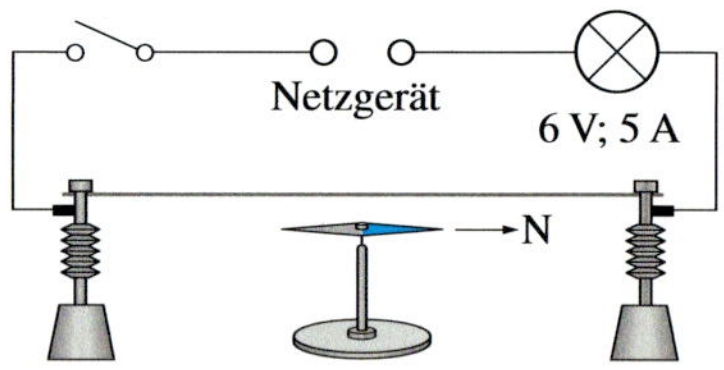

3

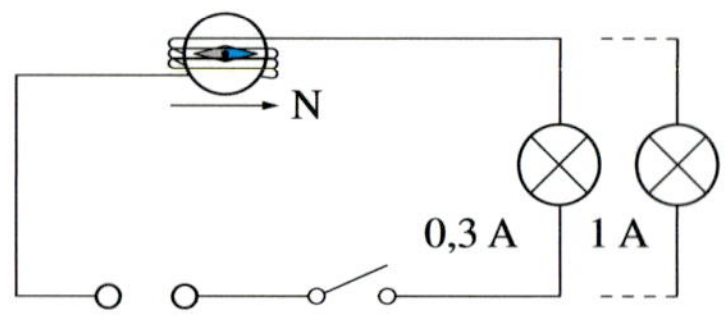

4

3 Strommessung mit Gasen Elektrische Ströme haben eine chemische Wirkung. So kann durch einen Elektronenstrom Wasser in seine (gasförmigen) Bestandteile Wasserstoff und Sauerstoff zerlegt werden. Im Wasser sieht man kleine Bläschen. ▸5 Die Gase werden in umgedrehten, zuvor mit Wasser gefüllten Reagenzgläsern aufgefangen.

a Baut den chemischen Strommesser in einen Stromkreis mit einer Lampe ein. Wie viel Gas steigt in einer Minute an der Elektrode auf, die mit dem Minuspol verbunden ist?

b Was geschieht, wenn ihr eine zweite Lampe parallel schaltet?

c Könnte man mit dieser Methode Ströme vergleichen und messen?

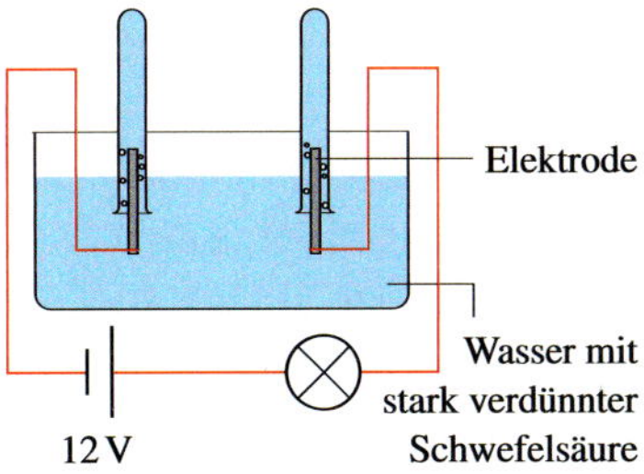

5

4* Strommessung durch Temperaturänderungen Elektrische Ströme können Drähte erwärmen. Spannt ein Stück Konstantandraht (15 cm lang und 0,2 mm dick) in den Stromkreis ein. Hängt dann ein kleines Wägestück an den Draht. ▸6

a Was geschieht mit dem Draht, wenn ihr verschiedene Lampen in den Stromkreis einbaut?

b Erfindet ein Messgerät für elektrische Ströme, das die Temperaturänderung eines Drahts nutzt.

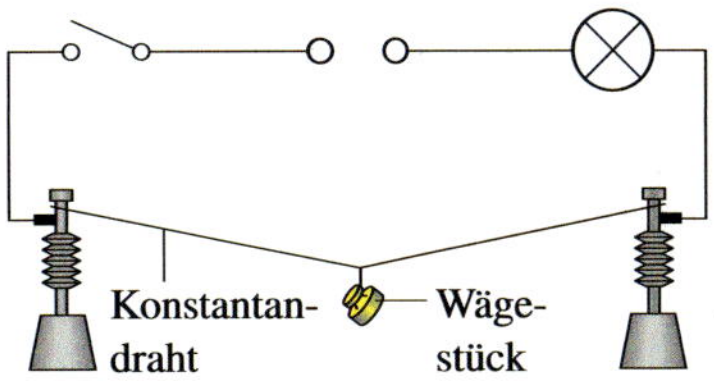

6

5* Bauanleitung: Galvanometer Nach dem Arzt *Luigi Galvani* (1737 bis 1798) ist ein Messgerät für kleine elektrische Ströme benannt. ▸7

Ihr braucht: Kompass, Leisten, 2 Schrauben mit Unterlegscheiben, 2 Lötösen, 8 m Kupferlackdraht (0,2 mm ∅).

a Schneidet die Hölzer zu. Schleift die Kanten. Sägt die Kerben in die Seitenteile. ▸8

b Zwischen dem mittleren Holz und dem Tisch als Unterlage muss später ein kleiner Abstand sein. Legt deshalb Pappstreifen unter das mittlere Holz. Leimt die Hölzer zusammen.

c Schraubt die Lötösen an. Kratzt die Lackisolierung an einem Ende des Drahts ab. Verlötet es mit der ersten Öse.

d Wickelt einen Draht mit je 20 Windungen auf die linke und die rechte Hälfte. *Achtung:* Wickelrichtung beibehalten!

e Verlötet das abisolierte freie Drahtende mit der zweiten Öse.

f Zeichnet oben auf eine Seitenleiste einen Nordpfeil. Legt den Kompass hinein – mit seinem N zum gezeichneten Nordpfeil hin.

g Richtet das Messgerät aus. Die dunkle Spitze der Kompassnadel muss auf das N zeigen.

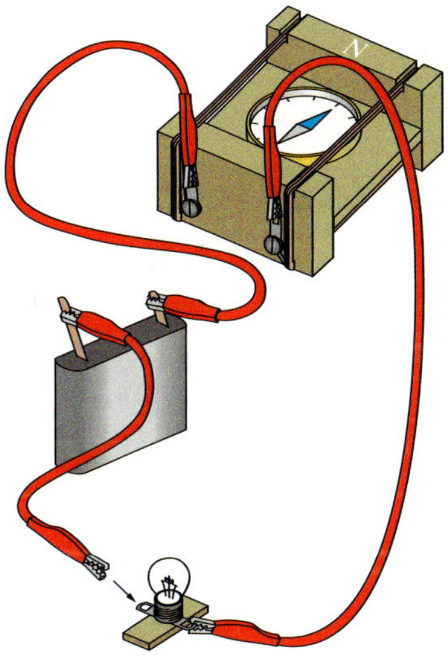

7 *Galvanometer*

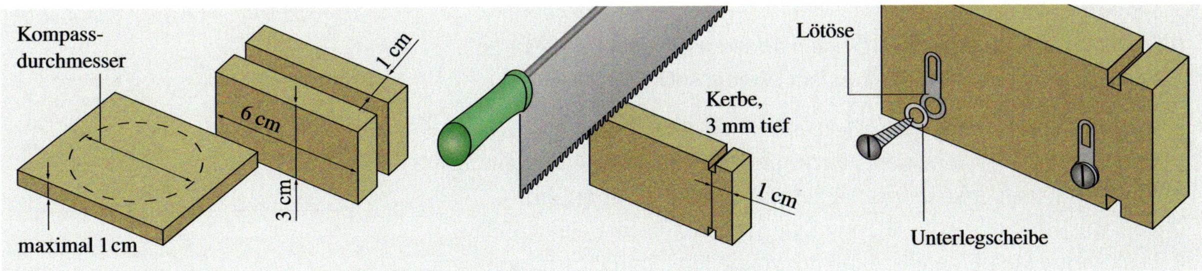

8 *Bau eines Galvanometers: die wichtigsten Schritte*

Wir messen die elektrische Stromstärke

▷ Scheinwerfer leuchten heller als Rücklichter. Beide sind aber an denselben Dynamo angeschlossen. ▸1

▷ Der Scheinwerfer gibt mehr Energie ab als das Rücklicht. Also muss der Energiestrom zum Scheinwerfer größer sein als zum Rücklicht.

▷ Ob auch der Elektronenstrom im Scheinwerferstromkreis größer ist?

1

Experimentieren

1 Verschiedene Lampen – verschieden große Ströme? Baut mit der Lampe des Fahrradscheinwerfers einen Stromkreis auf. Baut in den Stromkreis ein Messgerät für die Stromstärke ein. ▸2 Informiert euch zuvor über die Handhabung des Geräts.

a Messt die Stromstärke im Scheinwerferstromkreis.

b Bestimmt sie in gleicher Weise im Rücklichtstromkreis.

2 Welche Stromstärke braucht die Lampe? Ihr benötigt verschiedene Glühlampen. ▸3 Sie müssen alle für die gleiche Energiequelle vorgesehen sein (Flachbatterie oder Handgenerator).

a Lest bei einer Lampe am Sockel ab, wie groß die Stromstärke sein muss. Baut sie dann in den Messstromkreis ein. Lest die Stromstärke am Strommesser genau ab.

b Messt die Stromstärke auch bei den anderen Lampen. Vergleicht die Ergebnisse mit den Werten auf dem Lampensockel.

3 Fließen vor der Lampe mehr Elektronen? Ein Strommesser wird einmal vor und einmal hinter einer Glühlampe in den Stromkreis eingebaut. ▸4

a Wird die Stromstärke unterschiedlich sein? Was vermutet ihr?

b Baut die Schaltung auf und messt die Stromstärke an beiden Stellen.

c Erklärt eure Messergebnisse mit der Vorstellung vom Elektronenstrom.

4* Strommessung an der Fahrradbeleuchtung Die Lampen für Scheinwerfer und Rücklicht sind verschieden. Sie sind parallel geschaltet.

a Baut den Stromkreis einer Fahrradbeleuchtung auf. ▸5

b Messt an verschiedenen Stellen im Stromkreis die Stromstärke.

c Findet eine Erklärung für die unterschiedlichen Werte.

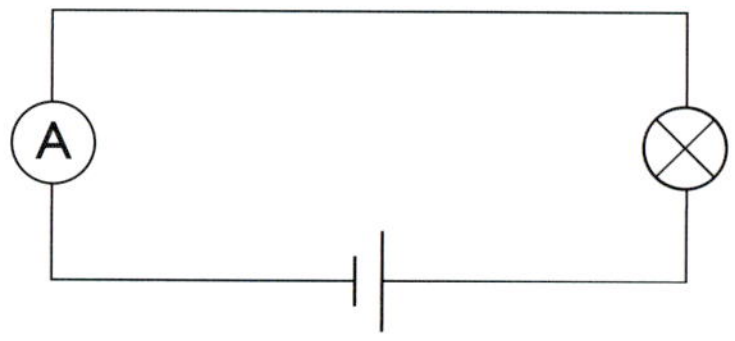

2

3 *Verschiedene Lampen (für 4 Volt)*

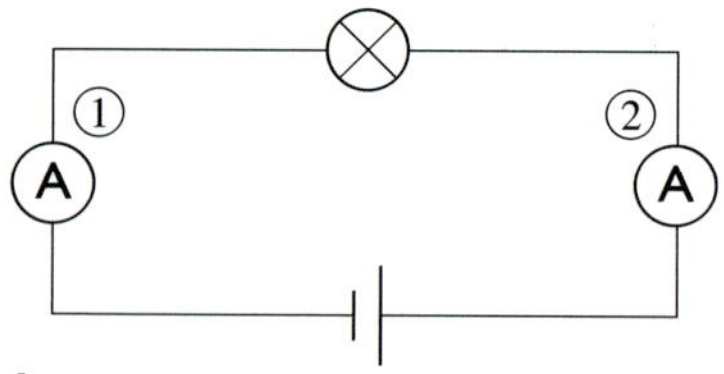

4

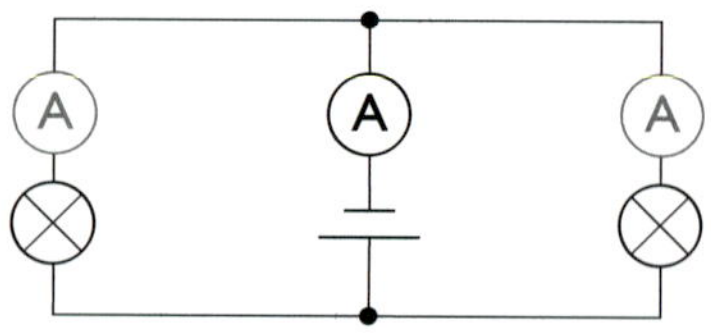

5

Grundlagen Messung der Stromstärke

Wie groß ein Elektronenstrom ist, kann man messen. Messgeräte für die Stromstärke nutzen die Wirkung elektrischer Ströme. Oft werden Vielfachmessgeräte eingesetzt. Sie können neben der Stromstärke noch andere elektrische Größen messen. Die Anzeige kann digital oder analog erfolgen. ▸6–8

Die elektrische Stromstärke wird in der Einheit 1 Ampere (1 A) gemessen. Sie ist nach dem französischen Physiker und Mathematiker *André Marie Ampère* (1775–1836) benannt. Kleinere Stromstärken gibt man in Milliampere (mA) an: 1 A = 1000 mA.

Bei kleiner „Amperezahl" spricht man von einer kleinen Stromstärke, bei großer „Amperezahl" von großer Stromstärke. Das Wort *Stromstärke* ist allerdings missverständlich. Bei Stromstärke solltest du nicht an eine Kraft denken, sondern an die „Elektronenzahl pro Sekunde".

Die Stromstärke ist das Maß für die Ladung der Elektronen, die in jeder Sekunde durch das Messgerät strömen:
Stromstärke = Ladung pro Zeit.
Das Formelzeichen für die Stromstärke ist *I*. Die Stromstärke wird in der Einheit 1 Ampere (1 A) gemessen.

6 *Strommesser (digital)*

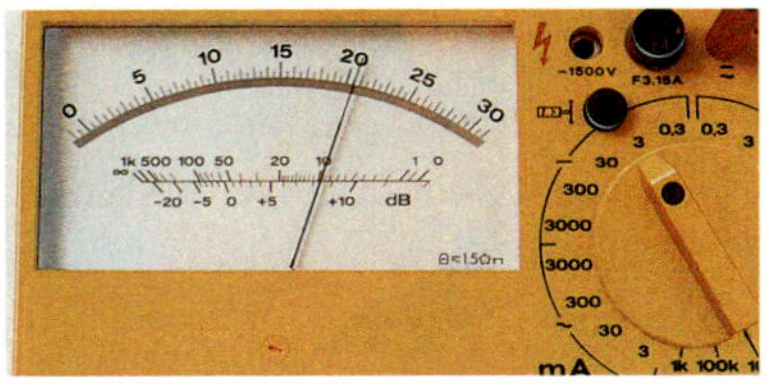
7 *Strommesser (analog)*

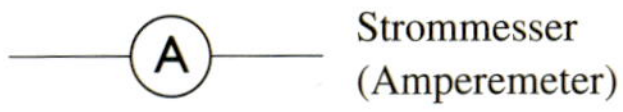

8 *Schaltzeichen*

Methode Bedienungsanleitung Strommessgerät

131-1 Experiment Vielfachmessgerät

1. Baue den Stromkreis ohne Messgerät auf.
2. Schalte dein Messgerät auf Strommessung (A– bzw. A=). Wenn ein Dynamo als Energiequelle genutzt wird, wird A~ oder AC eingestellt. Stelle den größten Messbereich ein (die größte „Amperezahl").
3. Alle Elektronen sollen durch das Messgerät fließen. Unterbrich daher den Stromkreis an der Stelle, an der du die Messung vornimmst.
4. Baue das Messgerät polrichtig (COM: Minuspol) in die Lücke ein. *Achtung:* Im Stromkreis muss immer ein elektrisches Gerät eingebaut sein! Das kann eine Lampe sein.
5. Beachte bei Zeigermessgeräten die Skaleneinteilung. Die Amperezahl des eingestellten Messbereichs ist bei Vollausschlag erreicht. In Bild ▸7 werden 205 mA angezeigt.
6. Ist der Ausschlag kleiner als der Endwert des nächstkleineren Messbereichs? Unterbrich den Stromkreis und schalte auf diesen Messbereich um.

Aufgaben

1 „Größerer Ausschlag bedeutet größeren Strom." Diese Aussage stimmt beim Strommesser nicht unbedingt. Worauf musst du achten, wenn du einen Zahlenwert auf der Skala abliest?

2 Rechne in mA um: 1,2 A; 0,85 A; 0,04 A; 0,002 A.

3 Lies die Stromstärken richtig ab. ▸9 Gib jeden Messwert in A und mA an.

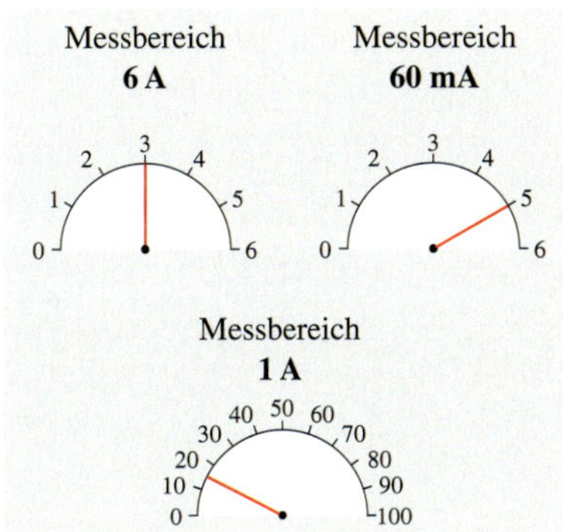

9

Methode Wie führe ich eine Untersuchung durch?

1 Was soll untersucht werden?
Stelle zunächst sicher, dass du die Aufgabenstellung verstanden hast. Beschreibe dazu mit eigenen Worten, was untersucht werden soll. Formuliere den Untersuchungsauftrag als Frage. Notiere Vermutungen, was passieren oder gemessen werden wird.

2 Wie wird der Versuch aufgebaut?
Zeichne eine Skizze des Versuchs. Erstelle eine Liste mit den Versuchsmaterialien. Die Skizze hilft dir, den Versuch zu verstehen, ihn richtig aufzubauen und die notwendigen Messgeräte richtig zu nutzen.

3 Führe den Versuch durch.
Schreibe auf, wie du beim Experimentieren vorgehen musst. Führe dann den Versuch durch.

4 Schreibe Beobachtungen und Messungen auf.
Schreibe auf, was du beobachtet oder gemessen hast. Für Messwerte bietet sich meist eine Tabelle an. Sie soll die gemessenen physikalischen Größen und ihre Einheiten enthalten.

5 Auswertung und Erklärung des Ergebnisses
Messreihen lassen sich oft als Diagramme darstellen. Wichtig ist, dass deine Versuchsfrage beantwortet wird. So gehört auch zu jedem Diagramm ein auswertender Text. Jetzt ist auch zu prüfen, ob es Fehler bei der Messung gegeben hat. Abschließend können die Untersuchungsergebnisse mit bekannten Grundlagen gedeutet oder erklärt werden.

UNTERSUCHUNG

Versuchsfrage: Ich soll in einem Stromkreis mit zwei Lampen, die hintereinandergeschaltet sind, an mehreren Stellen die Stromstärke messen. Die Frage lautet:

Ist die Stromstärke überall gleich groß?

Ich vermute, dass hinter den Lampen die Stromstärke geringer ist, weil die Lampen etwas verbrauchen.

Versuchsaufbau:

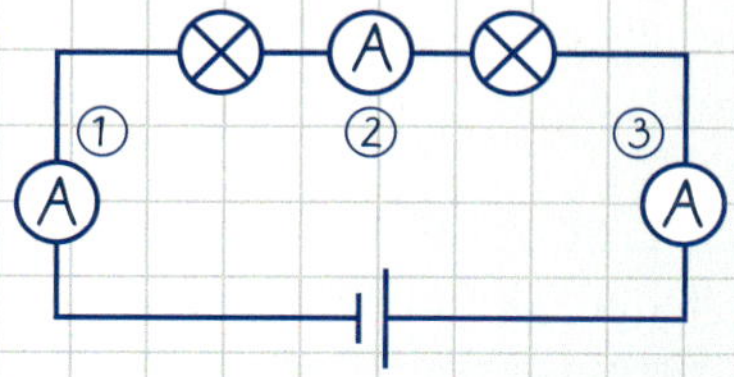

Material: Batterie, mehrere Kabel, zwei Lampen, Stromstärkemessgerät

Durchführung: Zunächst baue ich den Stromkreis mit den beiden Lampen in Reihe und der Batterie auf und überprüfe seine Funktion. Dann unterbreche ich den Stromkreis am Punkt 1 und baue in die Lücke das Messgerät ein. Die Messkabel am Messgerät müssen in den richtigen Buchsen stecken und es muss der größte Messbereich für Stromstärke eingeschaltet sein. Den Messwert notiere ich in einer Tabelle. Dann entferne ich das Messgerät, schließe den Stromkreis wieder und führe die Untersuchung in gleicher Weise am Punkt 2 und zum Schluss an Punkt 3 durch.

Messung:

Messpunkt	1	2	3
Stromstärke in mA	100	100,5	100

Auswertung: Die Stromstärke ist in diesem Stromkreis an allen Messpunkten gleich groß. Die Abweichung von 0,5 mA am zweiten Messpunkt liegt im Rahmen der Messgenauigkeit des Messgeräts.
Das Ergebnis kann mit dem Elektronenmodell erklärt werden: Die Elektronen im Kabel bewegen sich wie die Glieder einer Fahrradkette gleichmäßig im Kreis durch den Stromkreis. Bei der Kreisbewegung gehen keine Elektronen verloren.

1

Aus der Geschichte Der Mensch als „Strommesser"

Alessandro Volta (1745–1827) hatte im Jahr 1801 ein Problem: Er wollte eine von ihm entwickelte Batterie (die Voltasäule) vorführen. Doch elektrische Geräte zur Messung des elektrischen Stroms gab es noch nicht. Volta verband deshalb die Pole seiner Batterie mit zwei Gefäßen, in denen sich Salzwasser befand. Mit den Händen stellte er eine leitende Verbindung zwischen beiden Gefäßen her, sodass der Stromkreis über seinen Körper geschlossen wurde. ▸2 Es kam zu einer heftigen „elektrischen Erschütterung". Aus ihrer Heftigkeit schloss er auf die Größe des Elektronenstroms.
Volta hatte schon mehrere gefährliche Experimente unternommen. Sogar mit seinem Gehör versuchte er Ströme zu messen. ▸3 Dazu steckte er sich in jedes Ohr einen Metallstab, den er mit der Energiequelle verband. Er schrieb: „Im Augenblick der Verbindung empfand ich eine Erschütterung im Kopf und hörte einen Ton oder richtiger ein Geräusch ... Das unangenehme Gefühl hielt ich für gefährlich ... Deshalb wiederholte ich diesen Versuch nicht mehr."

Es gab damals Mediziner, die mit der „elektrischen Erschütterung" körperliche Leiden (z. B. Zahnschmerzen) beseitigen wollten. ▸4 Gesünder geworden ist davon jedoch sicher niemand.
Ihre elektrischen Experimente am eigenen Körper bezahlten manche Forscher mit dem Leben. *Du darfst sie deshalb auf keinen Fall wiederholen!*

Aufgaben

1 Die beiden Gefäße in Bild ▸2 sind mit Salzwasser gefüllt. Warum hat Volta kein Trinkwasser verwendet?

2 Informiere dich über das Leben von *André Marie Ampère* und *Alessandro Volta*.
Stelle die beiden auf einem Plakat deiner Klasse vor.

2

3

4

Energieversorgung im Haushalt

▷ Mehrere Elektrogeräte lassen sich an eine gemeinsame Energiequelle anschließen.

▷ Wie müssen sie geschaltet werden, damit sie unabhängig voneinander funktionieren?

▷ Wie wird die Energie auf die Geräte verteilt? Wie ist die Stromstärke zu messen?

1 *Mehrere Haushaltsgeräte an einer Steckdose*

Experimentieren

1 Leistung und Stromstärke verschiedener Lampen Verschiedene Halogenlampen werden an ein Netzgerät angeschlossen. ▸2 Messt die Stromstärke. Vergleicht die Wattzahl der Lampen und die Stromstärke in einer Tabelle. Formuliert eine Regel: *„Je größer ..., desto ...“*

Leistung in Watt	Stromstärke in Ampere
?	?

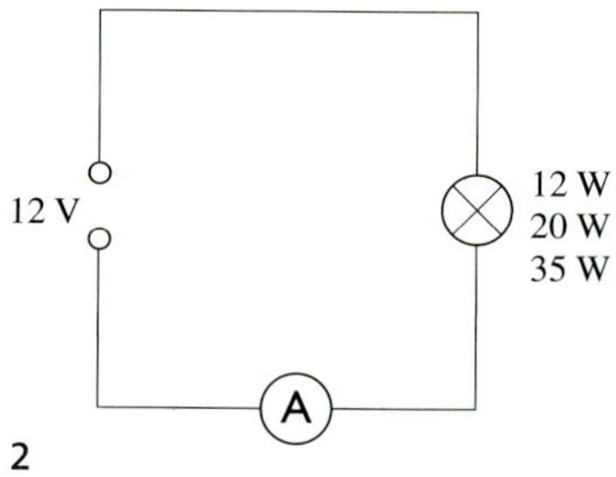

2

2 Leistung und Stromstärke für mehrere Lampen Zwei (Drei) gleiche Lampen sind in einem Stromkreis parallel geschaltet. ▸3

a Die Stromstärke wird in der gemeinsamen Zuleitung (2) und bei den einzelnen Lampen (1) gemessen.

b Vergleicht die Stromstärke der einzelnen Lampen mit dem gesamten Elektronenstrom.

c Vergleicht die übertragene Energie bei einer, zwei und drei Lampen.

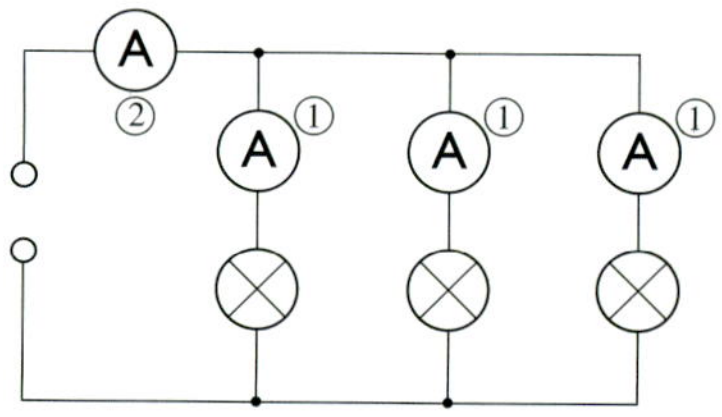

3

3 Der Energieaufwand wird spürbar Führt Versuch 2 mit einem Handgenerator und mehreren Experimentierleuchten (4 V; 0,3 A) durch. ▸4 Beim Messen der Stromstärke müsst ihr immer gleich schnell drehen. Was fällt euch beim Drehen auf, wenn weitere Lampen (drei, vier ...) angeschlossen werden?

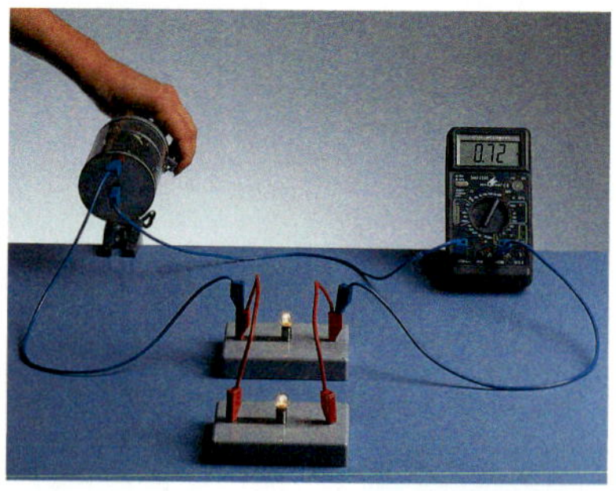

4

4*Viele Geräte an einer Steckdose (Lehrerversuch) In die Leitung einer Mehrfachsteckdose wird ein Strommesser geschaltet. ▸1

a An die Steckdose werden unterschiedliche Elektrogeräte angeschlossen. Notiert jeweils die Stromstärke und die Leistung (in Watt).

b Dann werden alle Geräte gleichzeitig angeschlossen. Die Stromstärke wird gemessen. Vergleicht die Gesamtstromstärke und die Summe aller Leistungen (Wattzahlen) mit den Einzelmessungen.

134-1 Experiment Parallelschaltung

Grundlagen Energie und Stromstärke in Stromkreisen

Mehrere Geräte sollen an einer Energiequelle unabhängig voneinander funktionieren. Dazu schließt man sie in einer *Parallelschaltung* an. Dabei hat jedes Gerät seinen eigenen Stromkreis.
Für parallel geschaltete Geräte an derselben Energiequelle gilt: ▸5–6
Dreifache Energie pro Sekunde ⟶ dreifache Stromstärke (Elektronenstrom).
Vierfache Energie pro Sekunde ⟶ vierfache Stromstärke (Elektronenstrom).
Je mehr Energie pro Sekunde übertragen werden muss, desto größer ist der Elektronenstrom (bei gleicher Energiequelle).

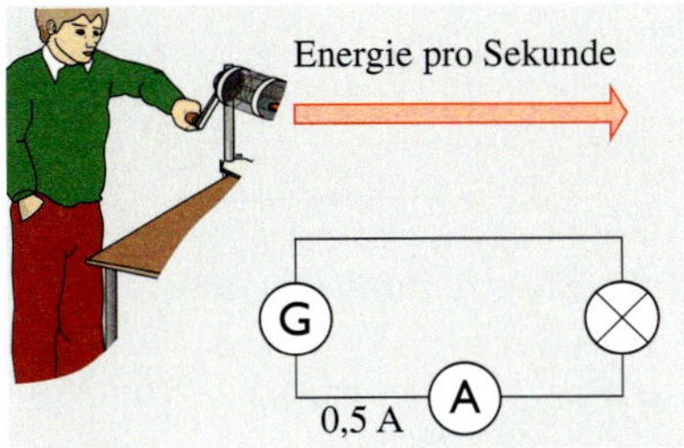

5 *Einfacher Energiestrom: Kurbeln geht leicht.*

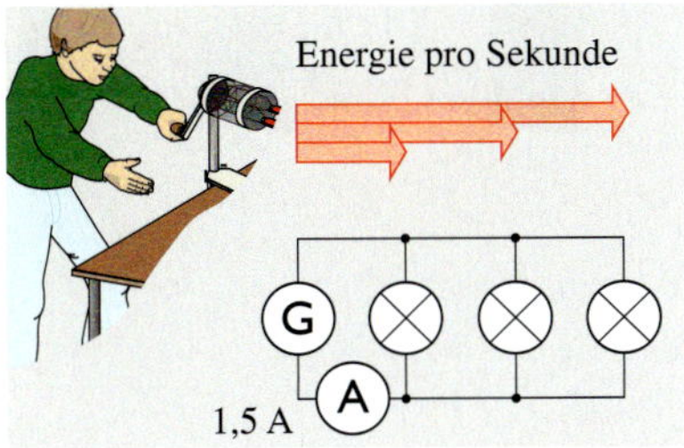

6 *Dreifacher Energiestrom: Kurbeln geht schwer.*

Je mehr Lampen parallel geschaltet werden, desto mehr Energie muss von der Energiequelle zu ihnen fließen. Die gesamte Energie teilt sich auf die Lampen auf. Sie wird durch den Elektronenkreislauf übertragen. Daher teilt sich auch der gesamte Elektronenstrom auf die Lampen auf. ▸7

Bei der Parallelschaltung ergeben die Energieströme zu den einzelnen Geräten den Energiestrom, der insgesamt von der Energiequelle ausgeht. Dazu muss der Elektronenstrom entsprechend groß sein. Die Gesamtstromstärke ist die Summe der einzelnen Stromstärken: $I_{gesamt} = I_1 + I_2 + I_3$.

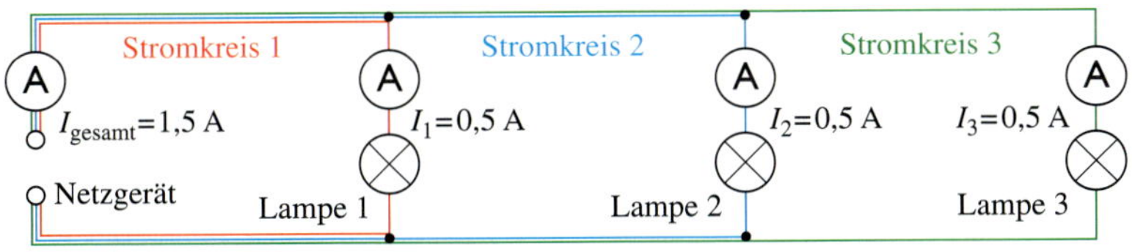

7 *Elektronenstrom bei der Parallelschaltung*

135–1 Simulation Parallelschaltung

Aus dem Alltag

Sicherungen im Haushalt

Im Haushalt sind alle Elektrogeräte parallel geschaltet. In der gemeinsamen Zuleitung fließt der gesamte Elektronenstrom. Die Stromstärke ist umso größer, je mehr Geräte in Betrieb sind – je größer also die Summe ihrer Wattzahlen ist.
Ein großer Elektronenstrom kann die Leitungsdrähte erwärmen. *Sicherungen* in den Stromkreisen helfen, Brände zu vermeiden. Meist handelt es sich um *Sicherungsautomaten.* ▸8
Diese Schalter unterbrechen den Stromkreis bei zu hoher Stromstärke. Nach Beheben des Fehlers werden sie per Hand wieder eingeschaltet. 135-2

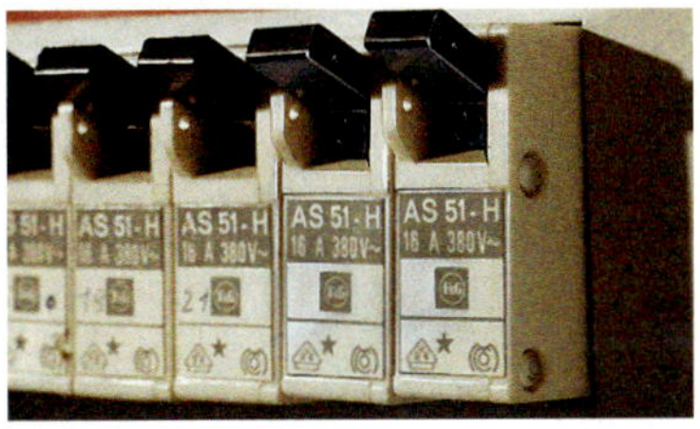
8 *Sicherungsautomaten*

Aufgaben

4 Wie werden mehrere Geräte im Haushalt an eine Steckdose angeschlossen?

5 Begründe, warum Sicherungen im Haushalt notwendig sind.

Aufgaben

1 Ein Elektrogerät ist an eine Energiequelle angeschlossen. Die zugeführte Energie pro Sekunde beträgt 40 W, die Stromstärke 0,45 A. Du schließt an die gleiche Quelle ein anderes Gerät an und misst eine Stromstärke von 150 mA. Wie groß ist jetzt die zugeführte Energie pro Sekunde?

2 Beim Fahrrad sind Scheinwerfer und Rücklicht parallel geschaltet. Am Scheinwerfer beträgt die Stromstärke 0,4 A und die zugeführte Energie pro Sekunde 2,4 W. Beim Rücklicht misst du eine Stromstärke von 0,1 A.
a Berechne die Energie pro Sekunde, die zum Rücklicht strömt.
b Wie groß ist die Stromstärke im Dynamo?

3 Ein Tischgenerator lässt sich umso schwerer drehen, je mehr Lampen an ihn parallel angeschlossen sind. Erkläre diese Beobachtung.

Aus der Technik Kleine und große Akkus

In Akkus (Akkumulatoren) wird beim Laden elektrische Energie in chemische umgewandelt und gespeichert. Die Ladungsmenge (Elektronenzahl), die ein Akku antreiben kann, ist je nach Aufbau unterschiedlich groß. Sie wird in Milliamperestunden (mAh) oder Amperestunden (Ah) angegeben. ▸1 Wenn größere Stromstärken für längere Zeit benötigt werden, schaltet man Akkus parallel ▸2 oder baut sie besonders groß. ▸3–4

1 *Akkus (Mignon)*

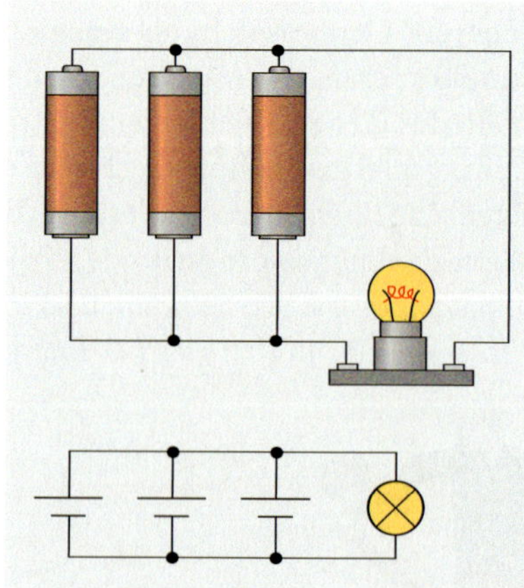
2 *Parallelschaltung von Akkus*

3 *Akku eines Pkw (Starterbatterie)*

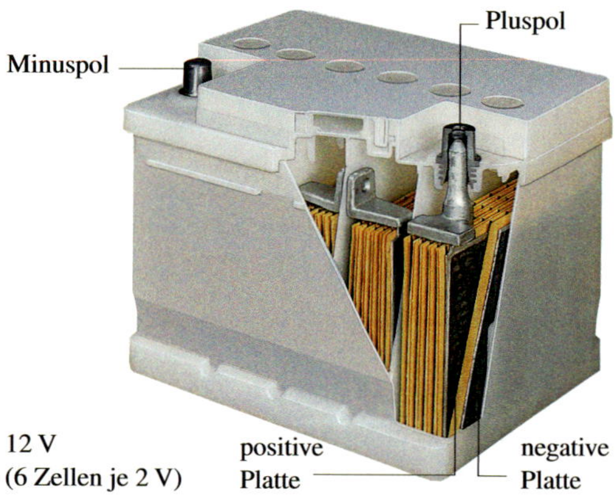

4 *Große Akkuzellen einer Starterbatterie (6 Zellen in Reihe geschaltet)*

Aufgaben

1 Wie viele Stunden leuchtet eine kleine Taschenlampe mit einem 2100-mAh-Akku? ▸1 Die Stromstärke beträgt 50 mA (20 mA).

2 Ein Autofahrer vergisst, die Beleuchtung auszuschalten. Scheinwerfer und Rücklichter benötigen einen Elektronenstrom von 11 A. Nach welcher Zeit wird der Akku von Bild ▸3 spätestens keine Energie mehr liefern?

3 Worin besteht der wesentliche Unterschied zwischen Micro-, Mignon- und Babyzellen?

4 Der 2100-mAh-Akku wird mit einem Ladegerät aufgeladen. ▸1 Beim Laden beträgt die Stromstärke 200 mA.
Wie lange dauert es mindestens, bis der Akku wieder seine volle Energie gespeichert hat?

5 Vergleiche Pkw- und Lkw-Akku. ▸3, 5 Beschreibe und erkläre die Unterschiede.

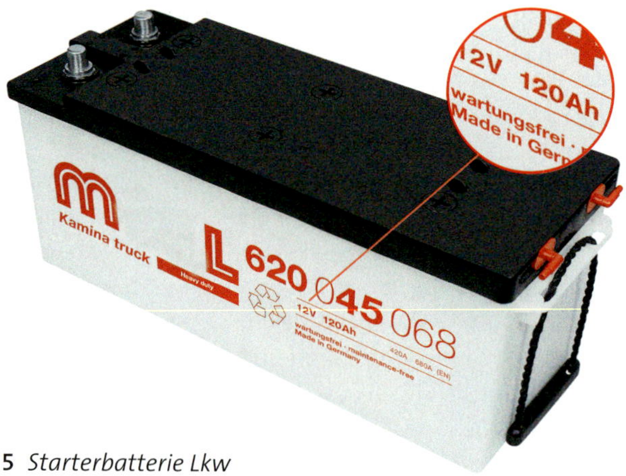

5 *Starterbatterie Lkw*

Überblick

Verschiedene Ströme

Von einem Strom sprechen wir, wenn sich eine Menge oder ein Stoff in eine Richtung bewegt. Ameisen in einer Ameisenstraße bilden einen „Ameisenstrom".
In den Drähten eines Stromkreises bewegen sich Elektronen im Kreis. ▸6
Jedes Elektron transportiert dieselbe Ladung. Der Elektronenstrom ist umso größer, je mehr Elektronen und damit Ladung an einer Stelle des Stromkreises in einer Sekunde vorbeifließen.

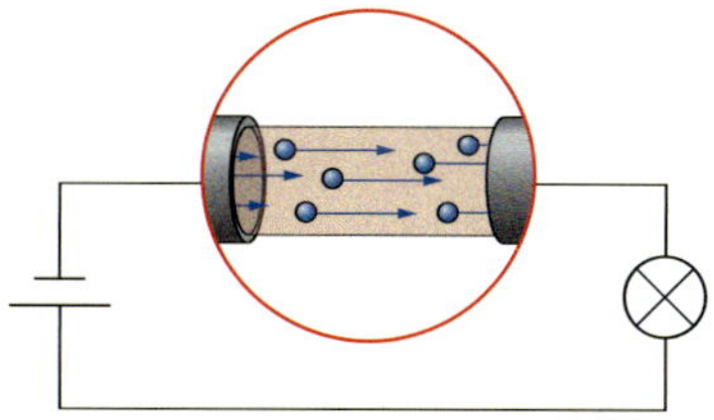

6

Elektrische Stromstärke

Wie groß ein Elektronenstrom ist, gibt man durch die elektrische Stromstärke I an. Sie ist ein Maß für die Ladung, die pro Sekunde durch das Messgerät strömt:

$$\text{Stromstärke} = \frac{\text{Ladung}}{\text{Zeit}}.$$

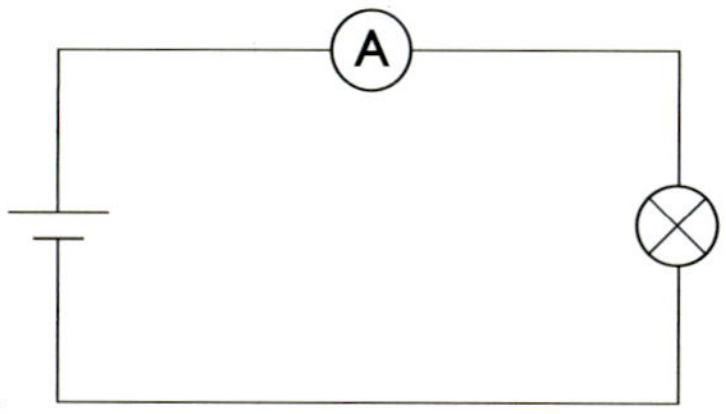

7

Messung von elektrischen Strömen

Die Stromstärke wird in der Einheit 1 Ampere (1 A) gemessen.
Die Elektronen müssen durch das Strommessgerät hindurchfließen. Es wird an die Stelle im Stromkreis geschaltet, an der die Stromstärke ermittelt werden soll. ▸7

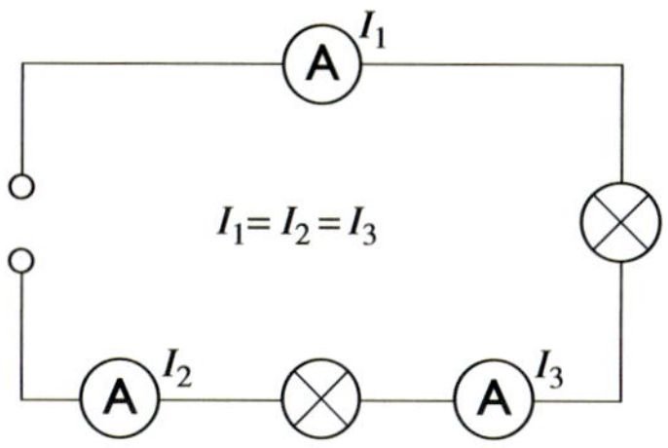

8

Elektronenstrom im einfachen Stromkreis

Die Stromstärke ist im unverzweigten Stromkreis überall gleich groß. ▸8

Energie und Elektronenstrom

Die elektrische Energie wird durch den Elektronenstrom von der Energiequelle zum Gerät übertragen. ▸9
Je größer der Elektronenstrom ist, desto mehr Energie wird pro Sekunde übertragen (bei gleicher Energiequelle).

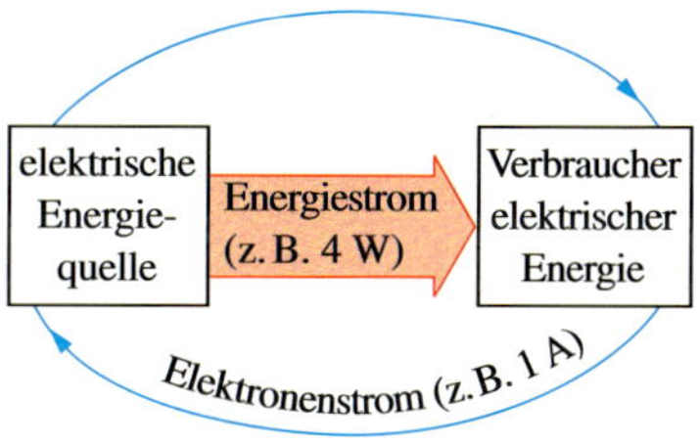

9

Die Parallelschaltung

Bei der Parallelschaltung hat jedes Gerät seinen Stromkreis. ▸10
Jedem Gerät wird die benötigte Energie zugeführt. Je mehr Geräte parallel geschaltet werden, desto mehr Energie wird pro Sekunde insgesamt übertragen. Um die Energie zuzuführen, muss der Elektronenstrom entsprechend groß sein. Für die Gesamtstromstärke gilt:
$I_{gesamt} = I_1 + I_2 + I_3$.

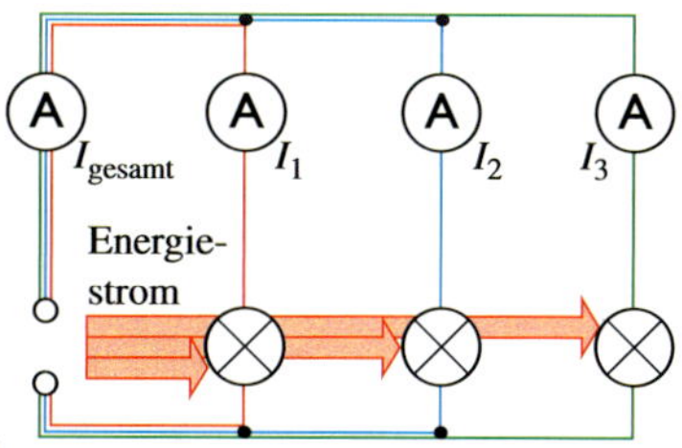

10

137-1

Alles klar?

1 Wie kannst du den Menschenstrom auf einer Rolltreppe messen? Beschreibe ein Verfahren.

2 Drei Glühlampen (1 W, 1 W und 3 W) sind parallel geschaltet. Es wird eine Gesamtstromstärke von 500 mA gemessen. Wie groß ist die Stromstärke in den einzelnen Lampen?

3 An eine Dreifachsteckdose werden ein Fernseher (300 W) und ein Heizlüfter (1,5 kW) angeschlossen. In der Zuleitung werden 7,8 A gemessen. Sie ist mit einer 10-A-Sicherung abgesichert.
Kann die Kaffeemaschine (900 W) noch angeschlossen werden? Rechne nach!

Die Spannung

- ▷ Für welche der Glühlampen muss mehr Energie fließen?
- ▷ In welchem Stromkreis ist die Stromstärke größer?

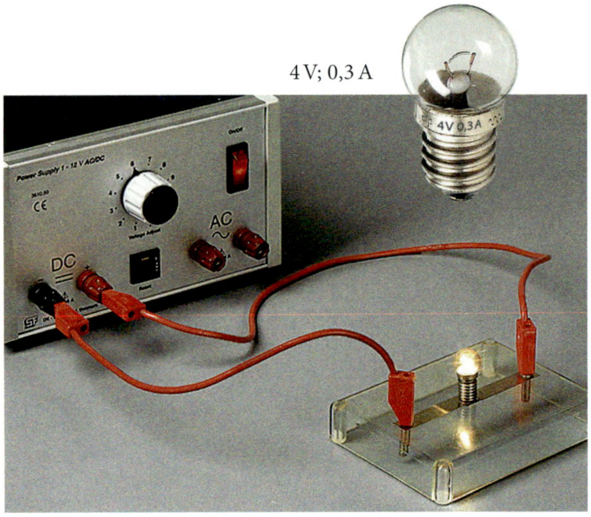

1

2

Experimentieren

1 Elektronen werden unterschiedlich angetrieben Ihr benötigt verschiedene Lampen, die bei gleicher Stromstärke hell leuchten (z. B. „2,5 V; 0,1 A" und „6 V; 0,1 A"). Als Energiequelle dient der Handgenerator oder ein Fahrraddynamo. ▸3

a Dreht die Handkurbel so, dass eine Lampe hell leuchtet. Messt dabei die Stromstärke.

b Betreibt dann die zweite Lampe bei gleicher Stromstärke.

c Was fällt euch beim Kurbeln auf? Welche Auswirkung hat die Drehgeschwindigkeit an der Kurbel für die Elektronen im Stromkreis?

2 Elektronen werden mehrfach angetrieben Wie wirkt es sich aus, wenn die Elektronen nacheinander von mehreren Energiequellen angetrieben werden? ▸4 *Ihr benötigt:* zwei Glühlampen („4 V; 0,3 A" und „6 V; 0,3 A"), bis zu fünf Akku- oder Batteriezellen und einen Strommesser.

a Messt bei beiden Lampen die Stromstärke, wenn sie an eine einzige Batteriezelle angeschlossen sind.

b Schaltet zwei oder mehr Batteriezellen so, dass die Elektronen die Energiequellen nacheinander durchlaufen. Wie viele Zellen sind bei den Lampen jeweils nötig, damit ein Strom von 0,3 A fließt?

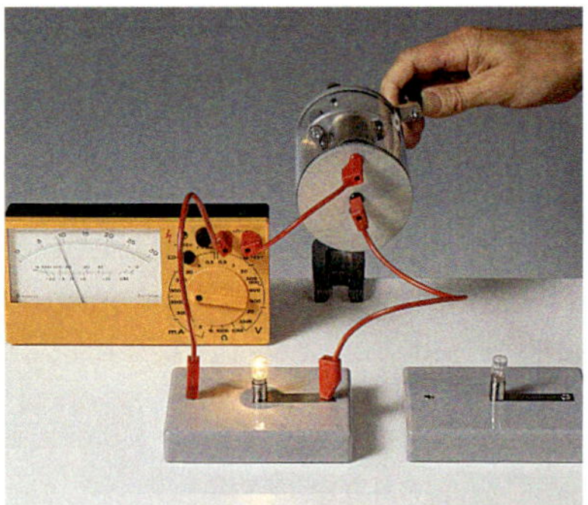

3

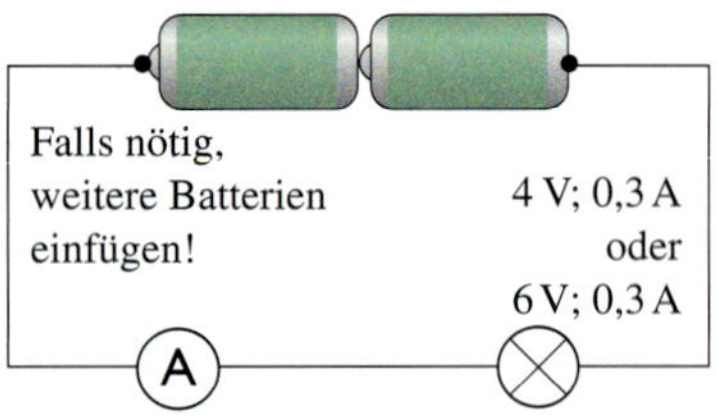

4

Grundlagen Elektrische Energiequellen treiben Elektronen an

Elektronen müssen angetrieben werden Elektronen fließen nicht von selbst im Stromkreis. Sie müssen angetrieben werden. Das ist die Aufgabe der elektrischen Energiequelle. Die Verbraucher hemmen die Elektronenbewegung.

Die Fähigkeit einer Energiequelle, Elektronen anzutreiben, nennt man elektrische Spannung. Das Formelzeichen für die Spannung ist *U*. Die Einheit der Spannung ist 1 Volt (1 V). Größere Spannungen werden in Kilovolt (kV) angegeben: 1000 V = 1 kV.

Spannung und Energie Die Lampe von Bild ▸2 leuchtet heller als die Lampe von Bild ▸1. Die 60-Watt-Lampe gibt also in jeder Sekunde viel mehr Energie an die Umgebung ab. Dabei ist der Elektronenstrom in beiden Lampen etwa gleich groß.

Bei gleicher Stromstärke sind die Energieströme unterschiedlich groß, wenn die Energiequellen verschiedene Spannungen haben.

Erweiterung Unterschiedliche Spannungen

Eine Batteriezelle treibt die Elektronen mit 1,5 V an. Werden Elektronen nacheinander von zwei Batteriezellen bewegt, so werden sie doppelt so stark angetrieben. Eine Autobatterie treibt die Elektronen mit 12 V an. Die Spannung an einer Steckdose beträgt 230 V. Das heißt: Die Energiequelle „Steckdose" treibt die Elektronen fast 20-mal stärker an als eine Autobatterie. Was bedeutet das? Du kannst es dir an einer Fahrradkette (als Bild für den Elektronenstrom) verdeutlichen: Wenn du bergan fährst, wird die Kette stärker gespannt als bei gleicher Geschwindigkeit auf ebener Strecke (im gleichen Gang). Die Kettenglieder (Elektronen) bewegen sich aber gleich schnell wie zuvor. Also kommen gleich viele Kettenelemente pro Sekunde an einem Messpunkt vorbei.
Beim Generator erhöht man die Spannung durch schnelleres Drehen. ▸5–6 Im Generator werden Elektronen angetrieben, indem ein Magnet in einer Spule bewegt wird. Wenn der Magnet schneller bewegt wird, werden alle Elektronen stärker angeschoben (sie bewegen sich aber nicht schneller). Die Spannung ist größer. Bei gleichem Elektronenstrom bzw. gleicher Stromstärke ist auch der Energiestrom größer.

↻ 139-1 Simulation Handgenerator – Spannung und Stromstärke

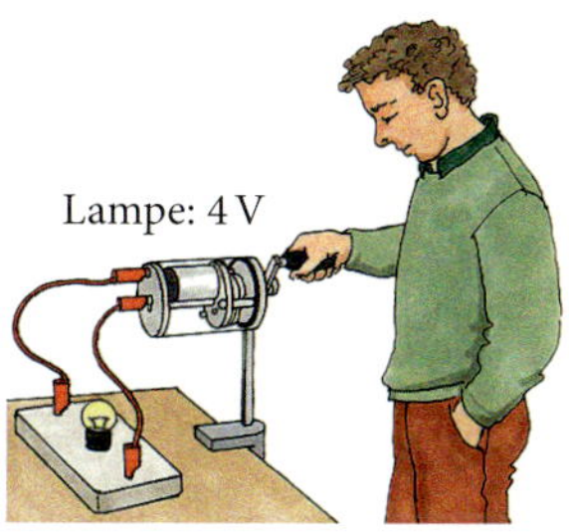

5 *Langsames Drehen: 4 V Spannung*

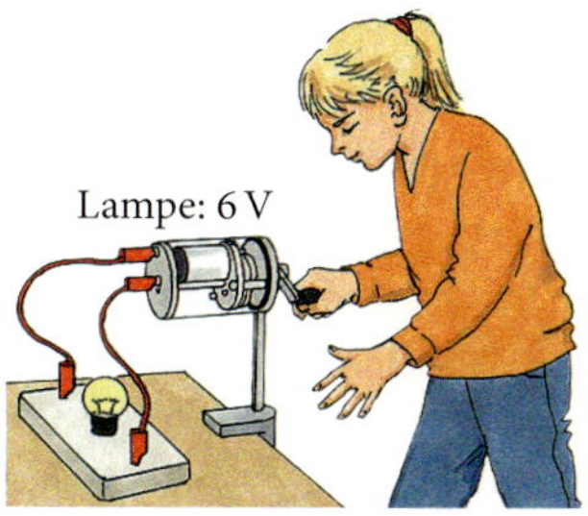

6 *Schnelleres Drehen: 6 V Spannung*

Aufgaben

1 Eine Haushaltsglühlampe leuchtet nicht, wenn sie an eine Batterie angeschlossen wird. Erkläre die Beobachtung.

2* Die Generatorkurbel wird schneller gedreht. ▸6 Was geschieht mit den Elektronen im Stromkreis? Vergleiche mit dem Kettenantrieb beim Fahrrad. Trifft hier das Modell noch zu?

3* Beschreibe die Entdeckung von *Alessandro Volta* um 1800. Lies dazu den Text „Volta baute die ersten Batterien".

Aus der Geschichte

Volta baute die ersten Batterien

Graf *Alessandro Volta* lebte von 1745 bis 1827 in der norditalienischen Stadt Como. Er machte bahnbrechende Entdeckungen über die Elektrizität. Um 1800 baute er die erste funktionsfähige Batterie. Dazu brachte er ein Kupfer- und ein Zinkblech nebeneinander in Schwefelsäure (Kupfer-Zink-Element). An den Platten entstand eine Spannung von ca. 1 V. Für höhere Spannungen schaltete er mehrere solche Zellen in Reihe.
Ihm zu Ehren wird die elektrische Spannung in Volt angegeben.

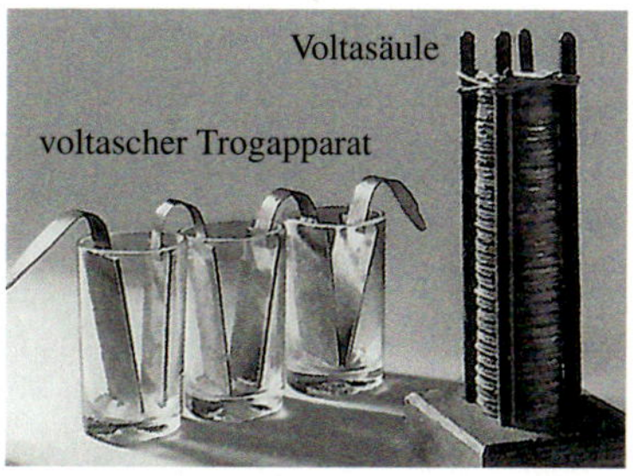

7 *Erste Batterien von Volta*

Wir messen Spannungen im Stromkreis

▷ Hier wird die Spannung einer Energiequelle bestimmt.

▷ Welchen Unterschied erkennst du zur Strommessung?

1

Experimentieren

1 Spannung von verschiedenen Energiequellen messen

a Haben Batterien und Akkus wirklich die angegebenen Spannungen? Messt nach.

b Schließt den Spannungsmesser an ein Netzgerät an. Überprüft die Spannungsangabe auf dem Gerät.

c Messt die Spannung einer beleuchteten Solarzelle. Wie könnt ihr die Spannung erhöhen?

d Messt die Spannung am Handgenerator bei normaler und hoher Kurbeldrehzahl.

2 Die Spannung zwischen verschiedenen Stellen eines Stromkreises messen ▸2

a Welche Messwerte erwartet ihr bei geschlossenem Schalter an der Quelle, am Verbraucher, an einem Zuleitungsdraht?

b Baut die Schaltung auf. Schließt den Schalter. Messt die Spannung zwischen den gekennzeichneten Punkten. Führt ein Protokoll. Tragt die Messwerte in eine Tabelle in eurem Heft ein. ▸3

c Öffnet den Schalter und messt erneut. Vergleicht!

d An einem Leiter messt ihr keine Spannung, wohl aber an der Lampe. Versucht eine Erklärung dafür zu finden.

3* Ist die Spannung der Energiequelle immer gleich?

a Messt die Spannung an einer Flachbatterie. Schließt dann an die Batterie eine Lampe („4 V; 0,3 A") an. Was passiert?

b Wiederholt den Versuch mit einem Netzgerät. Stellt es so ein, dass es die gleiche Spannung wie die Flachbatterie hat. Was ändert sich gegenüber der Flachbatterie?

c Versucht die Beobachtungen zu erklären. *Tipp:* Keine Energiequelle kann beliebig viele Elektronen antreiben.

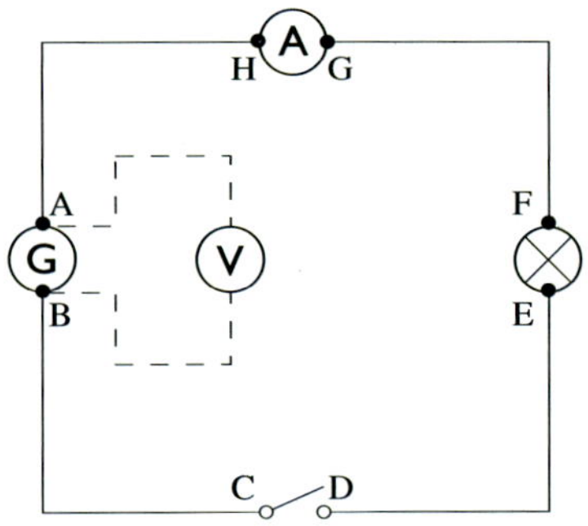

2

Messung zwischen	Spannung Schalter geschlossen	offen
A und B	?	?
B und C	?	?
C und D	?	?
E und F	?	?
G und H	?	?
H und A	?	?

3

Methode Bedienungsanleitung Spannungsmessgerät

1. Schalte dein Messgerät auf Spannungsmessung (V~ oder V=). ▸4 Stelle den größten Messbereich – die größte „Voltzahl" – ein. Bei der Messung kannst du dann bei Bedarf schrittweise kleinere Messbereiche wählen.
   Das Messkabel für den Pluspol kommt in den Anschluss mit der Bezeichnung V. Das Minuskabel steckst du in den COM-Anschluss.
2. Die Messkabel des Spannungsmessgeräts werden an den beiden Punkten im Stromkreis angeschlossen, zwischen denen man die Spannung feststellen will. Das können die Pole einer Batterie sein. ▸1
3. Das Gerät misst, wie stark die Elektronen zwischen den beiden Messpunkten angetrieben werden. Dazu müssen nur wenige Elektronen durch das Spannungsmessgerät umgeleitet werden. Deshalb wird der Stromkreis bei der Messung der elektrischen Spannung nicht unterbrochen.

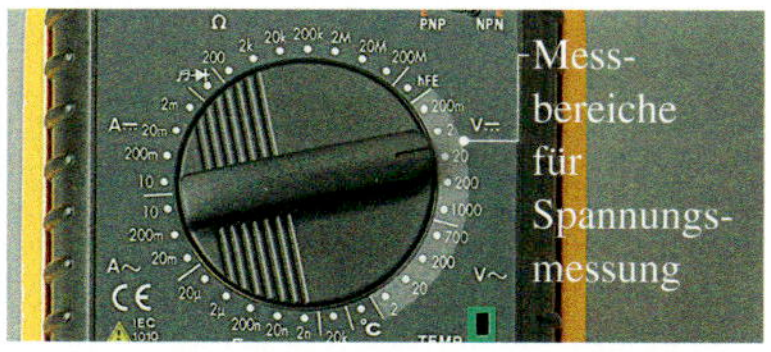

4 *Spannungsmessung*

141-1 Experiment
Vielfachmessgerät

Grundlagen Spannung an Leitern und Elektrogeräten

Spannungen kann man nicht nur an elektrischen Energiequellen messen, sondern zwischen beliebigen Punkten in einem Stromkreis. Wie lässt sich das verstehen?
Elektrische Geräte hemmen den Elektronenstrom. Die Spannung zwischen den Anschlusspunkten eines elektrischen Geräts gibt an, wie stark die Elektronen angetrieben werden müssen, damit sie durch das Gerät strömen.

Die Spannung an einem Gerät ist ein Maß dafür, wie stark die Elektronen angetrieben werden müssen, damit sie durch das Gerät strömen und so Energie übertragen können.

141-2 Simulation
Glühdraht als Engstelle

Wenn man eine Glühlampe an eine Batterie anschließt, misst man an der Lampe die gleiche Spannung wie an der Energiequelle. Dagegen ist die Spannung an den Zuleitungsdrähten so gering, dass das Messgerät 0 V anzeigt. Wie kommt es zu dem Unterschied?
Du kannst dir die Vorgänge in diesem Stromkreis so vorstellen: In jeder Sekunde müssen genauso viele Elektronen durch den dünnen Draht der Glühwendel bewegt werden wie durch die viel dickeren Zuleitungsdrähte. ▸5 Die Elektronen werden mit größerem „Druck" durch den Engpass der Glühwendel geschoben. Es geht aber viel schwerer, die gleiche Menge in gleicher Zeit durch eine dünne Öffnung zu schieben als durch eine weite. Deshalb ist die Spannung am „Verbraucher" groß, an den Zuleitungsdrähten dagegen sehr gering.

Je schwerer es ist, Elektronen von einem Messpunkt zum anderen zu schieben, desto höher ist die Spannung zwischen den beiden Messpunkten.

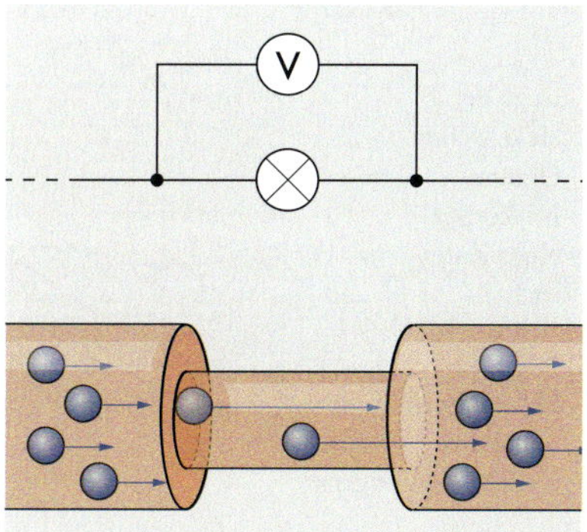

5 *Glühdraht als Engstelle*

Aus der Umwelt Elektrische Spannungen in Natur und Technik

Dreijähriges Kind überlebt Stromstoß in der Badewanne
Nürnberg (dpa) – Ein Bad mit seiner dreijährigen Tochter hat einen 30-jährigen Mann in Nürnberg das Leben gekostet.

Wie die Polizei mitteilte, war das Kind zu seinem Vater in die Wanne geklettert. Beim Spielen der beiden fiel ein Haartrockner vom Beckenrand ins Wasser und versetzte dem Mann einen tödlichen Stromstoß.

Das Kind hat das Unglück nur überlebt, weil es zum Zeitpunkt des Unglücks in der Badewanne stand.

Gefährliche und ungefährliche Spannungen
Immer wieder passieren tödliche Unfälle beim Umgang mit Elektrogeräten – meist durch Unachtsamkeit. Die Gefahr entsteht, wenn wir Teil eines Stromkreises sind und elektrische Ströme durch den Körper fließen. Je höher die Spannung der Energiequelle ist, desto größer ist die Stromstärke und damit die Gefahr.
Spannungen unterhalb von 25 V sind in der Regel ungefährlich. Dann ist nämlich die Stromstärke in unserem Körper so gering, dass keine Schäden hervorgerufen werden.
Bei einer Spannung von 230 V besteht Lebensgefahr! 230 Volt ist die übliche Spannung im Stromnetz.

Aufgabe

1 Wozu nutzen Zitterrochen ihr elektrisches Organ?

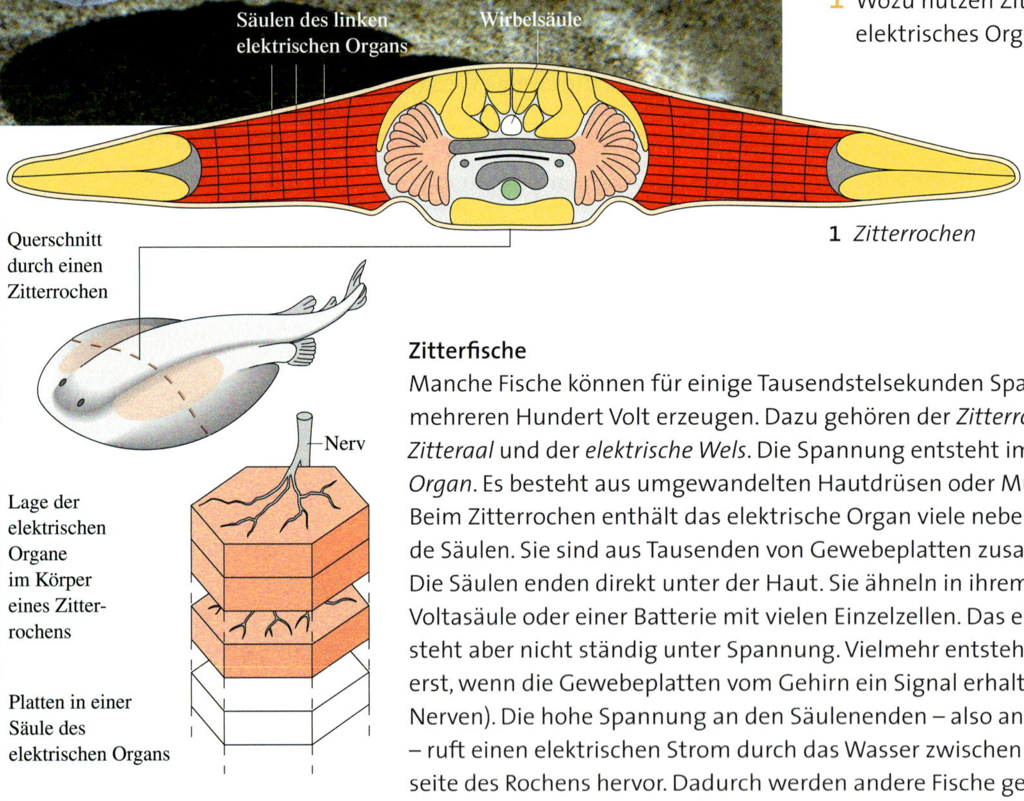

1 *Zitterrochen*

2 *Elektrisches Organ (Zitterrochen)*

Zitterfische
Manche Fische können für einige Tausendstelsekunden Spannungen von mehreren Hundert Volt erzeugen. Dazu gehören der *Zitterrochen* ▸**1**, der *Zitteraal* und der *elektrische Wels*. Die Spannung entsteht im *elektrischen Organ*. Es besteht aus umgewandelten Hautdrüsen oder Muskeln.
Beim Zitterrochen enthält das elektrische Organ viele nebeneinanderliegende Säulen. Sie sind aus Tausenden von Gewebeplatten zusammengesetzt. ▸**2**
Die Säulen enden direkt unter der Haut. Sie ähneln in ihrem Aufbau einer Voltasäule oder einer Batterie mit vielen Einzelzellen. Das elektrische Organ steht aber nicht ständig unter Spannung. Vielmehr entsteht die Spannung erst, wenn die Gewebeplatten vom Gehirn ein Signal erhalten (über die Nerven). Die hohe Spannung an den Säulenenden – also an der Körperhaut – ruft einen elektrischen Strom durch das Wasser zwischen Ober- und Unterseite des Rochens hervor. Dadurch werden andere Fische gelähmt und Angreifer abgeschreckt.

Nerven – elektrische Leitungen im Körper
Elektrizität ist immer im Spiel, wenn:
- Nerven den Reiz eines Sinnesorgans weitermelden
- das Gehirn den Reiz verarbeitet und Entscheidungen trifft
- sich Muskeln spannen

Die *Nervenzellen* mit ihren langen Nervenfasern stellen elektrische Leitungen dar. Jede Zelle ist mit anderen Nerven- oder Muskelzellen verbunden. ▸3
Viele Milliarden Nervenfasern durchziehen unseren Körper. Aneinandergelegt reichten sie bis zum Mond und wieder zurück. Der größte Teil der Nervenzellen befindet sich im Rückenmark und im Gehirn. In dessen Zentrum – dem *Thalamus* – werden die Befehlssignale ausgegeben.
Die Übertragung eines Signals vom Gehirn bis zum Fuß dauert etwa eine Hundertstelsekunde.
Quer zur Faserrichtung wird Ladung durch die Wand der Nervenzelle transportiert. Dadurch ändert sich der Ladungszustand an der Oberfläche der Nervenzelle und damit die Spannung zu anderen Zellen. Dieser Spannungsunterschied bildet das elektrische Signal. Jede Nervenzelle erzeugt die nötige Spannung von 0,1 Volt auf chemischem Weg. Für stärkere Muskelbewegungen werden nicht etwa höhere Spannungen erzeugt, sondern viele einzelne, gleich starke Signale gesendet.

143-1

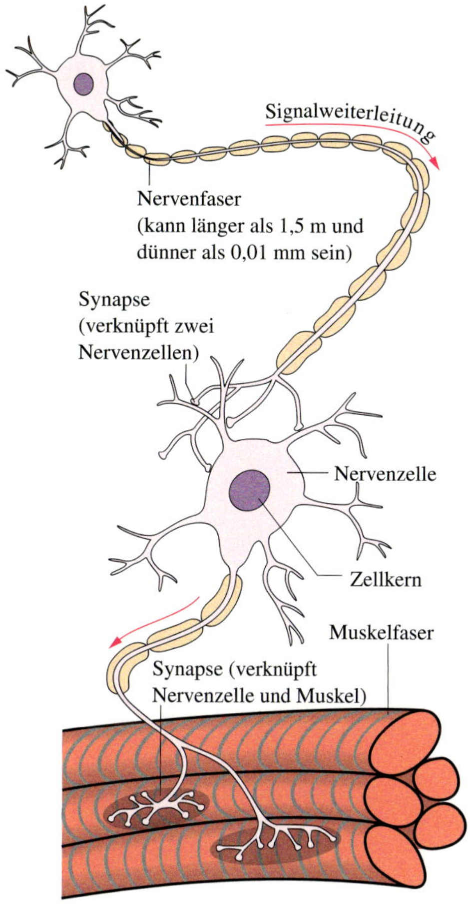

3 *Nervenzellen mit Nervenfasern*

Wenn eine Monozelle nicht ausreicht
Eine einzige Monozelle (1,5 V) als Energiequelle reicht für einen Radiorekorder oder einen tragbaren CD-Spieler oft nicht aus. Meistens braucht man mehrere solcher Zellen. Viele Geräte benötigen z. B. eine Spannung von 3 oder 6 V.
Beim Einsetzen der Monozellen musst du auf die richtige Anordnung achten. Sie ist meist im Batteriefach angegeben. ▸4 Außer bei der ersten und der letzten Zelle ist jeweils der Minuspol der einen Zelle mit dem Pluspol der nächsten verbunden. Die Zellen sind *in Reihe* geschaltet. ▸5
So werden die Elektronen nacheinander von jeder einzelnen Zelle angetrieben. Die Gesamtspannung ergibt sich bei in Reihe geschalteten Energiequellen aus der Summe der Einzelspannungen.

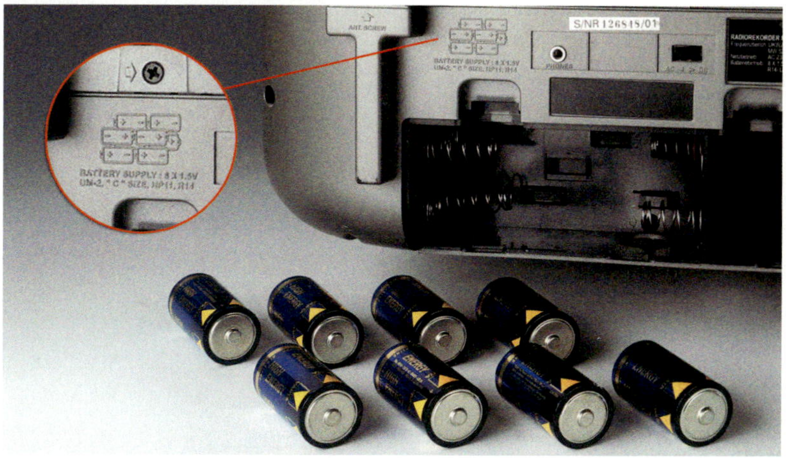

4 *Batteriefach*

Aufgaben

2 Wie wird ein Reiz von unserer Haut zum Gehirn übertragen?

3 Wie bekommt ein Muskel die Information, ob er sich schwach oder stark anspannen soll?

4 Ein Spielzeugauto benötigt eine Spannung von 3 V.
a Wie viele 1,5-V-Monozellen müssen ins Batteriefach eingelegt werden?
b Wie sind die Batterien geschaltet? Fertige eine Schaltskizze an.

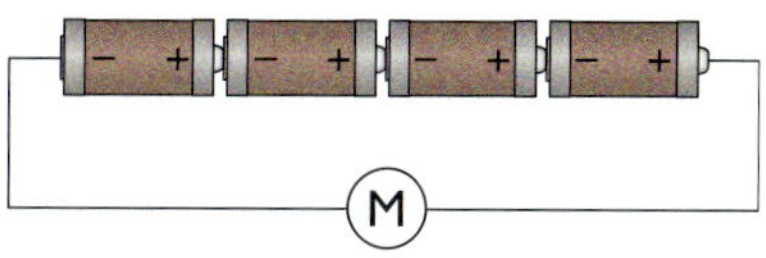

5 *Reihenschaltung der Zellen*

Spannungen bei Reihenschaltungen

▷ Hier leuchten 40 kleine Glühlampen. Sie sind an die Steckdose mit 230 Volt angeschlossen. Auf den Lämpchen ist aber jeweils 6 Volt angegeben …

1 *Lichterkette*

Untersuchen Experimentieren

1 Zwei gleiche Lampen im Stromkreis – wie groß sind Stromstärke und Spannung? Wenn zwei gleiche Glühlampen leuchten, wird doppelt so viel Energie umgewandelt wie bei einer.

a Betreibt mit dem Handgenerator (oder einem regelbaren Netzgerät) zunächst nur eine einzige Lampe. Im Stromkreis wird ein Strommesser eingebaut. Die Lampe soll normal leuchten. Lest die Stromstärke ab.

b Eine zweite, gleiche Lampe wird nun in Reihe geschaltet. ▸2 Dabei soll zunächst genauso schnell gekurbelt werden wie zuvor. (Am Netzgerät sollten keine Veränderungen vorgenommen werden.) Was stellt ihr fest?

c Was müsst ihr tun, damit bei der Reihenschaltung beide Lampen wieder hell leuchten? Welche Stromstärke messt ihr?

d Messt in den Anordnungen von Teil b und c die Spannungen an den beiden Glühlampen und der Energiequelle. Vergleicht die Messwerte.

2 Die richtige Stromstärke In einem Stromkreis leuchten die beiden Lampen nicht richtig. ▸3 Die Stromstärke ist zu klein, es wird zu wenig Ladung durch die Glühdrähte geschoben.
Was müsst ihr tun, damit die Lampen hell leuchten, also der richtige Elektronenstrom fließt?

3 Verschiedene Lampen im Stromkreis – wie groß sind die Spannungen? Baut eine Reihenschaltung mit drei Lampen auf. ▸4
Stellt die Spannung am Netzgerät so ein, dass die Stromstärke 0,3 A beträgt. Messt die Spannung an der Energiequelle und an den Lampen. Erkennt ihr einen Zusammenhang?

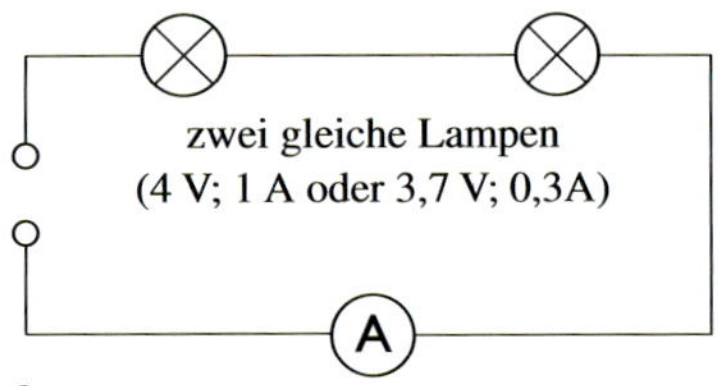

2

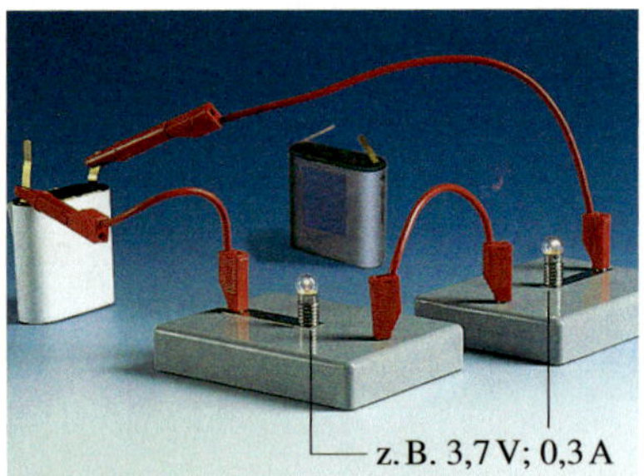

3

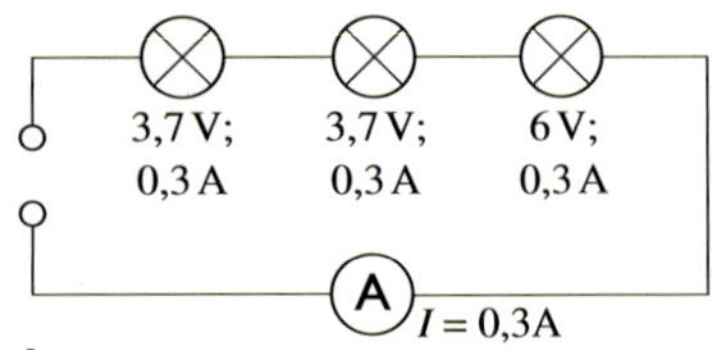

4

Grundlagen Spannung und Energie bei der Reihenschaltung

Spannung In einer Reihenschaltung sind mehrere Lampen oder Geräte hintereinander in einem Stromkreis angeordnet. Im ganzen Stromkreis fließt der gleiche Elektronenstrom. Man misst überall die gleiche Stromstärke. Wenn ein Gerät ausfällt, gehen alle Geräte aus.
Die drei Lampen in der Schaltung ▸5 leuchten alle bei der gleichen Stromstärke richtig. Damit der benötigte Elektronenstrom fließen kann, müssen die Elektronen zwischen den Anschlussstellen der Lampen 1 und 2 mit 2,5 V sowie an der Lampe 3 mit 6 V angeschoben werden. Sämtliche Elektronen bewegen sich nacheinander durch alle drei Lampen. Sie müssen daher insgesamt mit 2,5 V + 2,5 V + 6 V = 11 V angetrieben werden. Deshalb muss die Spannung der Energiequelle bei dieser Schaltung 11 V betragen. Sie teilt sich auf die drei Lampen auf.
Bei der Lichterkette teilt sich die Spannung von 230 V gleichmäßig auf 40 Lampen auf. Daher beträgt die Spannung an jeder Lampe 5,8 V.

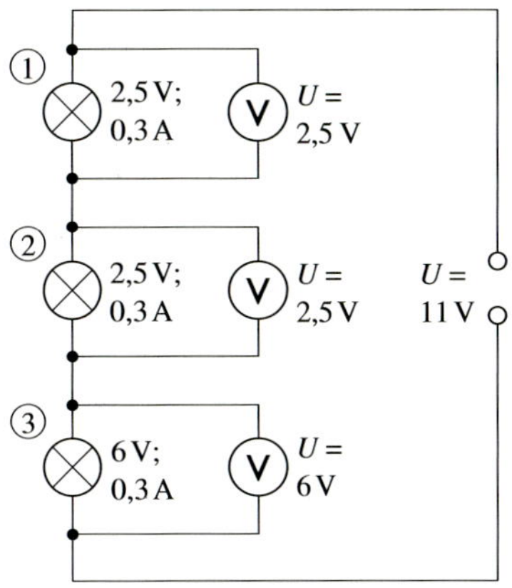

5

Bei der Reihenschaltung teilt sich die Spannung der Energiequelle auf die einzelnen Geräte auf: $U_{\text{Quelle}} = U_1 + U_2 + U_3$.

Energie Wenn man zu einer Lampe eine zweite, gleiche Lampe an der gleichen Energiequelle in Reihe anschließt, leuchten beide nur schwach. Der Elektronenstrom ist zu klein, weil die Elektronen zwei „Engpässe" (Glühdrähte) durchströmen müssen. Dazu werden sie zu schwach angetrieben. Damit sich die richtige Stromstärke einstellt und beide Lampen hell leuchten, muss die Energiequelle die Elektronen stärker „anschieben". Man benötigt an der Energiequelle die doppelte Spannung. Dadurch wird auch der Energiestrom von der Quelle doppelt so groß.

Bei gleicher Stromstärke gilt:
Doppelte Spannung → doppelter Energiestrom,
dreifache Spannung → dreifacher Energiestrom.

145-1 Simulation Reihenschaltung

Aufgabe

1 Die Lampen in den beiden Schaltungen sind alle gleich und leuchten gleich hell. ▸6–7
a Wie groß ist jeweils die Spannung an den Lampen 1 und 2 in Bild ▸6?
b Wie groß muss die Spannung der Energiequelle von Bild ▸7 gewählt werden? Was zeigt hier der Strommesser an?
c Wie groß ist die Spannung an der dritten Lampe? ▸8
d Hier leuchtet nur eine Lampe. ▸9 Zeichne die Schaltung so, dass beide leuchten. Welche Spannung muss die Energiequelle dann haben?

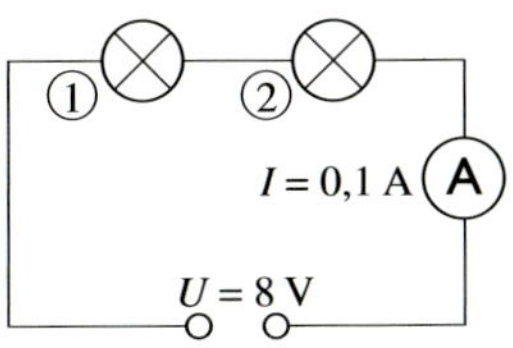

6

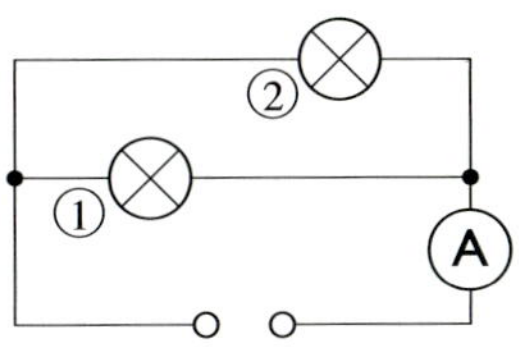

7

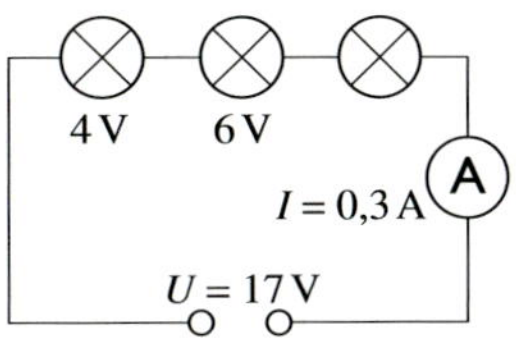

8

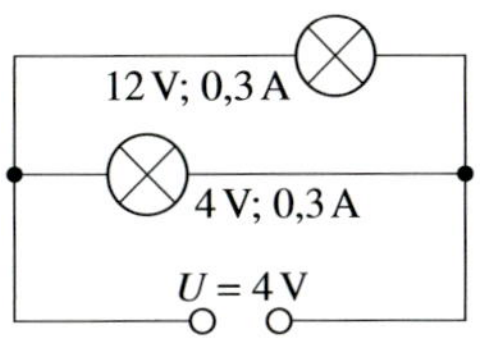

9

Überblick

Die elektrische Spannung

Die elektrische Spannung ist ein Maß dafür, wie stark die Elektronen zwischen zwei Stellen eines Stromkreises angetrieben werden.
Die elektrische Spannung wird in der Einheit 1 Volt (1 V) angegeben.
Bei gleicher Stromstärke wird umso mehr Energie pro Sekunde übertragen, je größer die Spannung ist. ►1
Spannungen über 25 V sind für den Menschen gefährlich, wenn er Teil eines Stromkreises wird.

Spannungen im Stromkreis

Die Spannung an den Anschlussstellen einer Energiequelle gibt an, wie stark die Elektronen in den Kreislauf des gesamten Stromkreises „geschoben" werden (Quellenspannung). ►2

Die Spannung zwischen den Anschlüssen einer Lampe oder eines Geräts gibt an, wie stark man die Elektronen antreiben muss, damit sie durch das Gerät hindurchströmen.
Durch die Verbindungsdrähte im Stromkreis lassen sich Elektronen leicht hindurchschieben. Messgeräte zeigen dort 0 V an.

Spannungen in der Reihenschaltung

Bei einer Reihenschaltung befinden sich mehrere Lampen oder andere Geräte hintereinander in einem Stromkreis. Die Elektronen müssen nacheinander durch alle Geräte getrieben werden.
Bei der Reihenschaltung teilt sich die Spannung der Energiequelle auf die einzelnen Geräte auf: ►3
$U_{Quelle} = U_1 + U_2 + U_3$. ↻ 146-1

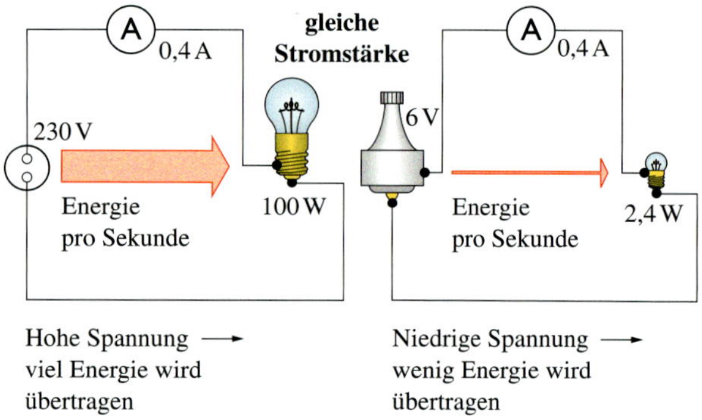

1

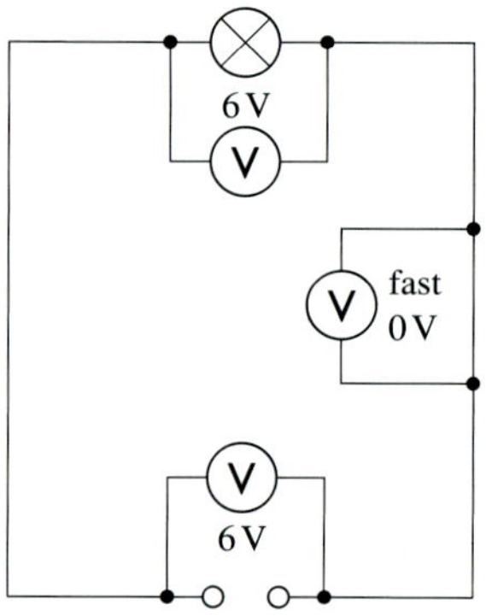

2

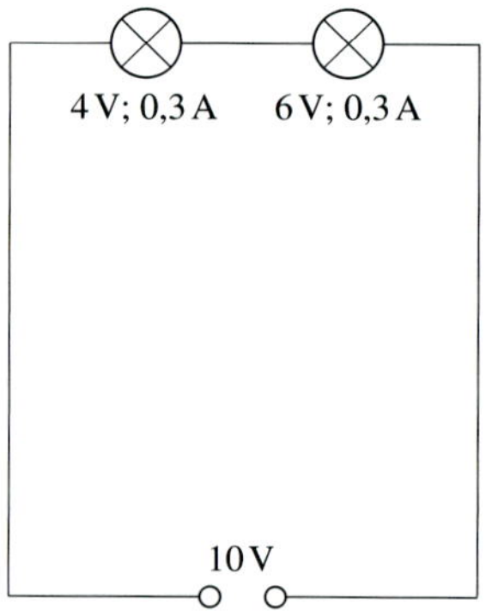

3

Alles klar?

1 In einem Stromkreis mit einer Glühlampe wird eine zweite, gleiche Lampe in Reihe eingebaut. Was kannst du beobachten? Was musst du tun, damit beide Lampen hell leuchten?

2 Weshalb ist das Experimentieren mit einer Autobatterie ungefährlich? Warum besteht beim Umgang mit dem Haushaltsstromnetz Lebensgefahr?

3 Was versteht man unter elektrischer Spannung? Erkläre es mit deinen Worten.

4 Du willst für zwei Lichterketten jeweils eine Ersatzlampe kaufen. Beide Lichterketten werden direkt an die Steckdose (230 V) angeschlossen. Im Laden findest du Lampen mit verschiedenen Voltangaben. Eine Verkäuferin fragt: „Wie viele Lampen haben denn die Ketten?" – „Die Außenkette hat 100, die für innen 35 Lampen." – „Dann ist alles klar", lacht die Verkäuferin. Dir auch? Welche Voltangaben müssen die Lampen haben?

Parallelschaltung
In der Parallelschaltung ist jedes Gerät durch einen eigenen Stromkreis mit der Energiequelle verbunden.

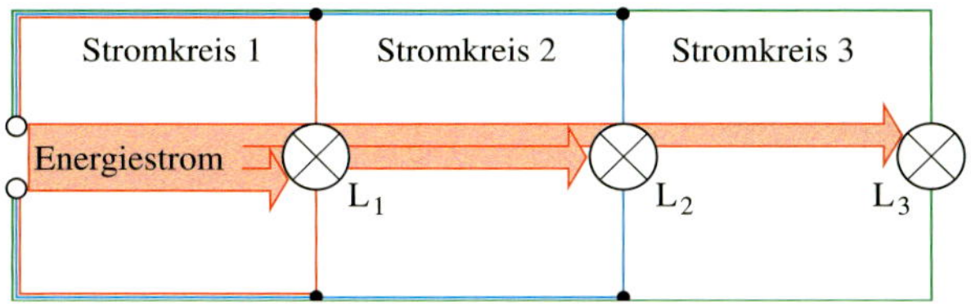

4 *Energieströme in der Parallelschaltung*

Reihenschaltung
In der Reihenschaltung befinden sich mehrere Geräte in einem Stromkreis.

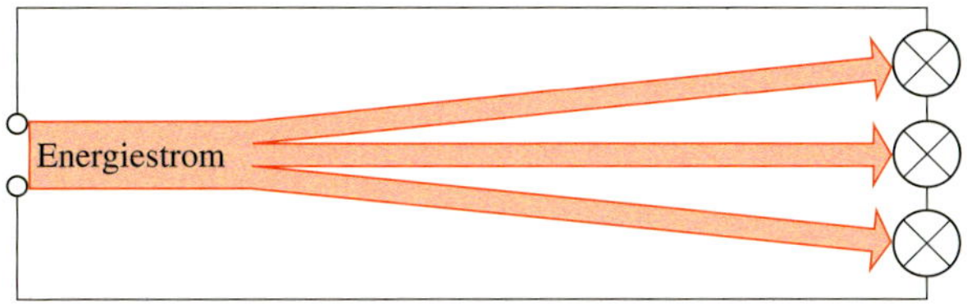

5 *Energieströme in der Reihenschaltung*

Je mehr Geräte angeschlossen sind, desto mehr Energie ist erforderlich.
Der Energiestrom von der Energiequelle setzt sich aus den Energieströmen für die einzelnen Geräte zusammen.

Wenn man zu einer Lampe eine weitere gleiche parallel schaltet, muss die Energiequelle den Elektronenstrom für beide Lampen antreiben.

Bei gleicher Spannung gilt:
doppelte Energie pro Sekunde
→ doppelte Stromstärke
dreifache Energie pro Sekunde
→ dreifache Stromstärke

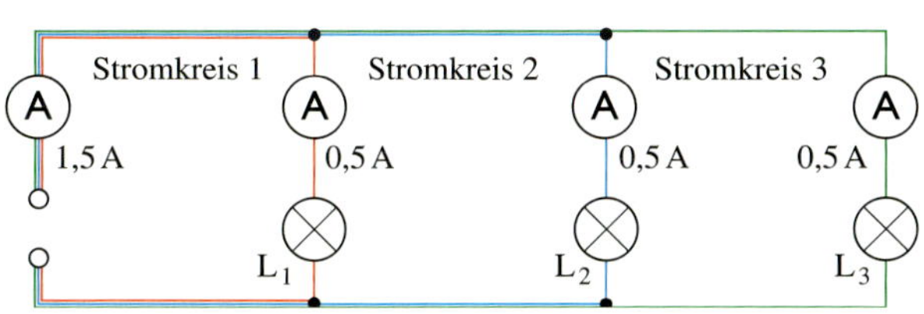

6 *Stromstärken in der Parallelschaltung*

Durch die Quelle und die gemeinsamen Zuleitungen fließen die Elektronenströme für alle Stromkreise:
$I_{gesamt} = I_1 + I_2 + I_3$.

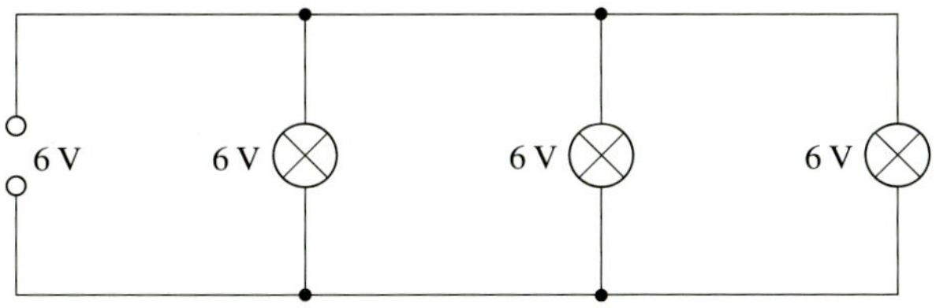

8 *Spannungen bei der Parallelschaltung*

In Parallelschaltungen muss jedes Elektron von der Quelle nur durch einen Verbraucher geschoben werden. An jedem Verbraucher steht deshalb die ganze Quellenspannung zur Verfügung:
$U_{Quelle} = U_1 = U_2 = U_3$.

Wenn man zu einer Lampe eine weitere gleiche Lampe in Reihe schaltet, muss man die Spannung erhöhen, damit beide Lampen hell leuchten.

Bei gleicher Stromstärke gilt:
doppelte Energie pro Sekunde
→ doppelte Spannung
dreifache Energie pro Sekunde
→ dreifache Spannung

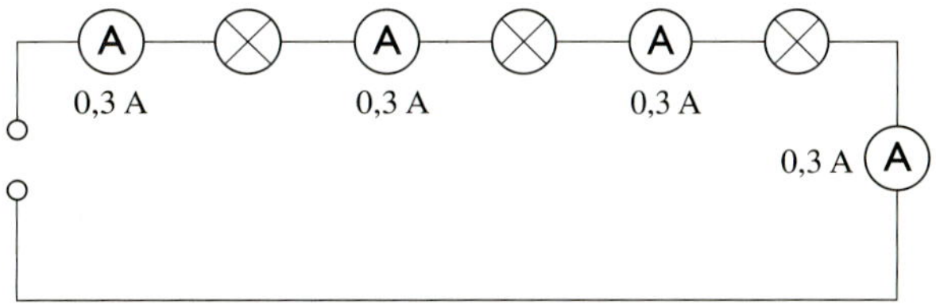

7 *Stromstärken in der Reihenschaltung*

Durch alle Lampen fließt der gleiche Elektronenstrom. Die Stromstärke ist überall gleich groß:
$I = I_1 = I_2 = I_3$.

9 *Spannungen bei der Reihenschaltung*

In Reihenschaltungen muss jedes Elektron durch alle Verbraucher geschoben werden. Die Energiequelle muss die Elektronen umso stärker antreiben, je mehr Verbraucher angeschlossen sind:
$U_{Quelle} = U_1 + U_2 + U_3$.

Elektrische Energie zum Heizen

▷ Viele Haushaltsgeräte enthalten Heizdrähte. In den Drähten wird elektrische Energie in Wärme umgewandelt. Die Heizdrähte werden sehr heiß, die Anschlussleitungen der Geräte aber nicht. Wie kann das erklärt werden?

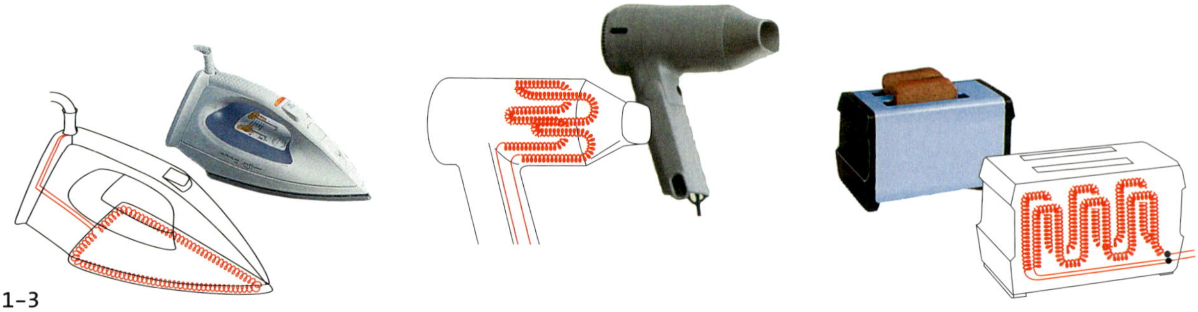

1–3

Untersuchen Experimentieren

1 **Wärmewirkung in verschiedenen Drähten** Untersucht den Einfluss des Materials auf die Wärmewirkung des Elektronenstroms. ▸4 Die Drähte sind in Reihe geschaltet. So ist der Strom in allen Drähten gleich.
- **a** Schaltet die Energiequelle ein. Beobachtet die Wachskugeln auf den Drähten. Welcher Draht wird am heißesten?
- **b** Messt an jedem Draht die elektrische Spannung.
- **c** Warum ist es sinnvoll, Drähte gleicher Länge und Dicke zu wählen?

2 **Heizwendeln aus verschiedenen Materialien** Wickelt einen Draht aus Konstantan und einen aus Eisen (Länge: 0,5 m, Durchmesser: 0,2 mm) auf einer Kugelschreibermine zu Wendeln. ▸5
- **a** Baut die Eisendrahtwendel in den Stromkreis ein. Stellt das Netzgerät so ein, dass eine Stromstärke von 1 A gemessen wird. Notiert die zugehörige Spannung.
- **b** Wiederholt den Versuch mit der Wendel aus Konstantandraht. Achtet auf die Unterschiede.
- **c** Erhitzt die Drähte mit einer Flamme. Wiederholt die Versuchsteile a und b. Erklärt die Veränderungen (siehe „Widerstand und Temperatur des Leiters“).

3 **Wie verhalten sich unterschiedlich lange und dicke Drähte?** ▸6 Untersucht, bei welcher Spannung an verschiedenen Drähten ein Elektronenstrom von 1 A fließt.
- **a** Spannt einen 0,5 m langen Konstantandraht mit einem Durchmesser von 0,2 mm in den Stromkreis. ▸5 Erhöht die Spannung, bis die Stromstärke 1 A erreicht ist.
  Geht für Konstantandrähte mit anderem Durchmesser genauso vor.
- **b** Wie könnt ihr den Einfluss der Drahtlänge bestimmen?
- **c** Untersucht in gleicher Weise Drähte aus anderen Materialien.

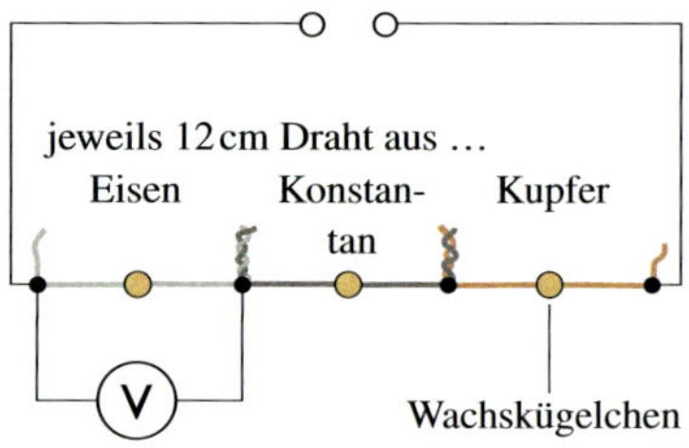

4

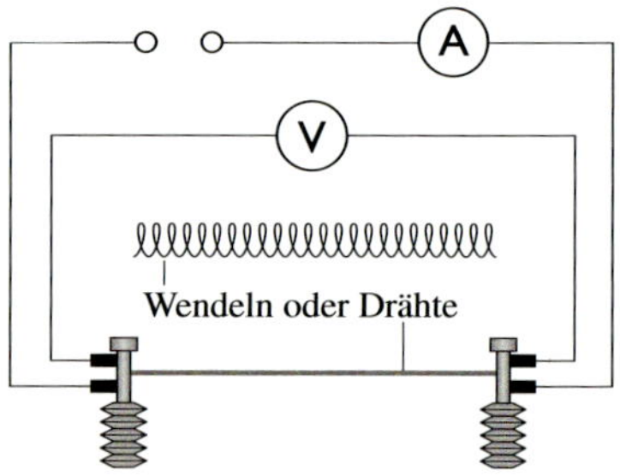

5

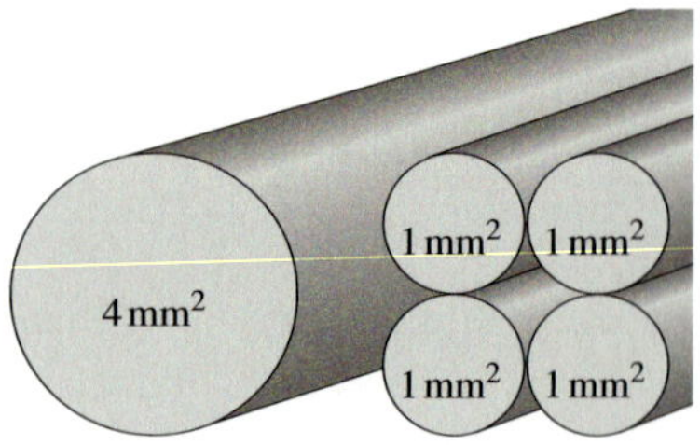

6 *Verschiedene Querschnittsflächen*

Grundlagen Wie der elektrische Widerstand entsteht

Der gleiche Elektronenstrom erwärmt einen Draht aus Kupfer viel weniger als einen gleich langen und gleich dicken Draht aus Konstantan. ▸7 An dem Draht aus Konstantan braucht man eine viel höhere Spannung, um den Elektronenstrom hervorzurufen. Somit ist auch der Energiestrom in diesem Stromkreis größer.

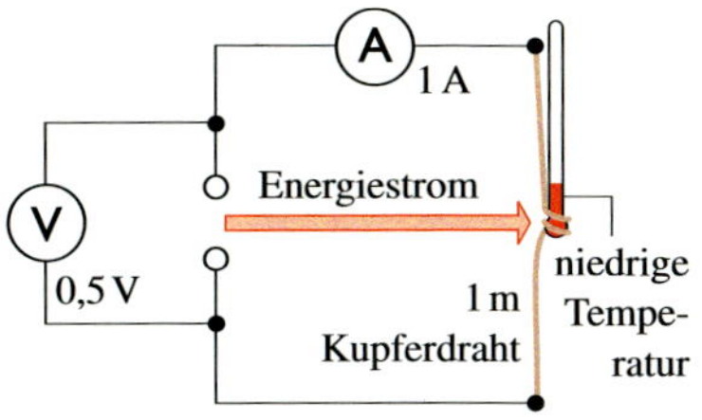

7 *Unterschiedliche Erwärmung durch gleichen Elektronenstrom*

Die Spannung muss beim Konstantandraht für den gleichen Elektronenstrom größer sein, weil dieser Draht die Elektronenbewegung stärker hemmt als der Eisendraht.

Als elektrischen Widerstand bezeichnet man die Eigenschaft eines Leiters, die Elektronenbewegung zu behindern.

Grundlagen Wovon der Widerstand abhängt

Widerstand und Leiterquerschnitt Die Elektronen werden in einem dünnen Draht stärker behindert als in einem dickeren aus gleichem Material. Dünnere Drähte haben eine kleinere Querschnittsfläche. ▸6

Der elektrische Widerstand ist umso größer, je kleiner die Querschnittsfläche des Leiters ist.

Widerstand und Länge des Leiters Es geht viel schwerer, die Elektronen durch einen langen Draht zu schieben als durch einen kurzen mit gleichem Durchmesser. Im Draht werden die Elektronen auf jedem Zentimeter seiner Länge gehemmt.

Der elektrische Widerstand wächst mit der Länge des Leiters.

Widerstand und Temperatur des Leiters Wenn ein Draht erwärmt wird, werden die Elektronen in ihrem Fluss stärker behindert. Die Folge ist: Der Widerstand des Leiters steigt.

Der elektrische Widerstand eines Leiters aus Metall steigt mit seiner Temperatur.

Erweiterung

Widerstand im Modell

Bei ihrer Bewegung im Draht stoßen die Elektronen immer wieder mit den ortsfesten positiven Teilchen zusammen.
Durch die Stöße geben die Elektronen Energie an die positiven Teilchen ab. Dadurch schwingen diese stärker an ihren Plätzen hin und her. Der Draht wird warm. Elektrische Energie wird in Wärme umgewandelt.

- In reinen Metallen wie Kupfer sind die positiven Teilchen regelmäßig angeordnet. ▸8 Die Elektronen stoßen selten mit ihnen zusammen. Du kannst das mit dem Lauf durch einen Obstgarten vergleichen, in dem die Bäume in Reihen stehen.

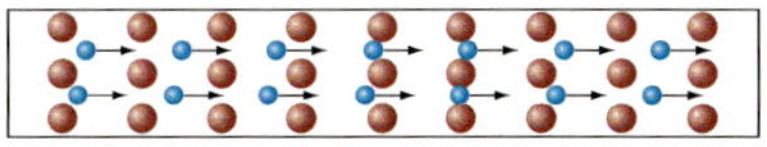

Positive Teilchen: ● Cu Elektron ●

8 *Reines Metall (Kupfer)*

- In Metallmischungen wie Konstantan sind die positiven Teilchen weniger regelmäßig angeordnet. ▸9 Die Elektronen stoßen häufiger auf positive Teilchen und geben mehr Energie ab. Der Draht wird heißer.

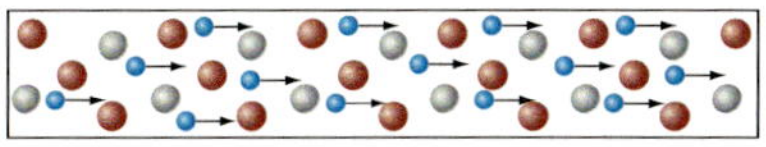

Positive Teilchen: ● Ni ● Cu Elektron ●

9 *Legierung von zwei Metallen*

Wenn ein Draht erwärmt wird, bewegen sich seine positiven Teilchen stärker als zuvor an ihren Plätzen hin und her. Dadurch werden die Elektronen in ihrem Fluss stärker behindert.

149-1
Simulation Warum wird der Draht heiß?
Simulation Kaltleiter

Wir berechnen den elektrischen Widerstand

▷ Wie hängt die Stromstärke von der Spannung am Draht ab?

▷ Wie wird die Frage untersucht?

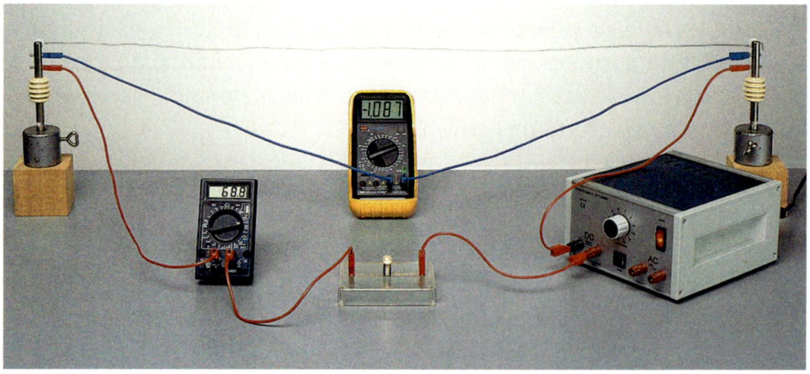

1

Experimentieren

1 Wie hängen Stromstärke und Spannung zusammen? Als elektrische „Verbraucher" dienen eine Glühlampe (4 V; 0,1 A) sowie zwei Konstantandrähte (1,00 m lang, ∅ 0,2 mm und 0,75 m, ∅ 0,1 mm). ▸**1**

a Spannt einen Konstantandraht in die Messstrecke ein. Erhöht die Spannung von 0 V auf 5 V in Schritten von 0,5 V und messt jeweils die Stromstärke. Notiert die Messwerte in einer Tabelle. ▸**2**

b Führt die gleiche Messreihe für den zweiten Draht und die Glühlampe durch. Protokolliert in weiteren Tabellen.

c Übertragt die Messwerte für alle drei Messreihen in ein *U*-*I*-Diagramm (*U* nach oben, *I* nach rechts).

d Berechnet in allen Fällen den Quotienten $\frac{U}{I}$. Tragt den Wert in die jeweilige Tabelle ein. Was stellt ihr fest?
Versucht eine Erklärung für den Kurvenverlauf bei der Glühlampe zu finden.

2 Messungen an Widerstandsbauteilen Als Widerstand bezeichnet man auch spezielle Bauteile zur Strombegrenzung. ▸**3–4**

a Führt die Messungen aus Versuch 1 mit verschiedenen Widerständen durch. Protokolliert alle Messreihen in Tabellen. Zeichnet die Wertepaare von *U* und *I* in ein Diagramm ein. Ermittelt auch hier jeweils den Quotienten $\frac{U}{I}$.

b Vergleicht die Ergebnisse mit den Wertangaben auf den Widerständen.

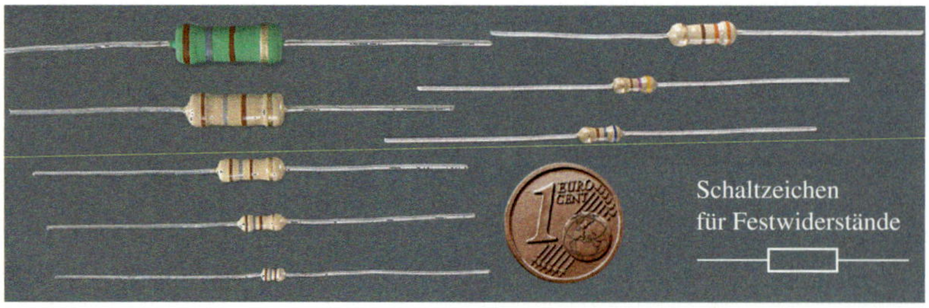

3 *Widerstände als Bauteile*

U in V	0,5	1	1,5	2
I in A	?	?	?	?
$\frac{U}{I}$ in $\frac{V}{A}$	?	?	?	?

2

	1.	2.	3.	4. Ring
schwarz	0	0		
braun	1	1	0	± 1 %
rot	2	2	00	± 2 %
orange	3	3	000	
gelb	4	4	0 000	
grün	5	5	00 000	
blau	6	6	000 000	
violett	7	7	0 000 000	
grau	8	8		
weiß	9	9		
golden				± 5 %
silbern				± 10 %
Fehlt der 4. Ring:				± 20 %

Beispiel: Der abgebildete Festwiderstand hat 1000 Ω ± 5 % Fertigungsgenauigkeit (4. Ring). Er kann also 950 Ω bis 1050 Ω haben.

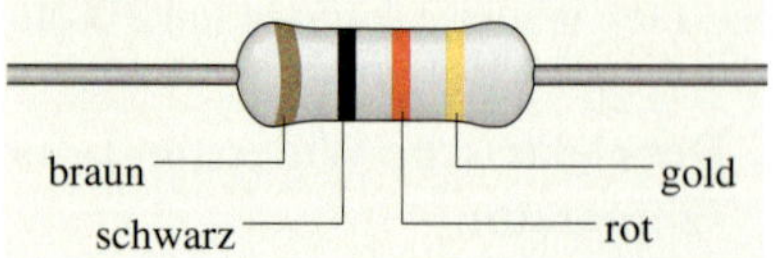

4 *Farbcode von Festwiderständen*

Grundlagen Wie der Widerstand berechnet wird

Widerstand Bei unterschiedlichen Drähten benötigt man verschiedene Spannungen, damit die Stromstärke genau 1 A erreicht.
Je schlechter der Draht leitet, desto höher muss die Spannung für eine Stromstärke von 1 A sein. Diese Spannung verrät etwas über den elektrischen Widerstand des untersuchten Drahts.

Der elektrische Widerstand *R* gibt an, bei welcher Spannung *U* die Stromstärke $I = 1\,\text{A}$ betragen würde.
Die Einheit des Widerstands ist 1 Ohm (1 Ω): $1\,\Omega = \frac{1\,\text{V}}{1\,\text{A}}$;
$1000\,\Omega = 1\,\text{k}\Omega$ **(1 Kiloohm).**

Ohmsches Gesetz Hat ein Leiter einen Widerstand von 3 Ω, so braucht man eine Spannung von 3 V für eine Stromstärke von 1 A. 10 Ω bedeutet: Man braucht 10 V Spannung für 1 A oder 5 V für 0,5 A oder 20 V für 2 A. Diese Rechnungen sind aber nur sinnvoll, solange sich der Widerstand nicht verändert. Bei höheren Stromstärken erwärmt sich jeder Leiter aus Metall. Dann wird der elektrische Widerstand größer.

Stromstärke und Spannung ändern sich in gleichem Maße, sie sind proportional zueinander. Das gilt aber nur, wenn die Temperatur des Leiters gleich bleibt (ohmsches Gesetz).

151–1 Experiment Gesetz von Ohm

Berechnung So berechnet man den elektrischen Widerstand:

$$\text{Widerstand} = \frac{\text{Spannung}}{\text{Stromstärke}};\quad R = \frac{U}{I}.$$

Rechenbeispiel: Die Stromstärke in einer Kaffeemaschine (230 V) beträgt: $I = 4{,}8\,\text{A}$. Der elektrische Widerstand der Maschine beträgt:

$$R = \frac{U}{I};\quad R = \frac{230\,\text{V}}{4{,}8\,\text{A}} = 48\,\frac{\text{V}}{\text{A}} = 48\,\Omega.$$

5

Aufgaben

1 Wenn eine Haushaltsglühlampe (100 W) an eine Energiequelle mit $U = 10\,\text{V}$ angeschlossen wird, leuchtet sie nicht. Trotzdem misst man eine Stromstärke von $I = 95\,\text{mA}$.
a Berechne den Widerstand des Glühdrahts im kalten Zustand.
b Wird die Lampe an die richtige Energiequelle (230 V) angeschlossen, misst man eine Stromstärke von 435 mA. Wie groß ist der Widerstand des glühenden Drahts in der Lampe?
c Vergleiche beide Widerstandswerte. Erkläre den Unterschied.

2 An einem Widerstand von 1 kΩ soll die Stromstärke 0,23 A (0,05 A; 80 μA) betragen. Wie groß muss die Spannung sein?
Wie groß ist der Elektronenstrom durch diesen Widerstand bei einer Spannung von 1 V?

Aus der Geschichte

Ohm – ein Lehrer aus Köln

6 *Georg Simon Ohm*

Georg Simon Ohm (1789–1854) studierte Mathematik, Physik und Philosophie an der Universität Erlangen. Mit einer Arbeit über „Licht und Farben" erlangte er die Doktorwürde.
1817 fand er eine Stelle als Oberlehrer für Mathematik und Physik am Gymnasium des damals preußischen Köln. In den Jahren 1822 bis 1825 führte er Experimente durch, um den vermuteten proportionalen Zusammenhang zwischen Stromstärke und Spannung zu beweisen. Das war damals eine schwierige Aufgabe. Es gab weder regelbare Energiequellen noch Konstantandraht. 1826 fand er das heute nach ihm benannte ohmsche Gesetz.
Im Juni 1839 ernannte ihn die Preußische Akademie der Wissenschaften zum Mitglied. Doch erst 1849 erfüllte sich endlich sein lang gehegter Wunsch: Man bot ihm eine Stelle an der Universität München an. 1852 wurde er zum Professor für Physik berufen. Nur zwei Jahre später starb Ohm.

Aufgaben

3 Welche Vermutung wollte *Georg Simon Ohm* beweisen?

4 Welche Schwierigkeiten musste er bei seinen elektrischen Experimenten überwinden?

Vor Gefahr geschützt – der Schutzleiter

▹ Keine Chance dem Elektrounfall!

Von der Badewanne aus keine Haartrockner oder Radios benutzen!

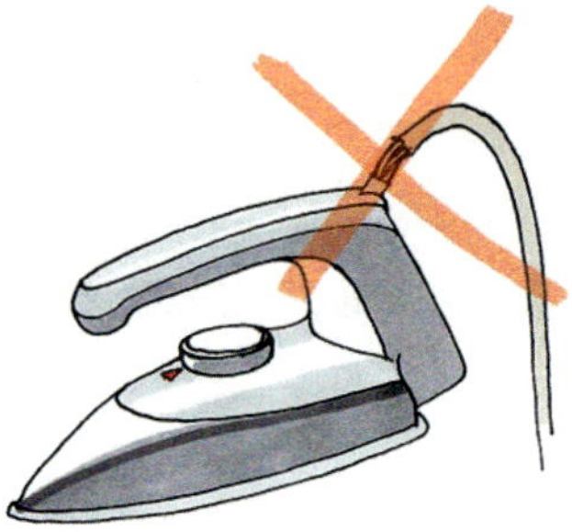

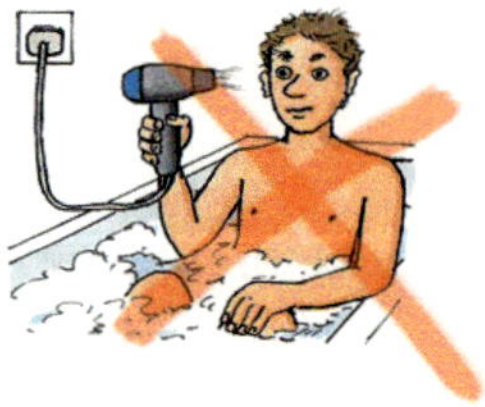

Kein Elektrogerät anschließen, dessen Gehäuse oder Leitung beschädigt ist! Elektrogeräte nur vom Fachmann reparieren lassen!

Mit Elektrogeräten nicht barfuß auf einem Steinfußboden oder im Garten hantieren!

Beim Wechseln von Glühlampen Stecker ziehen oder Sicherung abschalten!
Wenn Kleinkinder in einer Wohnung sind: Steckdosen durch Einsatz sichern!

Stecker anfassen und nicht an der Leitung aus der Steckdose ziehen! Leitungen nicht durch Türritzen hindurchquetschen oder unter Teppiche legen!

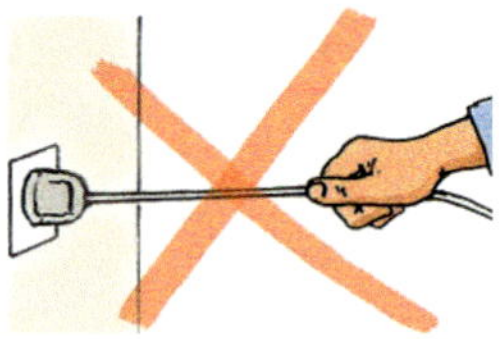

In der Nähe von Hochspannungsmasten oder Oberleitungen keine Drachen steigen lassen!
Abstand von der Oberleitung und von herabhängenden Freileitungen halten! Nicht auf Eisenbahnwagen klettern oder Masten besteigen!

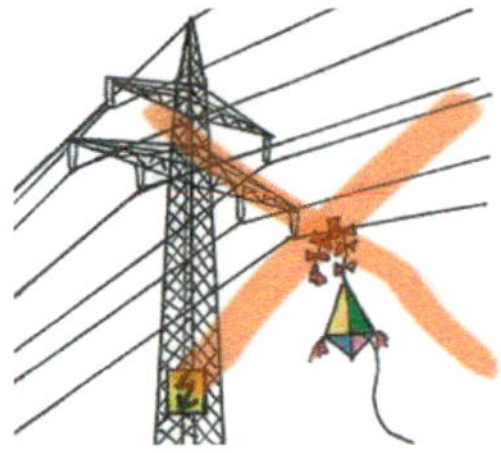

1

Experimentieren

1 Fließt elektrische Ladung durch die Erde? (Lehrerversuch) Bei Elektrounfällen spielt oft die Erdung eine Rolle.

a Ein Pol einer 12-V-Batterie wird über einen empfindlichen Strommesser und den menschlichen Körper mit einer Wasserleitung verbunden. ▸2 Sie stellt eine leitende Verbindung zum Erdreich her. Fließt ein Elektronenstrom „zur Erde ab"?

b Der vom Strommesser kommende Draht wird direkt an die Wasserleitung gehalten.

c Nun wird der zweite Pol der Batterie über eine in den Erdboden gesteckte Metallstange geerdet. Fließt ein Elektronenstrom über den Menschen in die Erde? Gibt es einen geschlossenen Stromkreis?

d Fließt ein Strom, wenn anstelle der Wasserleitung nur der Erdboden mit der Hand berührt wird?

e Gibt es Unterschiede bei verschiedenen Untergründen (Gummimatte, Steinfußboden, Holzdielen, feuchte Erde)?

2 Erdung auch im Stromnetz? (Lehrerversuch) Mit einem Polprüfer kann in einer Steckdose der Außenleiter vom Neutralleiter unterschieden werden. Der Polprüfer leuchtet auf, wenn er mit dem Außenleiter verbunden ist. Der Stromkreis wird über den Menschen, die leitende Erde und den Neutralleiter geschlossen. ▸3

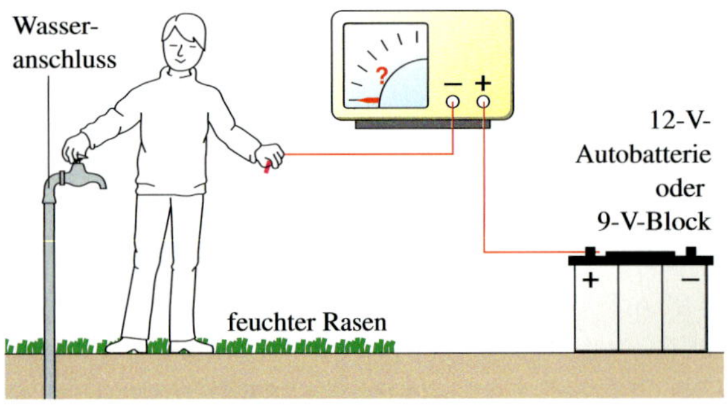

2

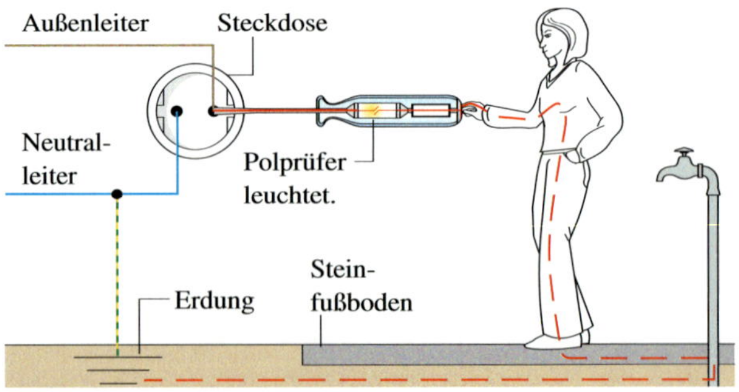

3

Grundlagen Der Schutzleiter und seine Aufgabe

Die Erdung und ihre Gefahren Im Haushaltsstromnetz ist einer der beiden Leiter geerdet, die vom Elektrizitätswerk zur Steckdose führen. Er hat eine leitende Verbindung zum Erdreich. Der geerdete Leiter heißt *Neutralleiter*, der nicht geerdete *Außenleiter*. Schon bei Berührung des Außenleiters wird ein Stromkreis über den Menschen geschlossen! Das kann lebensgefährlich sein.

Viele Elektrogeräte besitzen ein Metallgehäuse. Kommt der Außenleiter mit dem Gehäuse in Kontakt, kann Lebensgefahr drohen. Wenn eine Person das Metallgehäuse berührt, schließt sie mit ihrem Körper einen Stromkreis. Der Außenleiter ist dann über den menschlichen Körper und die Erde mit dem Neutralleiter verbunden. Es fließt ein elektrischer Strom durch die Person. Verkrampfungen und Verletzungen sind die Folge. Steht die Person auf gut leitendem Untergrund oder berührt die Wasserleitung, so kann der Strom sogar tödlich sein. ▸4

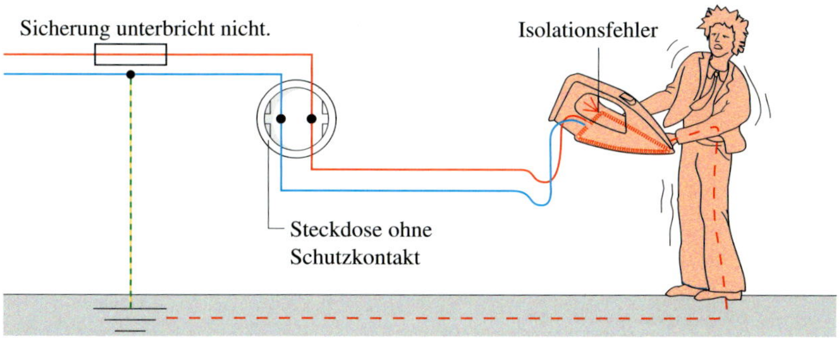

4 *Gerät ohne Schutzleiter*

Der Schutzleiter Um diese tödliche Gefahr zu vermeiden, sind die Metallgehäuse vieler elektrischer Geräte an einen *Schutzleiter* angeschlossen. ▸5 Dieser dritte Leiter in der Anschlussleitung ist beim Hausanschluss im Keller mit dem Neutralleiter verbunden und geerdet. Hat der Außenleiter Kontakt mit dem Gerätegehäuse, so steht er über den Schutzleiter direkt mit dem Neutralleiter in Verbindung. Es kommt zu einem Kurzschluss. Die Sicherung unterbricht den Stromkreis und die Gefahr ist beseitigt. ▸6

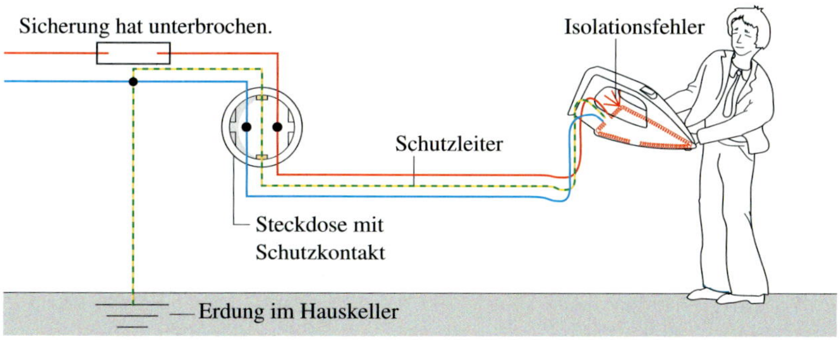

6 *Gerät mit Schutzleiter*

Aufgaben

1 Wie kann es zu einem Elektrounfall kommen, wenn man nur einen Pol der Steckdose berührt? Beschreibe den Stromkreis, der zur Gefahr wird.

2 Wieso sind Elektrounfälle besonders gefährlich, wenn eine Hand Kontakt mit dem Außenleiter und eine mit der Wasserleitung hat?

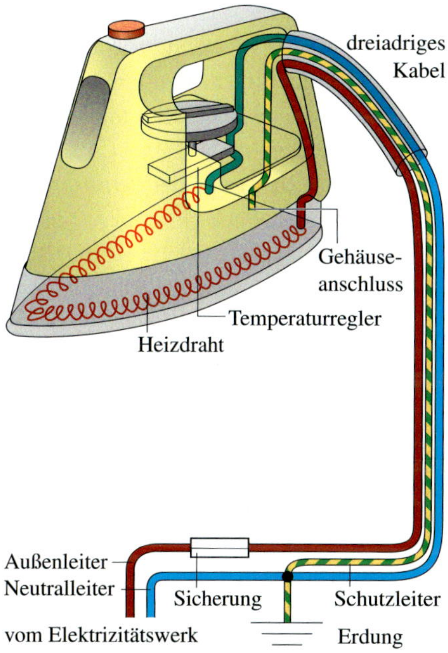

5

3 Manche Geräte werden ohne Schutzleiter an die Steckdose angeschlossen. Welche Maßnahmen machen bei diesen Geräten den Schutzleiter überflüssig? ▸7

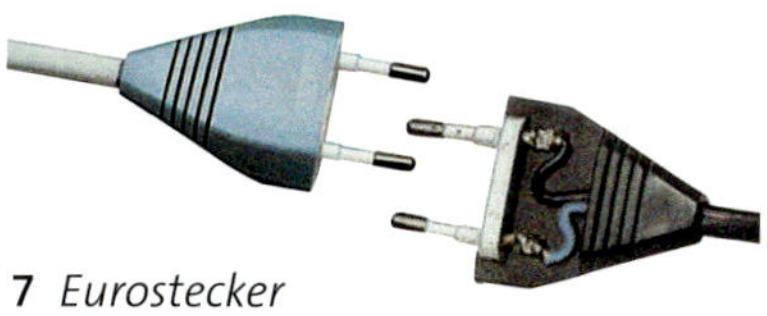

7 *Eurostecker*

Aus der Technik – Wie elektrische Ströme auf den Menschen wirken

Der menschliche Körper leitet den elektrischen Strom – allerdings schlechter als ein Metalldraht. Wenn zwischen Händen und Füßen eine Spannung herrscht, fließt ein Ladungsstrom durch den Körper. Dadurch können Muskeln verkrampfen. Die Funktion des Herzmuskels kann gestört werden. Bei großen Stromstärken kommt es zu schweren, oft tödlichen Verbrennungen.

Ob ein elektrischer Strom tödlich ist, hängt ab von der *Stromstärke* und der *Einwirkungsdauer* sowie vom *Weg*, den der Strom im Körper nimmt. ▸1

Wenn sich das Herz oder der Kopf im Stromkreis befindet, sind die Auswirkungen besonders schlimm.

Wie groß die Stromstärke bei einem Elektrounfall ist, hängt nicht nur von der Spannung ab. Genauso wichtig sind auch die Widerstände im Unfallstromkreis:

- Der *Körperwiderstand* des Menschen liegt zwischen 650 Ω (Hand–Hand) und 1300 Ω (Hand–Fuß).
- Vor allem von den *Übergangswiderständen* hängt es ab, ob ein Unfall mit Netzspannung tödlich verläuft. Wichtig sind die Widerstände der Schuhe und des Bodenbelags am Unfallort. Steinfußböden haben geringere Widerstände als mit Teppichen bedeckte Fußböden oder Holzböden.
  Auch die Größe der *Berührungsfläche* und die *Beschaffenheit der Haut* ist wichtig. Trockene Haut hat einen höheren Widerstand als feuchte Haut. Bei Elektrounfällen verbrennt und verkohlt häufig die Haut an den Kontaktstellen, der Hautwiderstand spielt dann keine Rolle mehr.

Schnelle Hilfe ist bei einem Elektrounfall entscheidend!
Wenn der Verunglückte noch Teil des Stromkreises ist, darf er auf gar keinen Fall berührt werden.
Der Stromkreis muss unterbrochen werden: Stecker ziehen, Sicherung abschalten oder Not-Aus-Schalter betätigen.
Bei Atemstillstand muss man sofort nach Unterbrechen des Stromkreises mit der Wiederbelebung beginnen (Atemspende und Herzdruckmassage). Notarzt sofort herbeirufen!

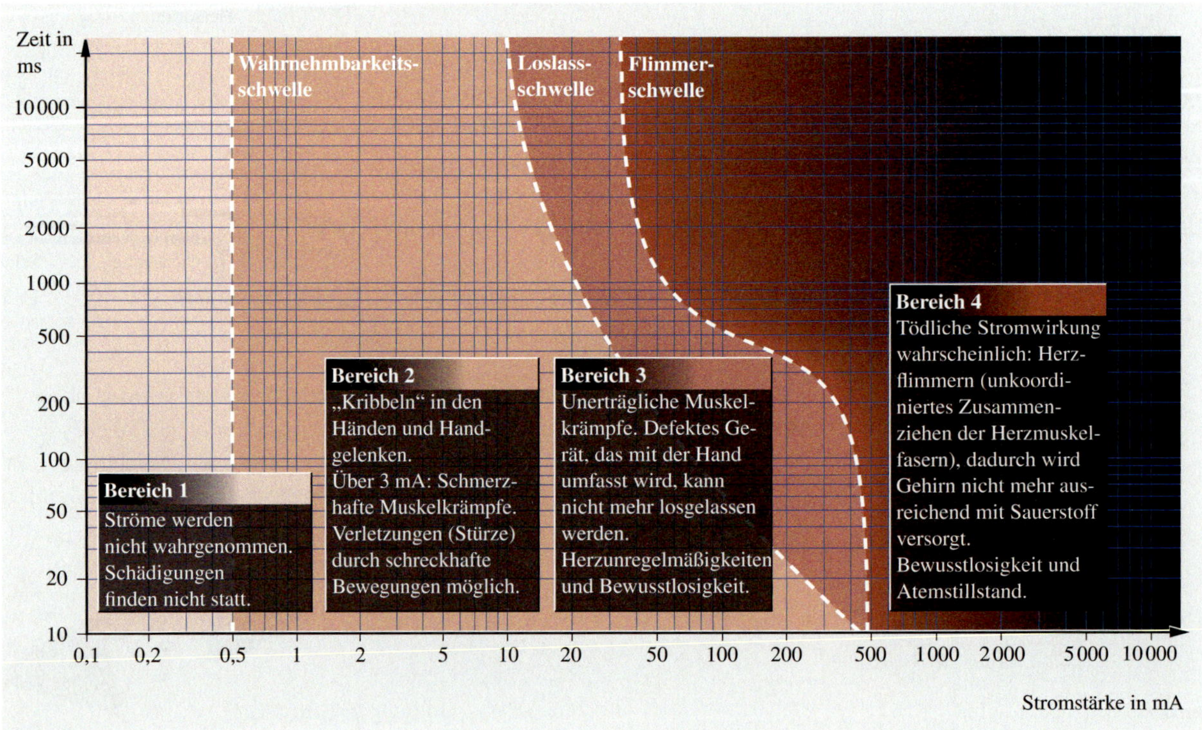

1 *Gefährdung des Menschen durch den elektrischen Strom (Erwachsene, Stromweg: eine Hand – beide Füße)*

Aus der Technik / Sichere Energieversorgung im Haus

Hausinstallation In jedem Raum eines Haushalts können viele Elektrogeräte gleichzeitig angeschlossen werden. Alle Geräte sind parallel geschaltet. ▸2 In der gemeinsamen Zuleitung fließt der Elektronenstrom für alle Geräte. Ein sehr großer Elektronenstrom würde die Drähte in den Zuleitungen stark erwärmen und in Brand setzen.
In Haushalten werden meist Kupferdrähte mit einer Querschnittsfläche von 1,5 mm^2 verlegt. Bei ihnen darf die Stromstärke höchstens 16 A betragen. Deshalb werden passende Sicherungen in den Stromkreis eingebaut. ▸3 Eine Waschmaschine benötigt für das Erwärmen der Waschlauge und das gleichzeitige Drehen der Trommel z. B. 2700 W. Die Stromstärke beträgt fast 12 A. Elektroherde benötigen in der Regel noch viel größere Energieströme. Deshalb kommt heute kein Haushalt mit einer einzigen Sicherung aus. Oft gibt es für den Elektroherd und die Waschmaschine sowie für jeden Raum eigene Sicherungen.

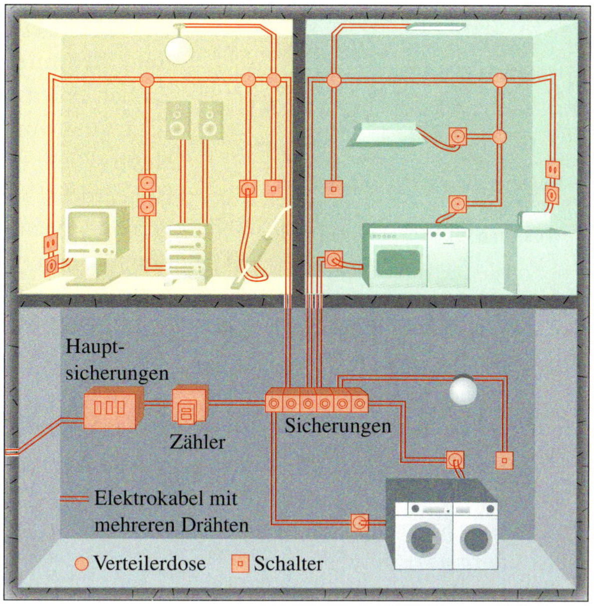

2 *Elektrische Hausinstallation*

Fehlerstromschutzschalter Dieser Schutzschalter prüft, ob die Elektronenströme in beiden Zuleitungsdrähten eines Stromkreises gleich sind. Wenn ein Mensch Teil des Stromkreises wird, fließt ein Teil des Elektronenstroms durch den Körper und die Erde. Der „Fehlerstromkreis" wird zwar über einen Erdungsanschluss geschlossen. Der Fehlerstrom fließt aber am Schutzschalter vorbei. ▸4 Im „Betriebsstromkreis" fehlt also ein Teil des Elektronenstroms. Das ist ähnlich wie beim Leck im Heizungskreislauf. ▸5 Schutzschalter trennen den Stromkreis bei einem Fehlerstrom so schnell vom Netz, dass der Mensch keinen Schaden erleidet.

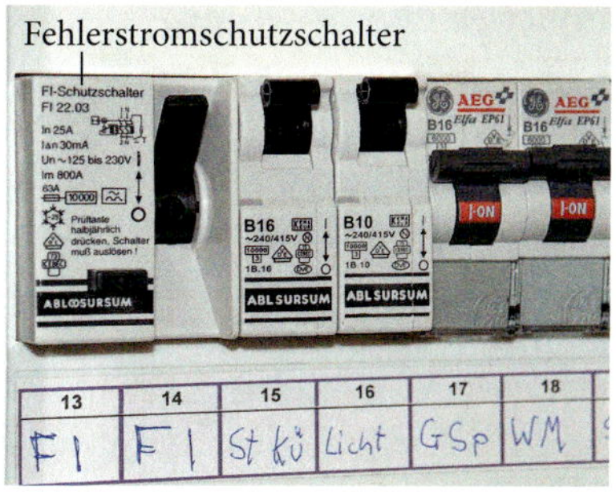

3 *Sicherungen*

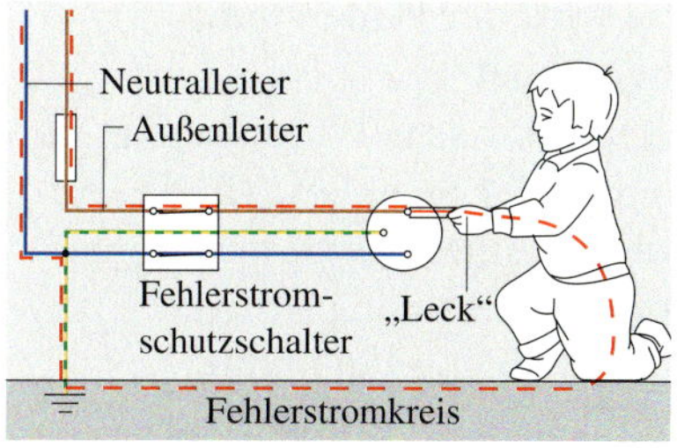

4 *Fehlerstromschutzschalter*

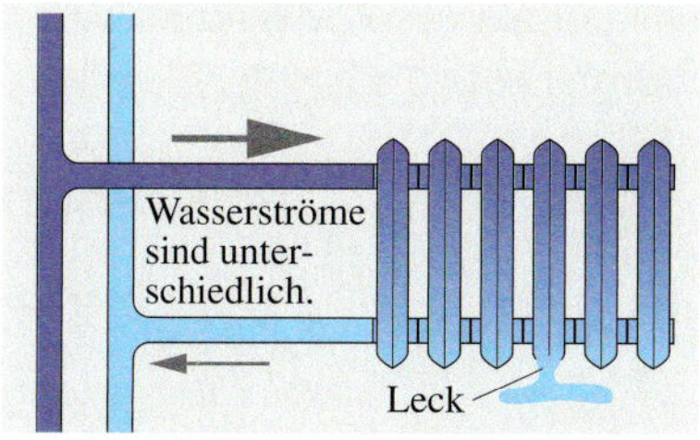

5 *Modell für einen Fehlerstrom*

Aufgaben

1 Ein wichtiger Teil der elektrischen Hausinstallation sind die Sicherungen.
a Begründe, weshalb es mehrere Sicherungen sein müssen.
b Sieh bei euch zu Hause nach, für welche Räume und Geräte es Sicherungen gibt. Wie viele Stromkreise gibt es demnach in eurem Haushalt?
c Warum kann man mehr Elektrogeräte gleichzeitig anschließen, als Sicherungen vorhanden sind?

2 Zwei Elektromotoren und eine Glühlampe sind parallel geschaltet. ▸6
a Für welche Geräte wirkt die Sicherung?
b Zeichne die Schaltskizze so, dass alle Geräte abgesichert sind.

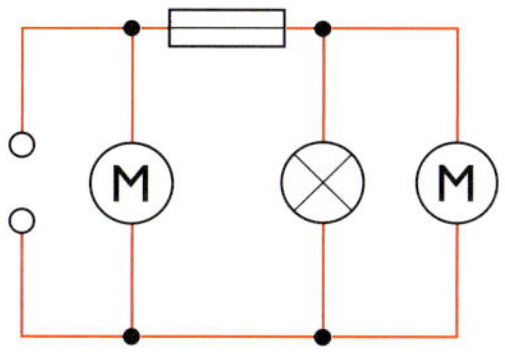

6

3 Fehlerstromschutzschalter
a Wozu dient ein Fehlerstromschutzschalter und wodurch wird er ausgelöst? Erkläre es deinem Tischnachbarn.
b Ein Fehlerstromschutzschalter hat die Daten „Fehlerstrom 30 mA, Abschaltzeit 30 ms". Beurteile anhand von Bild ▸1 seine Schutzwirkung.

Überblick

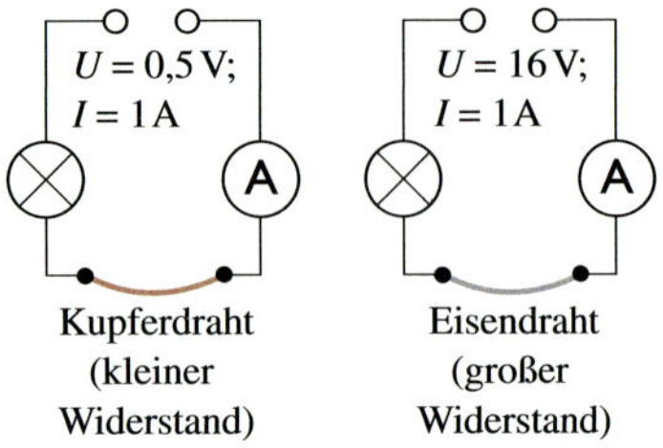

1

Der elektrische Widerstand
Bei unterschiedlichen Drähten sind verschieden hohe Spannungen nötig, um einen Elektronenstrom von 1 A hindurchzutreiben. ▸1
Je höher die Spannung ist, desto mehr Energie wird übertragen. Sie wird in den Drähten in Wärme umgewandelt.
Elektrische Leiter hemmen Elektronen in ihrer Bewegung. Diese Eigenschaft nennt man *elektrischen Widerstand.*
Der Widerstand von Drähten aus gleichem Material ist umso größer, je geringer ihr Querschnitt und je länger die Drähte sind.
Der elektrische Widerstand eines metallischen Leiters wird mit steigender Temperatur größer.

So wird der Widerstand berechnet
Der elektrische Widerstand R gibt an, welche Spannung für das Antreiben eines Elektronenstroms pro Ampere nötig ist:

$$\text{Widerstand} = \frac{\text{Spannung}}{\text{Stromstärke}};$$

$$R = \frac{U}{I}.$$

Die Einheit des Widerstands ist 1 Ohm (1 Ω): $1\,\Omega = 1\,\frac{V}{A}$.

156-1

156-2
Simulation Reihenschaltung von Widerständen
Simulation Parallelschaltung von Widerständen

Gefahren beim Umgang mit dem Stromnetz
Zu den Polen einer Steckdose führen der Außenleiter und der Neutralleiter. Der Neutralleiter ist geerdet. Er ist mit Rohrleitungen oder Metallbändern verbunden, die eine Verbindung zum Erdreich herstellen.
Berührt ein Mensch den Außenleiter, entsteht ein geschlossener Stromkreis. Er verläuft über den Außenleiter, den Menschen und den Erdkontakt zum Neutralleiter. ▸2 Es kommt zu einem Elektrounfall, der tödlich sein kann.

Der Schutzleiter
Durch einen dritten Leiter in den Steckdosen und den Zuleitungen von Elektrogeräten werden die Metallgehäuse der Geräte geerdet. Sie erhalten eine Verbindung zum Neutralleiter.
Wenn das Metallgehäuse bei einer schadhaften Isolierung Kontakt mit dem Außenleiter bekommt, entsteht über den Schutzleiter eine Verbindung zum Neutralleiter. Es kommt zum Kurzschluss. Die Sicherung unterbricht den Stromkreis. ▸3

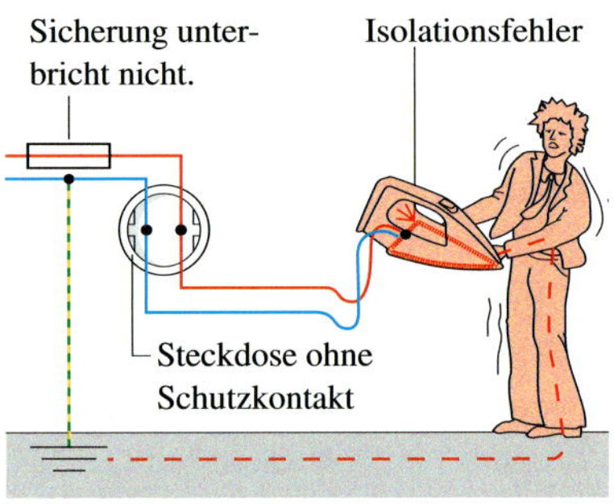

2 *Gerät ohne Schutzleiter*

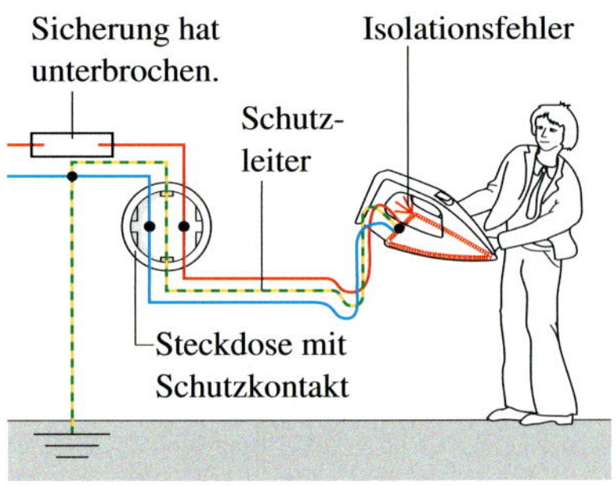

3 *Gerät mit Schutzleiter*

Alles klar?

1 „Ein dickes Kabel kann den gleichen Widerstand haben wie ein dünnes." Was meinst du dazu?

2* Die Elektronen erwärmen einen Draht. Wie ist das möglich?

3 „Wenn du nur einen Draht in der Steckdose berührst, kann es nicht gefährlich sein!" Stimmt das? Begründe deine Meinung.

4 Beim Auswechseln einer Glühlampe sollte man den Netzstecker herausziehen. Mit den Fingerspitzen könnte man sonst den Außenleiter berühren.
a Wie groß wäre dabei der Strom durch den Körper?
Hinweis: Der Übergangswiderstand beträgt im günstigsten Fall 10 kΩ, in ungünstigeren Fällen vielleicht nur 3 Ω.
b Berechne die Stromstärke auch bei einer Spannung von 1 kV.

5 „Die Loslassschwelle erhöht die Berührungsdauer. Das kann lebensgefährlich sein." Erläutere diese Aussage anhand des Diagramms ▸1 auf der vorigen Doppelseite.

Teste dich!

▷ Die Lösungen findest du im Anhang.

1 Am Himmel türmen sich an einem Sommerabend bedrohlich hohe Wolken auf. ▸4

a Triff eine Wettervorhersage.

b Beschreibe die zu erwartende Wettererscheinung.

c Wie kommt es dazu? Was passiert in der Wolke? Erkläre genau.

4

2 Du sollst einen Autostrom, einen Menschenstrom und einen Wasserstrom messen.

a Beschreibe dein Vorgehen in einer Messanweisung für deine Mitschüler.

b Du zählst auf der Autobahn 1200 Autos in einer Stunde und auf der Landstraße 30 in 2 Minuten. Welcher Autostrom ist größer?

c Vergleiche den Autostrom mit dem Elektronenstrom im Draht. Wie könnte ein Messverfahren für den Elektronenstrom aussehen?

d Wie messen Messgeräte die elektrische Stromstärke?

3 Deine Fahrradbeleuchtung soll untersucht werden.

a Zeichne den Schaltplan. Benenne Scheinwerfer und Rücklicht.

b Gib an, an welchen Stellen dieser Schaltung du die Stromstärke messen kannst.

c Welche Vorhersagen für die Messergebnisse kannst du treffen? Miss nach!

4 Eine Partybeleuchtungskette aus 46 Lampen wird mit Netzspannung betrieben.

a Welcher Spannungswert wird auf den Lampenfassungen aufgedruckt sein?

b Zeichne eine Schaltskizze mit drei Lampen und Messgeräten zur Überprüfung der Lampenspannung.

c Wie kannst du dir helfen, wenn eine Lampe ausfällt? Was verändert sich dadurch?

5 Im Stromkreis mit Fahrradlampe und Batterie werden 300 mA gemessen, im Stromkreis mit 75-W-Lampe und Steckdose ebenfalls.

a Ist so etwas möglich?

b Zeichne die beiden Stromkreise mit den Messgeräten als Schaltskizze.

c Beschreibe mit einem Modell, was in den beiden Stromkreisen passiert. Was ist gleich? Wo liegen die Unterschiede?

6 Bügeleisen, Toaster und Kaffeemaschine sind an einer Mehrfachsteckdose angeschlossen.

a In welcher Schaltungsart sind die Geräte angeschlossen?

b Die Heizdrähte dieser Geräte wandeln elektrische Energie in Wärme um. Erkläre im Modell.

c Berechne den elektrischen Widerstand der Heizdrähte für jedes Gerät. Die Stromstärke beträgt beim Bügeleisen 5,2 A, beim Toaster 4,3 A und bei der Kaffeemaschine 2,6 A.

d Die Steckdose ist mit einer 10-A-Sicherung abgesichert. Was geschieht, wenn alle Geräte gleichzeitig eingeschaltet werden? Begründe deine Antwort.

Fische „schweben" im Wasser. Wie schaffen sie das? Welche Kraft muss die Glaswand aushalten?

Tausende Tonnen Stahl – trotzdem schwimmt das Schiff!

Was geschieht, wenn man Wasser unter Druck setzt?

Einfach im Wasser liegen und lesen – wie geht das?

Wie tief kannst du tauchen?

Ballon aufpusten unter Wasser – geht das?

Bewegungen und ihre Ursachen (1)

- Warum schwimmt der eine Gegenstand und der andere geht unter? Dieser Frage wirst du mit vielen Experimenten nachgehen.
- Wale sind bis zu 200 Tonnen schwer. Sie können nur im Wasser leben. Denn es hilft ihnen dabei, ihr Gewicht zu tragen.
- 10 000 m tief im Meer herrscht ein unglaublich hoher Druck. Trotzdem leben dort Tiere. Auch der Mensch hat sich in diese Tiefe vorgewagt. Du wirst erfahren, wie das Tauchen bei U-Booten und Pottwalen funktioniert. Und du wirst verstehen, wie der Druck im Wasser entsteht.
- Schnorcheln ist ein beliebter Freizeitspaß. Beim Tauchen spürst du Druck auf den Ohren. Du musst ihn ausgleichen, damit dein Trommelfell keinen Schaden nimmt.
- Physik im Schwimmbad? Bei Versuchen spürst du den Auftrieb und den Wasserdruck selbst. Finde dabei heraus, wie Wracks vom Meeresboden geborgen werden …

Schwimmen und Sinken

▷ Eisen sinkt und Holz schwimmt – das weiß doch jeder! Aber halt: Die Bilder zeigen genau das Gegenteil!

1 *Die Eisenschraube schwimmt.*

2 *Das Holzstück liegt am Boden.*

Untersuchen Experimentieren

1 Wer bleibt oben? Untersucht, ob die Gegenstände im Wasser sinken, steigen oder schweben:

a Getränkedosen mit Cola und mit Cola light

b Orange, ungeschält und geschält

c verschiedene Holzsorten

d wassergefüllte Luftballons ▸3

e Tropfen Öl, Essig, Milch ...

2 Schwimmen, schweben, sinken
Geht ein Gegenstand unter? Seine Dichte verrät es!

a Legt ein verschlossenes, leeres Tablettenröhrchen in ein Becherglas mit Wasser. Schwimmt das Röhrchen? Bestimmt Masse und Volumen. Berechnet die Dichte. ▸4

b Schafft ihr es, das Röhrchen im Wasser schweben zu lassen? Füllt dazu Sand ein, bis es weder untergeht noch auf dem Wasser schwimmt. Ergänzt die Tabelle.

c Füllt noch ein wenig mehr Sand hinzu. Das Röhrchen sinkt nun. Vervollständigt die Tabelle.

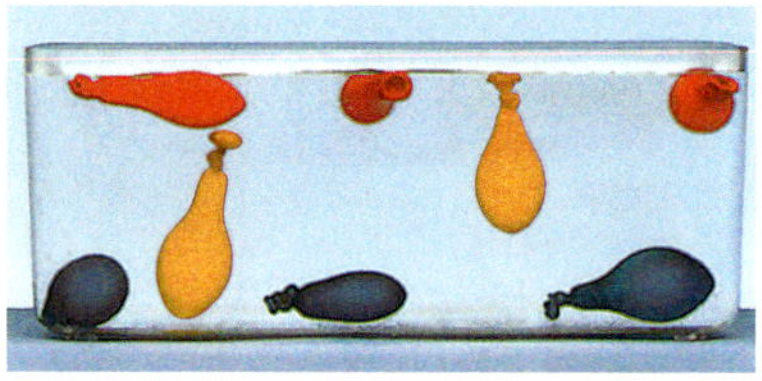

3

d Vergleicht jeweils die Dichte des Röhrchens mit der Dichte von Wasser $\left(1\,\frac{\text{g}}{\text{cm}^3}\right)$. Was fällt euch auf?

3 Der Flaschentaucher
Ihr braucht: Kunststoffflasche mit Schraubverschluss, Glasfläschchen mit Verschluss (z. B. Backaromaflasche), eine Nadel, etwas groben Sand.
So wird's gemacht: Stecht in den Verschluss des Glasfläschchens ein kleines Loch. ▸5 Bei einem Kunststoffverschluss nehmt ihr dazu am besten eine heiße Nadel. Dann füllt ihr groben Sand in das Fläschchen, bis es gerade noch schwimmt (mit dem Verschluss nach unten). Zum Probieren setzt ihr das Fläschchen in eine Tasse oder ein Glas voll Wasser. Dort könnt ihr es leicht herausholen. Füllt die Kunststoffflasche nun bis zum Rand mit Wasser. Setzt das Glasfläschchen hinein und verschließt die Kunststoffflasche. Der „Flaschentaucher" ist jetzt fertig.

a Drückt vorsichtig auf die Kunststoffflasche und lasst wieder los. Wann sinkt der Taucher, wann steigt er? Achtet auch auf den Wasserstand im Glasfläschchen.

b Schreibt eure Beobachtungen auf: Wenn ..., dann ...

c Warum ist es schwierig, den Taucher in der Schwebe zu halten? Was verändert sich durch das zusätzliche Wasser im Taucher?

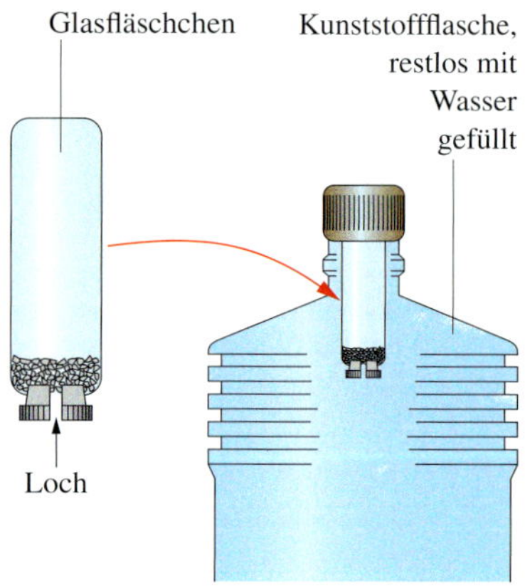

5

Röhrchen	Masse in g	Volumen in cm^3	Dichte in $\frac{\text{g}}{\text{cm}^3}$
schwimmt	?	?	?
schwebt	?	?	?
sinkt	?	?	?

4

Grundlagen Schwimmen, Schweben, Sinken

Warum schwimmen manche Gegenstände auf dem Wasser und andere gehen unter? Man sagt: Ein Ast schwimmt, weil Holz leichter als Wasser ist. Ein Anker sinkt, weil Eisen schwerer als Wasser ist. „Leichter als Wasser" bedeutet dabei, dass 1 cm^3 Holz weniger wiegt als 1 cm^3 Wasser. ►6 Oder physikalisch ausgedrückt:

Die Dichte von Holz $\left(0{,}6\,\frac{g}{cm^3}\right)$ ist geringer als die von Wasser $\left(1{,}0\,\frac{g}{cm^3}\right)$.

Eisen hat dagegen eine größere Dichte als Wasser.

> **Im Alltag sagt man „ein Schiff fährt" oder „ein Fisch schwimmt". In der Physik hat man festgelegt: Ein Gegenstand schwimmt auf dem Wasser, wenn seine Dichte kleiner ist als die von Wasser. Er sinkt, wenn seine Dichte größer ist.** ►7

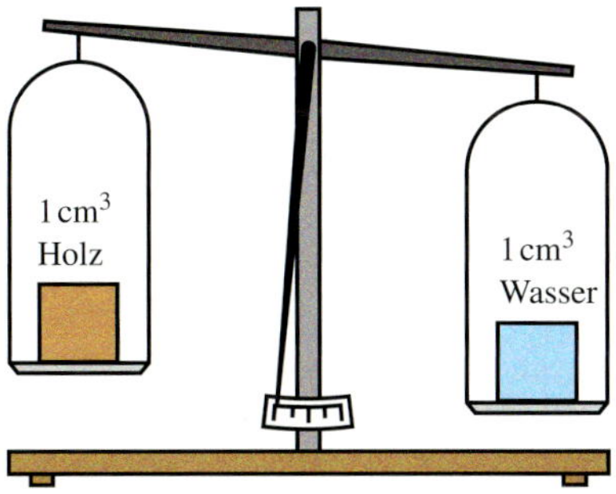

6

↻ 161–1 Bilderserie Dichte

Der Anker sinkt. | Der Fisch schwebt. | Der Ast schwimmt.

Die Dichte von Eisen ist größer als die von Wasser. | Die Dichte des Fischs ist genauso groß wie die von Wasser. | Die Dichte von Holz ist kleiner als die von Wasser.

7

Schiffe schwimmen, obwohl sie aus Eisen bestehen. In ihren Räumen enthalten sie viel Luft. Die *mittlere Dichte* erhält man, wenn man die Masse des Schiffs durch das gesamte Volumen teilt. Das Schiff schwimmt, wenn seine mittlere Dichte kleiner ist als die von Wasser.

Musteraufgabe

Schwimmt der Radiergummi auf Wasser?

Lösung:

Wenn die Dichte des Radiergummis kleiner ist als die von Wasser, schwimmt er.

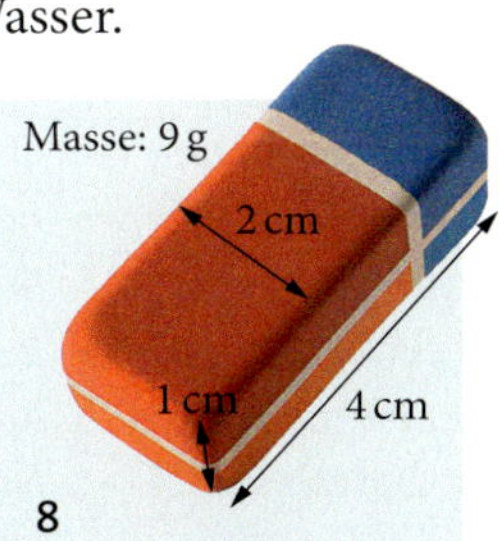

8

Die Dichte berechnet man, indem man die Masse des Radiergummis durch sein Volumen teilt: $\varrho = \frac{m}{V}$.

Der Radiergummi hat das gleiche Volumen wie ein Quader mit den Kantenlängen 4 cm, 2 cm und 1 cm. Dafür gilt:

$V = 4\,cm \cdot 2\,cm \cdot 1\,cm$; $V = 8\,cm^3$.

Damit erhält man für die Dichte des Radiergummis:

$\varrho = \frac{9\,g}{8\,cm^3}$; $\varrho = 1{,}1\,\frac{g}{cm^3}$.

Die Dichte des Radiergummis ist größer als die von Wasser. Also geht er unter.

Aufgaben

1 Begründe die Beobachtungen:
- Die Eisenschraube schwimmt auf Quecksilber. ►1
- Das Stück Eichenholz geht im Benzin unter. ►2

Tipp: Die Dichte der Stoffe findest du im Anhang.

2 Ein Baumstamm ist schwerer als ein Eisennagel. Warum schwimmt er dann und der Nagel geht unter?

3 Zaubertrick mit Ei

a Lege ein frisches Hühnerei vorsichtig auf den Grund eines mit Wasser gefüllten Glases. Schütte nun eine Handvoll Salz in das Glas.

b Erkläre, warum das Ei im Salzwasser schwimmt.

4 Lege Rosinen oder kleine Gummibärchen in ein Glas mit Sprudelwasser. Beobachte und erkläre.

5 Zwei Klumpen Knete sind gleich groß und gleich schwer. Aus einem wird ein Schiffchen geformt. Das Schiffchen schwimmt, der andere Klumpen geht in Wasser unter. Begründe den Unterschied.

6 Schwimmt ein Paket Butter auf dem Wasser oder geht es unter? Gehe bei der Lösung so vor wie in der Musteraufgabe. Überprüfe deine Lösung durch einen Versuch.

Der Druck in Wasser

▷ Mit der „Trieste“ erforschten *Jacques Piccard* und *Don Walsh* im Jahr 1960 den Meeresgrund im 11 000 Meter tiefen Marianengraben. Damit halten sie bis heute den Weltrekord. Sie hielten sich in der Tauchkugel auf. Der Auftriebskörper sorgte dafür, dass die „Trieste“ im Wasser in der Schwebe blieb.

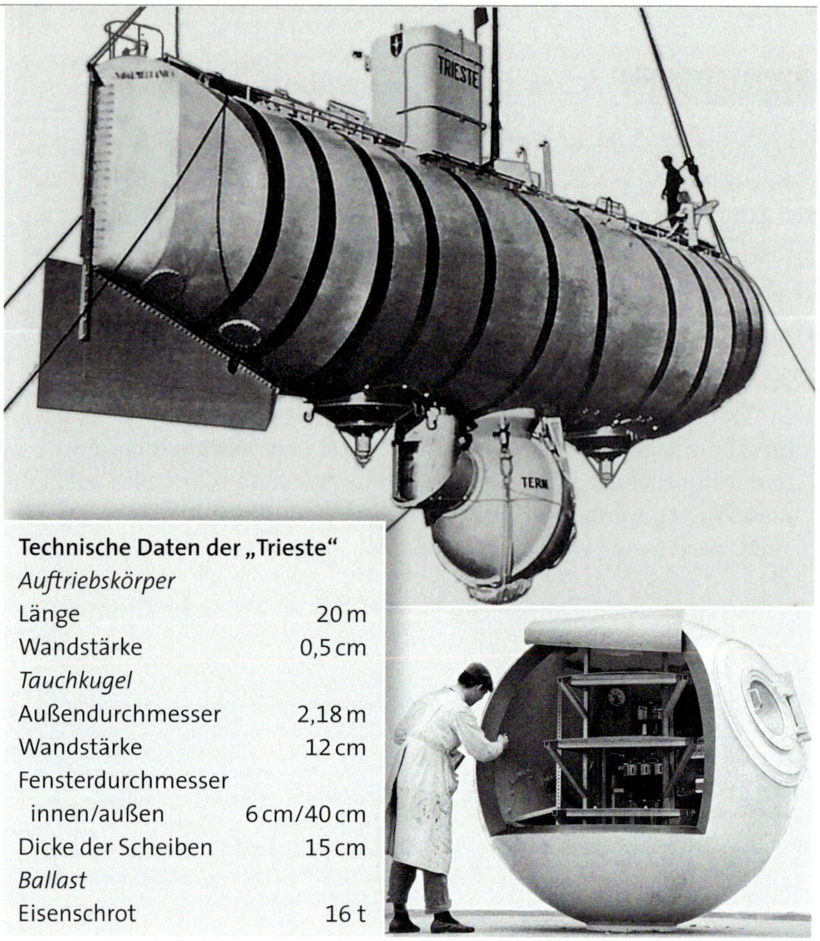

Technische Daten der „Trieste“

Auftriebskörper	
Länge	20 m
Wandstärke	0,5 cm
Tauchkugel	
Außendurchmesser	2,18 m
Wandstärke	12 cm
Fensterdurchmesser innen/außen	6 cm/40 cm
Dicke der Scheiben	15 cm
Ballast	
Eisenschrot	16 t

1

Aus der Geschichte — Tauchen bis in 11 000 m Tiefe

23. Januar 1960: Der 11 000 m tiefe Marianengraben im Pazifischen Ozean ist Schauplatz eines kühnen Unternehmens. Der Schweizer *Jacques Piccard* und der Amerikaner *Don Walsh* wollen mit ihrer „Trieste“ den Meeresgrund erreichen. Die „Trieste“ besteht aus einem großen Auftriebskörper und der Tauchkugel an seiner Unterseite. ▸**1** Der Auftriebskörper ist teils mit Benzin und teils mit Meerwasser gefüllt. Das Wasser hat durch Rohrleitungen Verbindung zum Meerwasser. Außerdem befinden sich Lufttanks in dem Auftriebskörper. Der Tauchgang wird gestartet, indem sie mit Wasser geflutet werden. Don Walsh berichtet:

Der Abstieg begann sehr langsam. Durch den recht starken Wellengang wurden wir heftig durchgeschüttelt, aber bereits in 30 Meter Tiefe war nichts mehr von der unruhigen See zu spüren. Wir sanken jetzt mit einer Geschwindigkeit von 1,3 Metern in der Sekunde. Bald waren wir im Bereich vollkommener Dunkelheit angelangt. Wir hatten die Scheinwerfer meistens nicht eingeschaltet. So konnten wir die selbstleuchtenden Lebewesen der Tiefsee beobachten. Nach etwa 4 Stunden waren wir in 9000 Meter Tiefe angelangt. Um nicht zu heftig auf dem Meeresboden aufzusetzen, warfen wir Eisenballast ab. Erst in 10 907 Meter Tiefe erreichten wir nach 4 Stunden und 48 Minuten Fahrt den Meeresboden. Im Scheinwerferlicht sahen wir einen 30 Zentimeter langen, flachen Fisch, wenig später eine dunkelrote Krabbe. Auch in dieser ungeheuren Tiefe leben also noch Tiere. Nach 20 Minuten Aufenthalt begann der Aufstieg. Und 3 Stunden, 27 Minuten später kamen wir wieder wohlbehalten an der Meeresoberfläche an.

Aufgaben

1 Die Tauchkugel hatte eine viel dickere Wand als der Auftriebskörper. Warum war das nötig?

2 Der Auftriebskörper war größtenteils mit Benzin gefüllt, zum kleineren Teil mit Wasser. Welchen Vorteil hatte das?

3 Wie konnten die Forscher wieder aufsteigen?

Untersuchen

1 Druck im Wasser An einer Spritze befindet sich eine Kugel mit mehreren gleichen Düsen. ▸2 Man füllt diese Kugelspritze mit Wasser und presst den Kolben hinein. Was beobachtet ihr?

2 Einfache Versuche zu Druck und Tiefe Wird der Druck immer größer, je tiefer man unter Wasser ist?

a Um den Druck zu untersuchen, braucht ihr eines der beiden Geräte. ▸3 Füllt einen kleinen Eimer mit Wasser. Taucht euren „Druckmesser" langsam ein. Haltet das Gerät in unterschiedliche Tiefen. Beobachtet genau den Wasserstand im Röhrchen.

b Bohrt in eine möglichst hohe Plastikflasche mit einem heißen Nagel mehrere Löcher in verschiedenen Höhen. Stellt die Flasche in ein Becken. Füllt sie mit Wasser. Skizziert, wie das Wasser aus den Löchern spritzt.

3 Der Druck in Flüssigkeiten – genauer untersucht Verschließt einen kleinen Trichter mit einer Gummihaut vom Luftballon. Sie soll nur wenig gespannt sein. Verbindet den Trichter durch einen Schlauch mit einem U-Rohr, das gefärbtes Wasser enthält. ▸4

a Untersucht den Wasserdruck in unterschiedlichen Tiefen. ▸5 Lest die Verschiebung zwischen den Wasserständen in den beiden Schenkeln des U-Rohrs ab. Tragt die Werte in eine Tabelle ein. Beschreibt eure Beobachtung.

b Untersucht den Druck in einer ganz bestimmten Wassertiefe. Hängt er davon ab, nach welcher Seite die Sonde gehalten wird? ▸6 Formuliert das Versuchsergebnis.

c Wiederholt Teil a mit einer anderen Flüssigkeit (Frostschutzmittel, Salatöl).

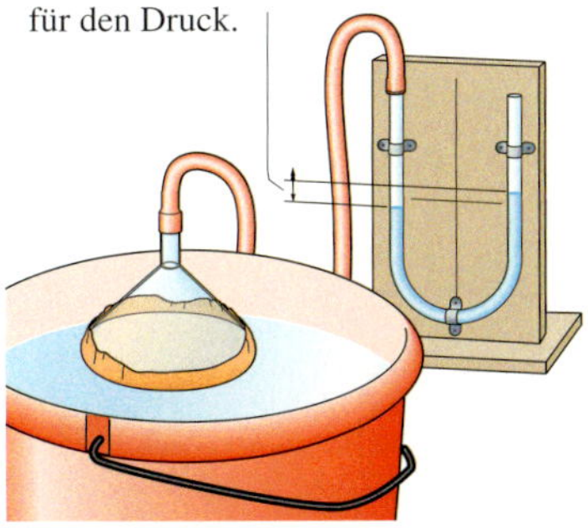

Eintauchtiefe *h* in m	?	?
Verschiebung *l* in cm	?	?

5

6

4 Hängt der Druck von der Form des Gefäßes ab? Um diese Frage zu beantworten, braucht ihr verschiedene Glasgefäße mit gleicher Grundfläche. ▸7

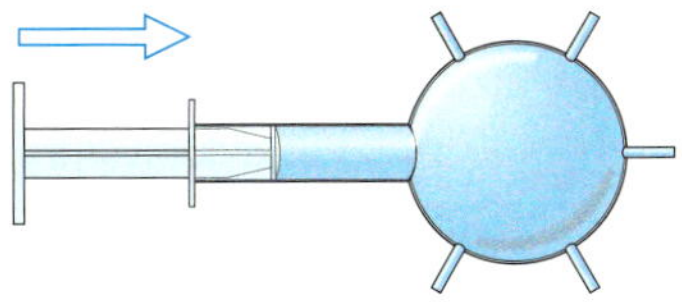

2

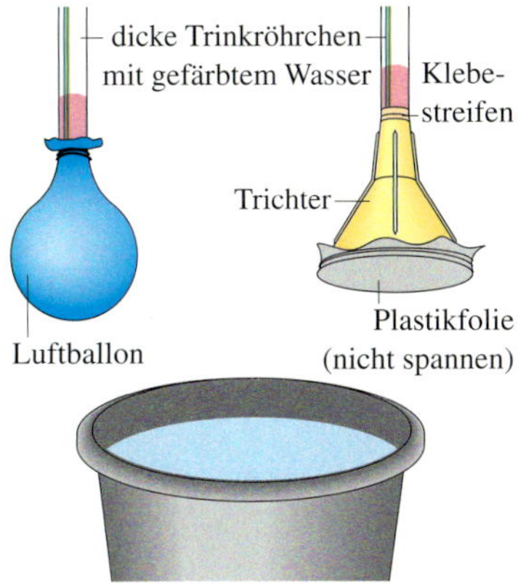

3

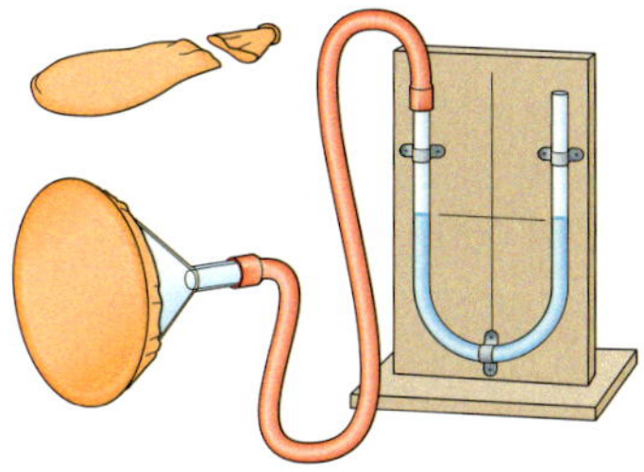

4

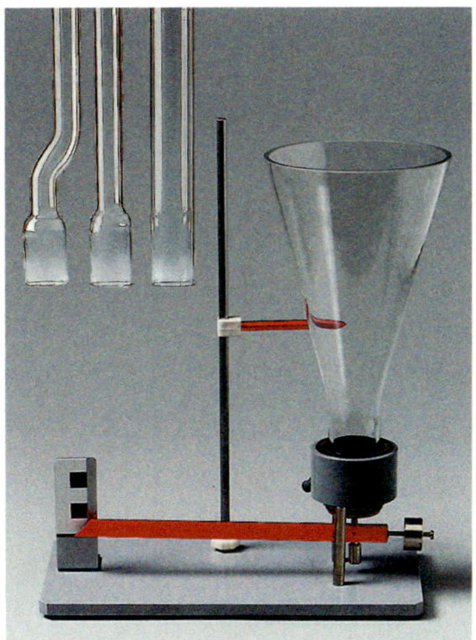

7

Grundlagen / Der Druck in Flüssigkeiten

Versucht man eine Flüssigkeit zusammenzupressen, dann entsteht in ihr ein Druck. Man erkennt ihn daran, dass die Flüssigkeit zu jeder Öffnung hinausspritzt. ▸1

Der Druck hat zur Folge, dass die Flüssigkeit gegen alle Begrenzungsflächen gepresst wird. Das „spürt" auch ein Luftballon in der Flüssigkeit. ▸2 Er wird kleiner. Seine Form ändert sich dabei nicht. Denn die Kraft infolge des Drucks wirkt senkrecht auf jeden Quadratzentimeter seiner Fläche und in jede Richtung.

Druck als physikalische Größe Auf große Flächen übt das Wasser infolge des Drucks große Kräfte aus, auf kleine Flächen kleine Kräfte. Kraft und Fläche sind proportional zueinander. Teilt man jeweils die Kraft durch die Fläche, so hat man ein Maß für den Druck im Wasser:

$$\text{Druck} = \frac{\text{Kraft}}{\text{Fläche}}.$$

Der Druck ist umso größer, je größer die Kraft auf einen Quadratmeter ist. Die Einheit des Drucks ist 1 Pascal (1 Pa): $1\,\text{Pa} = 1\,\frac{\text{N}}{\text{m}^2}$.

Oft gibt man den Druck in Bar (bar) an: $1\,\text{bar} = 100\,000\,\text{Pa} = 10\,\frac{\text{N}}{\text{cm}^2}$.

Wenn eine Kraft von 10 N auf 1 cm^2 wirkt, beträgt der Druck 1 bar.

Druck in offenen Gewässern Auf einer Wasserschicht in 10 m Tiefe lastet eine Wassersäule von 10 m. Auf 1 m^2 wirkt dadurch eine Gewichtskraft von 100 000 N. ▸3 Die Gewichtskraft bewirkt einen Druck in der Wasserschicht. Man bezeichnet ihn als *Schweredruck*. In 10 m Tiefe beträgt er $100\,000\,\frac{\text{N}}{\text{m}^2} = 1\,\text{bar}$. In 20 m Tiefe sind es 2 bar, in 100 m Tiefe 10 bar.

Der Schweredruck im Wasser entsteht durch die Gewichtskraft auf das Wasser. Er nimmt alle 10 m um 1 bar zu.

In 10 000 m Tiefe herrscht ein Schweredruck von 1000 bar. Auf jeden Quadratzentimeter wirkt eine Kraft von 10 000 N. Das ist so, als ob auf jedem Quadratzentimeter ein Auto lasten würde!

Am Grund einer Regentonne ist der Schweredruck genauso groß wie am Boden eines gleich tiefen Schwimmbeckens. Warum ist er in der Regentonne nicht kleiner? Hier lastet doch viel weniger Wasser auf dem Boden! Stell dir einmal vor, die Wassersäule ▸3 wird von oben nach unten in der Mitte geteilt. Die Grundfläche ist dann nur noch halb so groß. Dafür lastet aber auch nur noch halb so viel Wasser darüber. Der Schweredruck in 10 m Tiefe ändert sich nicht: $\frac{50\,000\,\text{N}}{0{,}5\,\text{m}^2} = 100\,000\,\text{Pa}$.

Der Schweredruck hängt nur davon ab, wie hoch die Wassersäule ist.

Druck in anderen Flüssigkeiten Salzwasser ist etwas schwerer als Leitungswasser, seine Dichte ist größer. Daher ist im Meer der Schweredruck in 10 m Tiefe ein wenig höher als in einem See. Bei Öl und Benzin ist der Schweredruck in gleicher Tiefe kleiner als im Wasser.

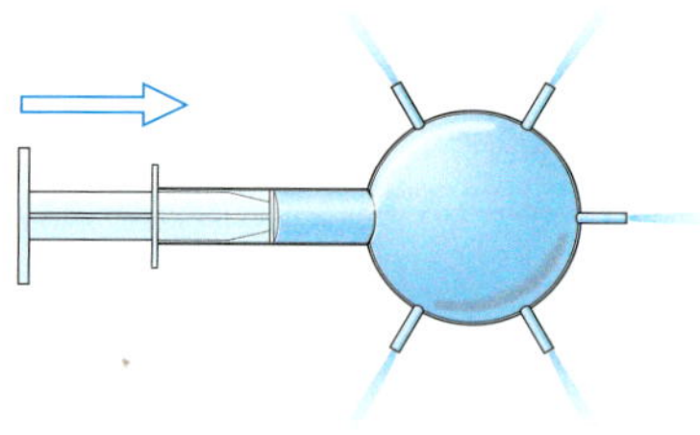

1

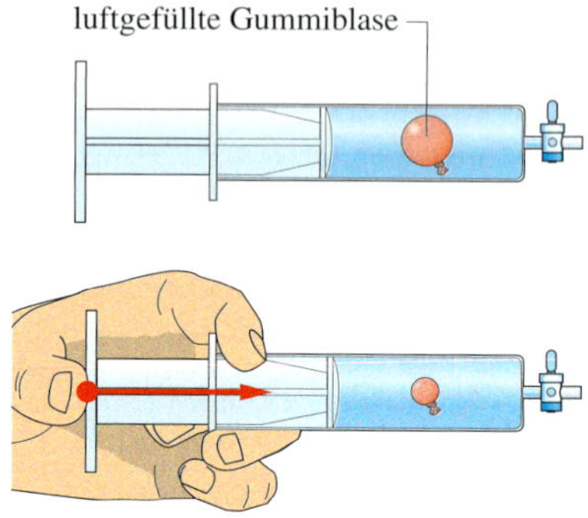

2

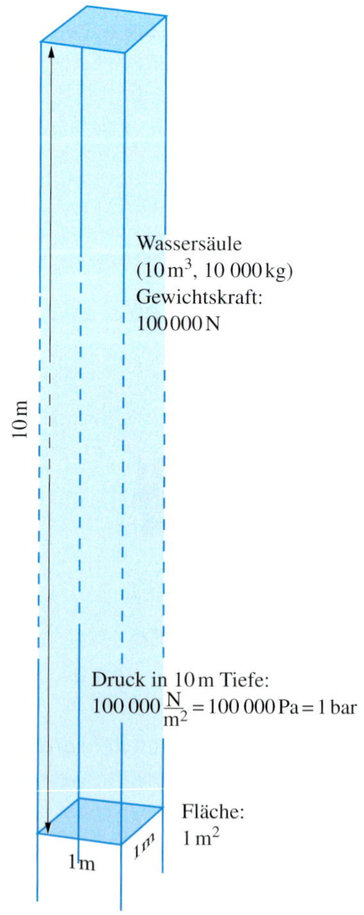

3 *Schweredruck in 10 m Wassertiefe*

Aufgaben

1 Wie entsteht der Schweredruck im Wasser? Ist er in 10 m Wassertiefe in allen Gewässern der Erde gleich groß? Begründe deine Antwort.

2 Die Gasbläschen im Mineralwasser sind rund. Erkläre diese Beobachtung.

3* Halte in einem Becken voll Wasser eine luftgefüllte Flasche mit der Öffnung nach unten unter die Wasseroberfläche. Drücke sie immer tiefer unter Wasser und beobachte die Luftmenge in der Flasche. Begründe das Verhalten der Luft in der Flasche.

Aus dem Alltag — Schnorcheln – ein beliebter Freizeitsport

Wer seine Ferien am Mittelmeer verbringt, kann in die faszinierende Unterwasserwelt eintauchen. ▸4

Was braucht man zum Schnorcheln? Neben dem Schnorchel braucht man eine Taucherbrille. Sie sollte möglichst dicht anliegen, ohne zu drücken. Die Nase muss von außen zugänglich bleiben. Man muss sie nämlich beim Druckausgleich zusammendrücken.

Der Druckausgleich beim Tauchen In der Tiefe spürt man schon bald einen unangenehmen Druck in den Ohren. Das Trommelfell wird durch den zunehmenden Schweredruck nach innen gebogen. Im Mittelohr ist dann der Druck geringer als außen. ▸5 Jetzt ist der Druckausgleich wichtig. Ohne ihn könnte in 4 bis 5 m Wassertiefe das Trommelfell platzen.
Oft wird der Druck schon durch Schlucken ausgeglichen, weil sich dadurch der Innendruck erhöht. Am besten führst du den Druckausgleich so durch: Nase mit Daumen und Zeigefinger zuhalten und dann versuchen durch die Nase auszuatmen.

Was manchmal falsch gemacht wird Ohrenstöpsel oder Nasenklammern verhindern den Druckausgleich. Das Gleiche gilt für Schnorchel mit Ventilen.
Bei einer Erkältung ist der Druckausgleich wegen der geschwollenen Schleimhäute kaum möglich.

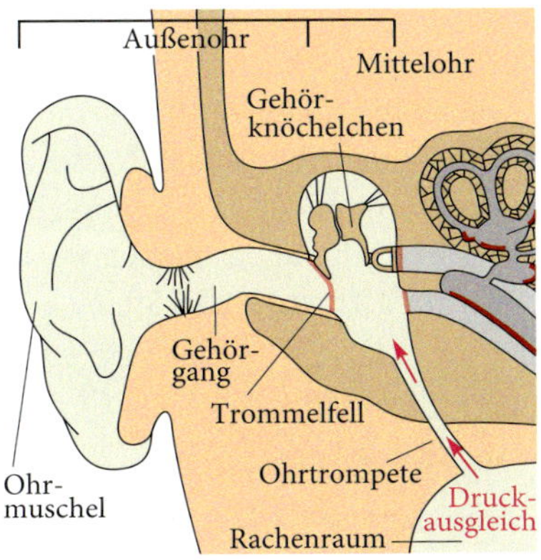

5

4

Vielleicht denkst du, dass man mit einem längeren Schnorchel tiefer tauchen und trotzdem atmen könnte. Aber das funktioniert nicht und wäre lebensgefährlich! Die Kräfte auf den Brustkorb wachsen wegen des steigenden Schweredrucks mit der Tiefe. Über den verlängerten Schnorchel wären die Hohlräume der Lunge mit der Luft über dem Wasser verbunden. In ihnen wäre der Druck also geringer. Man kann gegen den höheren Schweredruck nicht tief genug atmen. Es besteht Erstickungsgefahr.

Drei Tipps zum Schluss
- Vor dem Urlaub solltest du das Schnorcheln üben, am besten im Schwimmverein!
- Tauche nie alleine!
- Erkundige dich vor dem Tauchen im Meer unbedingt nach Strömungen. Das Meer ist kein Schwimmbecken!

Aufgabe

4 Beim Tauchen im Schwimmbad hattest du bestimmt schon einmal ein unangenehmes Gefühl in den Ohren.
a Wie kommt es zu den Ohrenschmerzen?
b Welche Kraft wirkt in 1,8 m Wassertiefe auf dein Trommelfell (Fläche: 0,5 cm^2)?
c „Nase zuhalten und Luft in die Nase drücken!“ Warum sollte man diesen Rat befolgen, wenn die Ohren im tiefen Wasser schmerzen?

Wasser „trägt“

▷ Da hat Dagobert aber Pech! Wieso eigentlich? Warum ist die Holztruhe nicht schon im Wasser zerbrochen?

1

Untersuchen Experimentieren

1 Sind Dinge unter Wasser leichter als in der Luft?

a Hängt einige Eisenmuttern an einen Gummiring. Messt die Länge des Gummirings. Anschließend versenkt ihr die Muttern in ein Glas mit Wasser. ▸2 Messt erneut die Gummilänge ...

b Versenkt die Muttern in verschiedene Wassertiefen. Ändert sich die Länge des Gummirings?

2 Styroporkugel mit Auftrieb

a Drückt eine Styroporkugel unter Wasser. Was spürt ihr?

b Lasst die Kugel schnell los. Was beobachtet ihr?

c Wenn ihr die Kugel unter Wasser haltet, wirken drei Kräfte auf sie. Beschreibt sie. Welche Kräfte wirken nach dem Loslassen?

3 Wie groß ist die Auftriebskraft? Wenn ihr einen Plastikball unter Wasser loslasst, treibt ihn die Auftriebskraft nach oben. Bei einem Stein sorgt sie dafür, dass er unter Wasser leichter ist als über Wasser.

a Bestimmt mit einem Kraftmesser die Gewichtskraft auf einen Stein. Notiert den Messwert.

b Taucht den Stein am Kraftmesser unter Wasser. Lest wieder die Kraft ab. Was fällt euch auf?

c Die Kraft ist im Wasser geringer, weil die Auftriebskraft „mithilft“. Die Auftriebskraft ist genauso groß wie der Unterschied der Kräfte zum Halten in Luft und in Wasser. Berechnet sie.

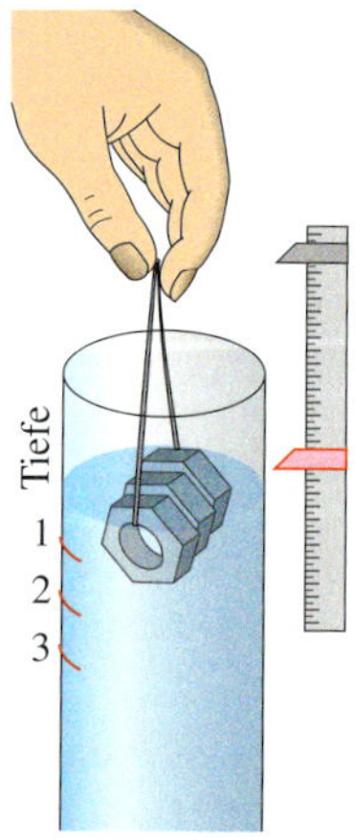

2

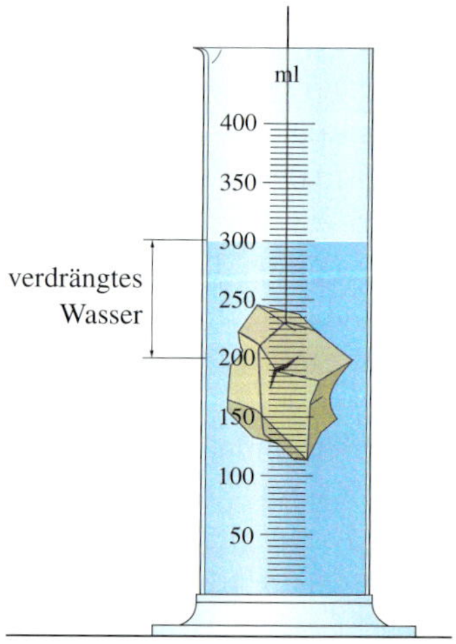

3

d Der folgende Versuch zeigt einen wichtigen Zusammenhang für die Auftriebskraft: ▸3 Taucht den Stein in das Wasser. Messt das Volumen des Wassers, das er verdrängt. Berechnet die Gewichtskraft auf das Wasser. ▸4 Vergleicht mit der Auftriebskraft auf den Stein.

Volumen in cm^3	10	20	...	100	200	...
Masse in g	10	20	...	100	200	...
Gewichtskraft in N	0,1	0,2	...	1,0	2,0	...

4 *Gewichtskraft bei Wasser*

4 Wasser schwebt in Wasser *Ihr braucht:* ein großes Gefäß (Regentonne) voll Wasser, einen Eimer und eine Sackwaage.

a Füllt den Eimer bis 5 cm unter den Rand mit Wasser. Messt die Gewichtskraft auf den Eimer mit der Sackwaage.

b Taucht den Eimer langsam in die volle Regentonne und beobachtet den Kraftmesser. Wann kommt der Eimer zum Schwimmen? Vergleicht den Wasserstand innen und außen am Eimer.

c Prüft das Ergebnis bei anderen Füllhöhen. Was schließt ihr daraus?

d Leert den Eimer aus. Legt einen schweren Stein hinein. Wie tief taucht der Eimer damit in die Regentonne ein? Markiert den Wasserstand außen am Eimer.

e Füllt nun den Eimer (ohne Stein) bis zu dieser Markierung mit Wasser. Wie groß ist die Gewichtskraft? Vergleicht mit der Gewichtskraft auf den Stein.

f Ob das Ergebnis Zufall ist? Überprüft das mit anderen Gegenständen.

Grundlagen Der Auftrieb in Wasser

Unter Wasser kannst du schwere Gegenstände leichter tragen als an Land. Es scheint, als würde auf sie eine kleinere Gewichtskraft wirken. In Wirklichkeit ist aber die Gewichtskraft in Wasser und Luft gleich groß. ▸5 Die Erdanziehung bleibt ja gleich. Ein Stein wird im Wasser leichter, weil das Wasser eine Auftriebskraft nach oben auf ihn ausübt.
Wie kommt die Auftriebskraft zustande? Das Wasser übt infolge des Drucks Kräfte von allen Seiten auf den Stein aus. Auf seine Unterseite wirkt eine Kraft nach oben, auf die Oberseite eine Kraft nach unten. Die Kräfte sind nicht gleich groß. In größerer Tiefe herrscht ein größerer Druck. Deshalb ist die Kraft von unten auf den Stein größer als die Kraft von oben. Die Kraft von unten nach oben überwiegt also. Auf den Stein wirkt eine Auftriebskraft.
Wie groß ist der Auftrieb? Beim Eintauchen verdrängt der Stein eine bestimmte Menge Wasser. Wenn man die Gewichtskraft auf das Wasser misst, entdeckt man etwas Erstaunliches: ▸6

Die Auftriebskraft auf einen Gegenstand ist genauso groß wie die Gewichtskraft auf das verdrängte Wasser (archimedisches Prinzip).

Die Auftriebskraft auf einen schwimmenden Gegenstand ist genauso groß wie die Gewichtskraft. Er taucht gerade so tief ein, dass beide Kräfte gleich groß sind.

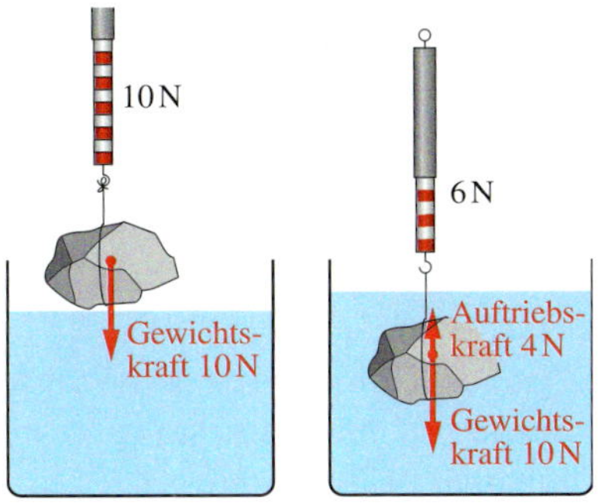

5 *Auftriebskraft*

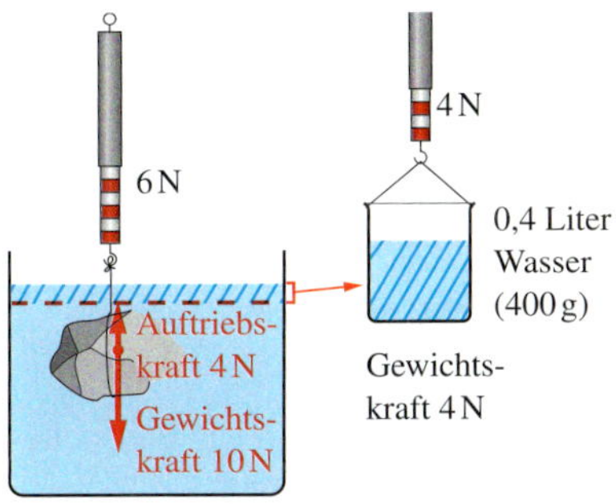

6 *Archimedisches Prinzip*

Aufgaben

1 Personen lassen sich im Wasser leichter tragen. Erkläre die Beobachtung.

2 Erkläre, weshalb Dagoberts Schatzbergung misslang.

3 Warum schwimmt ein Schiff? Erkläre es auf zwei Arten.

4 Um eine Holzkugel (400 cm^3) unter Wasser zu halten, ist eine Kraft von 1 N erforderlich. Berechne Auftriebskraft und Gewichtskraft auf die Kugel.

5 Im Toten Meer kann man die Zeitung lesen, ohne dass sie nass wird. ▸7 Erkundige dich nach den Eigenschaften des Toten Meers. Erkläre, was du auf dem Bild siehst.

6* Warum wäre Gisela mit einer Abmagerungskur kaum zu helfen? ▸8

7

8

Aus der Geschichte Archimedes als Detektiv

Der Überlieferung nach deckte der griechische Philosoph *Archimedes* (285–212 v. Chr.) eine Straftat auf. Folgendes soll sich zugetragen haben: König Hieron von Syrakus ließ sich von einem Goldschmied aus einem Goldbarren eine Krone anfertigen. Damit ihn der Goldschmied nicht betrügen konnte, hatte er den Barren vorher wiegen lassen.
Die Krone, die der Goldschmied ablieferte, hatte tatsächlich das gleiche Gewicht wie der Barren. Trotzdem war der König misstrauisch. War es nicht möglich, dass der Goldschmied einen Teil des Goldes durch Silber ersetzt und dieses im Innern der Krone versteckt hatte? Natürlich hätte man nachschauen können, aber dabei wäre die Krone zerstört worden.
So beauftragte der König Archimedes. Er sollte die Echtheit der Krone prüfen, ohne sie zu beschädigen.
Ein schwieriges Problem – Archimedes grübelte lange darüber nach. Als er gerade ein Bad nahm, soll er ausgerufen haben: „Heureka!" (Ich hab's gefunden.) Er eilte zum König und ließ sich die Krone und ein gleich schweres Stück Gold geben. Dann nahm er eine Waage, legte die Krone auf die eine Waagschale und das Gold auf die andere – die Waage war wie erwartet im Gleichgewicht.
Dann tauchte er die beiden Waagschalen samt Krone und Goldbarren in ein Becken mit Wasser. Da geschah etwas Erstaunliches: Die Waagschale mit dem Goldklumpen senkte sich. ▸1
Keiner der Umstehenden verstand das. Für Archimedes aber war der Fall vollkommen klar: Der Goldschmied war ein Betrüger.

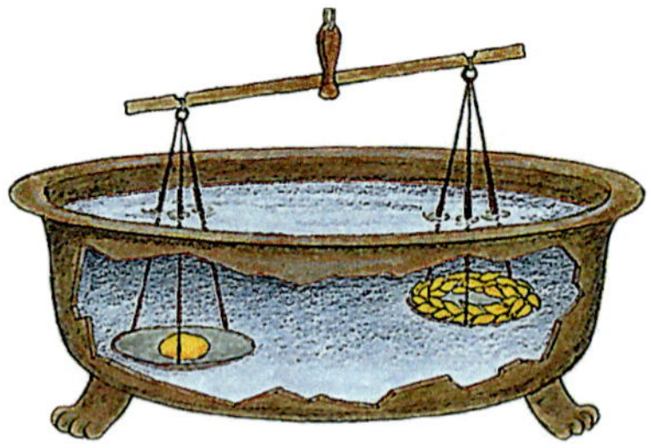
1

Aufgabe

1 Erkläre, warum die Waage unter Wasser nicht im Gleichgewicht war.

Aus der Natur Wasser „trägt" Schwergewichte

2 *Nilpferd*

3 *Dinosaurier*

Ein Nilpferd mag auf dem Land tollpatschig und zu dick wirken. ▸2 Unter Wasser ist es jedoch leicht und wendig. Es kann allerdings nicht wirklich schwimmen. Auch bei den großen Dinosauriern wird diskutiert, ob sie nicht zumindest zeitweilig im Wasser gelebt haben. ▸3 Wie hätten ihre Knochen sonst die große Last tragen können? Und nicht zufällig lebt das größte Lebewesen aller Zeiten im Meer. Trotz einer Masse von bis zu 200 Tonnen, „wiegt" der Blauwal unter Wasser fast nichts. ▸4

4 *Blauwal*

Aus der Geschichte Erste Tauchversuche – der Kampf mit dem Auftrieb

Fische tauchen scheinbar problemlos auf den Grund des Meers. Für uns Menschen ist es ungleich schwerer, in die Tiefen des Meers zu kommen und unbeschadet wieder aufzutauchen. Schon im Altertum haben Menschen versucht, mit großen Gewichten dem Auftrieb zu widerstehen und auf dem Meeresgrund zu spazieren. ▸5 Ein Kubikmeter mitgeführte Luft verursachte einen Auftrieb so groß wie die Gewichtskraft auf 1000 kg. Deshalb mussten sich die „Spaziergänger“ mit einem kleinen Luftvorrat begnügen. Später verwendete man Taucherglocken, Taucherhelme und Bleischuhe, um sich in der Tiefe aufzuhalten. Die so beschwerten Taucher wurden meist an einem Seil wieder nach oben gezogen.

Ausgleich der Auftriebskraft Mit modernen Tauchanzügen regeln Taucher Gewichtskraft und Volumen so, dass sie im Wasser in jeder Tiefe schweben können. Durch den zunehmenden Schweredruck werden die Luftblasen in den Anzügen dichter zusammengedrückt. Dadurch wird das Gesamtvolumen des Tauchers kleiner. Sein Auftrieb nimmt ab. Um das auszugleichen, tragen die Taucher Tarierwesten. Durch dosierte Zufuhr von Pressluft in die Weste wird ihr Volumen vergrößert. So ist in jeder Tiefe Schweben möglich.

5 *Angeblicher Tauchversuch von Alexander dem Großen*

Aufgabe

2 Sporttaucher nehmen manchmal Bleigewichte zum Tauchen mit. Wieso ist das erforderlich?

169–1 Simulation Die U-Boot-Fahrt

Aus Umwelt und Technik Von U-Booten und Fischen

Unterseeboote und Fische können unter Wasser schweben, steigen und sinken. Beim Schweben sind Gewichtskraft und Auftriebskraft gleich groß. Es herrscht ein Kräftegleichgewicht:
Ein U-Boot verfügt über große Pressluft- und Wassertanks. ▸6 Sind die Wassertanks gefüllt, sinkt das Boot. Wird das Wasser durch Pressluft verdrängt, steigt das Boot wieder auf. Durch unterschiedliche Wasserverdrängung wird der Auftrieb des U-Boots verändert.
Viele Fische verändern ihren Auftrieb auf ähnliche Weise. ▸7 Sie können ihr Körpervolumen und damit die Auftriebskraft mithilfe der Schwimmblase verändern. Dieses Organ ist mit den Gasen Kohlenstoffdioxid und Sauerstoff gefüllt. Über den Blutkreislauf kann der Schwimmblase Gas zugeführt werden; dann wird sie größer. Oder das Blut nimmt Gas aus der Schwimmblase auf; dann wird sie kleiner.
In großer Tiefe ist ein Fisch einem ungeheuren Druck ausgesetzt. Damit seine Schwimmblase nicht zerquetscht wird, muss in ihr derselbe Druck herrschen wie im Wasser.
Beim Aufsteigen gibt der Fisch Gas aus der Schwimmblase ab und passt sich dem abnehmenden Wasserdruck an. Wenn man ihn aber plötzlich aus großer Tiefe an die Oberfläche holt, kann er den Druck in der Schwimmblase nicht schnell genug verringern: Die Blase dehnt sich aus. Der Fisch sieht dann wie eine Trommel aus und geht zugrunde. Man sagt, der Fisch ist „trommelsüchtig“.

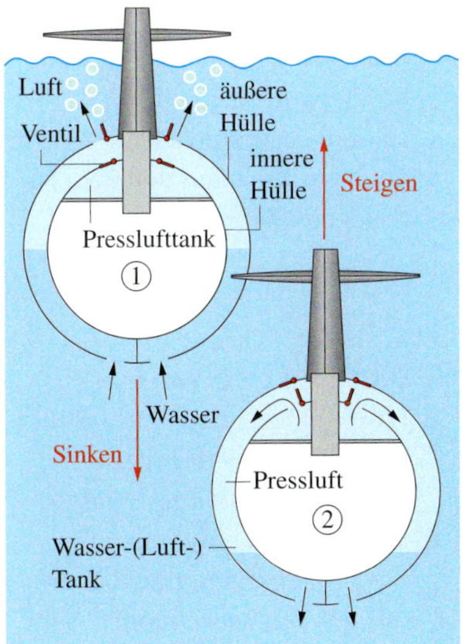

6

7

Untersuchen

Physikunterricht kann man zur Abwechslung auch einmal im Schwimmbad machen. Denn wo kann man Auftriebskräfte am eigenen Körper besser erfahren als im Schwimmbad?

1 *Physik im Schwimmbad*

Informiert unbedingt die Badeaufsicht über euer Vorhaben.
Die Durchführung muss von einem Schwimmlehrer bzw. einem Lehrer mit Rettungsschein beaufsichtigt werden.
Nur wer über ein Schwimmabzeichen verfügt, darf die Tauchexperimente durchführen.
Taucht für die Experimente nicht tiefer als 2 m. Größere Tauchtiefen erfordern viel Übung.
„Hört" auf euren Körper und bleibt nicht zu lange unter Wasser.
Bei Erkältungen oder Heuschnupfen solltet ihr gar nicht tauchen.

1 Fahrstuhl ▸2

a Legt euch waagerecht ins Wasser. „Spielt" durch Ein- und Ausatmen mit eurer mittleren Dichte.

b Eine Person rollt sich zu einem Päckchen ein und hält die Luft an. Der andere spielt mit seinem Partner Jo-Jo.

c Versucht, euch auf den Boden zu legen oder zu setzen.

2

2 Luftballon unter Wasser ▸3

a Pustet einen Luftballon auf und lasst die Luft wieder heraus. Versucht es nun unter Wasser.

b Nehmt einen aufgepusteten, aber zugehaltenen Luftballon mit auf den Beckenboden. Seht ihr eine Veränderung? Messt den Umfang mit einem Messband aus Plastik. Bestätigt so eure Vermutung.

3

3 Der schwere Eimer ▸**4–5**
Ihr braucht: Eimer mit Henkel, Gewichte, Netz, 12 leere 1-l-Flaschen aus Plastik. Stellt den Eimer mit den Gewichten auf den Boden des Schwimmbeckens. Am Henkel des Eimers ist ein Netz befestigt. Versucht nun den Eimer mit leeren Plastikflaschen zum Steigen zu bringen. Wie viele braucht ihr?

4 Eimer unter Wasser Versucht mit vereinten Kräften einen umgestülpten Baueimer zusammen mit der Luft mit in die Tiefe zu nehmen.

4

5

5 Der Schweredruck im Wasser ▸**6–7** *Ihr braucht:* durchsichtigen Messbecher, leere Plastikflasche, mit Luftballon verschlossenen Becher.

a Wie stark wird die Luft unter Wasser zusammengedrückt? Untersucht es mit einem luftgefüllten, umgestülpten Messbecher.

b Beobachtet die folgenden Gegenstände während eines Tauchgangs in 2 m Wassertiefe:
- eine leere zugeschraubte Plastikflasche
- einen Becher, der mit einem Luftballon verschlossen wurde

6

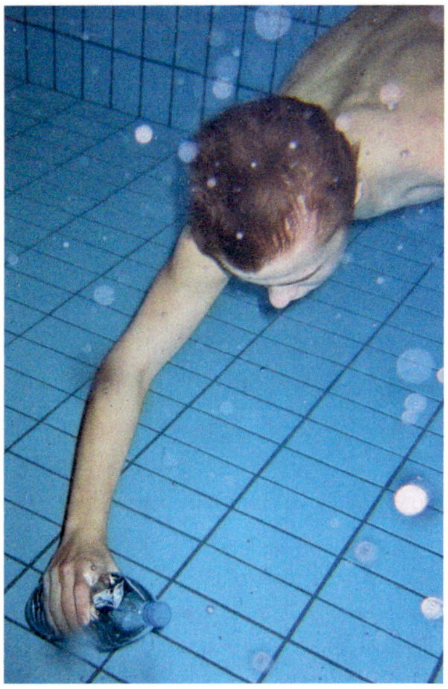

7

6 Auftrieb

a Versucht eine andere Person im Wasser hochzuheben. Könnt ihr sie ganz aus dem Wasser heben?

b Messt die Gewichtskraft auf einen Körper, während er untergetaucht, halb untergetaucht bzw. nicht eingetaucht ist.

7 Ein langer Trinkhalm *Ihr braucht:* 2,5 m und 0,5 m Gartenschläuche.

a Versucht vom Beckenrand aus durch den Schlauch in verschiedene Wassertiefen Luft zu blasen.

b Drückt einen leeren Baueimer zur Hälfte ins Wasser (Öffnung nach oben). Füllt ihn mit dem kurzen Schlauch zur Hälfte mit Wasser. *Tipp:* Leute mit einem Aquarium wissen, wie das geht („Aquarianer-Trick“).

Aus der Natur / Der Pottwal taucht ab

1 *Einem Pottwal auf den Zahn gefühlt?*

2 *Kämpfen riesige Tintenfische so mit Pottwalen?*

In der ewigen Nacht der Tiefsee spielt sich regelmäßig ein Spektakel ab. Riesige Tintenfische kämpfen mit Pottwalen. ▸**1–2** Dieser Kampf wurde noch nie beobachtet. Aber viele Abdrücke von tellergroßen Saugnäpfen und der Mageninhalt toter Pottwale zeugen davon. Pottwale jagen regelmäßig in einer Tiefe von über 1000 m. Wahrscheinlich erreichen sie sogar bis zu 3000 m Tiefe. Man hat in einem einzigen Pottwalmagen schon 15 000 Schnäbel von zumeist 1 m großen Tintenfischen gefunden.
Wale sind Säugetiere. ▸**3** Nach neusten Erkenntnissen gehören sie eigentlich zu den Paarhufern und sind am nächsten mit den Nilpferden verwandt. Im Lauf der letzten 50 Millionen Jahre haben sie erstaunliche Anpassungen an den Lebensraum Wasser vollzogen:
Aufgrund des enormen Schweredrucks in über 1000 m Tiefe nimmt der Pottwal nur wenig gasförmigen Sauerstoff mit in die Tiefe. Mehr als 90 % des Sauerstoffs speichert er beim Luftholen in Blut und Muskeln. Einen Großteil der Luft nimmt der Wal im Nasenloch mit nach unten. Erst in der Tiefe pumpt er die Luft nach und nach in die Lungen und schafft so den Druckausgleich. Während des Tauchgangs sind die Hohlräume im Körper des Wals auf ein winziges Minimum verkleinert. Daher werden Wale trotz des riesigen Drucks in der Tiefe nicht zerquetscht.
Die Knochen müssen das bis zu 58 t schwere Tier nicht „tragen“. Deshalb haben sie eine vergleichsweise geringe Dichte. Die Knochen sind porös und fettgefüllt.

Aufgaben

1 Erkläre, warum ein Wal in 1000 m Tiefe nicht zerquetscht wird.

2 Wie groß ist die Kraft, die in 1000 m Tiefe auf jeden Quadratmeter der Walhaut wirkt?

3 Auch Robben können sehr tief tauchen. Sogar trainierte Leistungssportler schaffen beim „Freitauchen“ (mit einem einzigen Atemzug) weit über 100 m Tiefe. Der Körper passt sich dabei erstaunlich an die besonderen Anforderungen des Tieftauchens an. So schlägt das Herz viel langsamer, die Arterien verengen sich sehr stark und die Venen erweitern sich. Welchen Sinn haben diese Veränderungen?

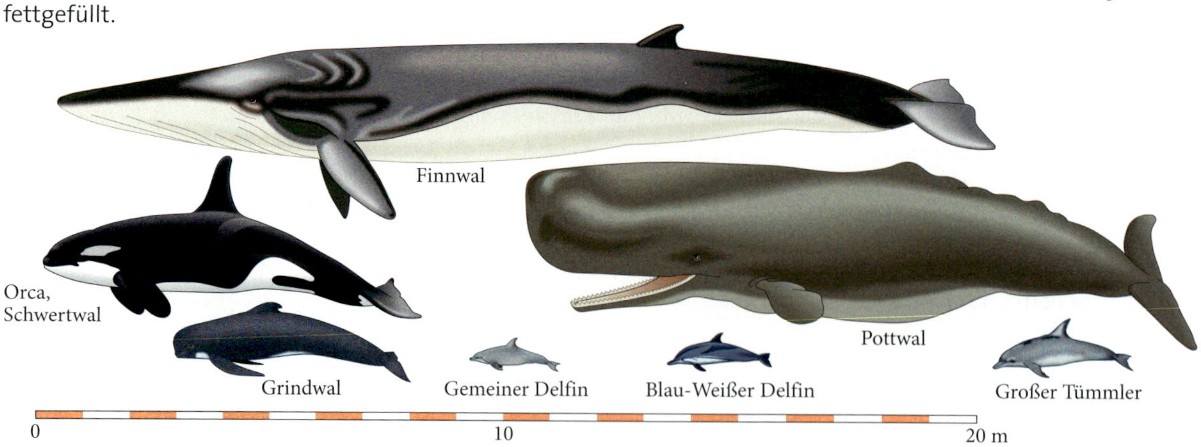

3 *Pottwale sind nach den Blau- und den Finnwalen die größten Wale.*

Überblick

Druck in Flüssigkeiten Auf jeder Wasserschicht lastet das darüberliegende Wasser. Dadurch entsteht in der Schicht ein Schweredruck. Er ist umso größer, je höher das Wasser über der Schicht steht. Im Wasser steigt der Schweredruck alle 10 m um 1 bar. ▸4
In Flüssigkeiten mit größerer Dichte nimmt der Druck schneller zu. *Beispiel:* Quecksilber hat eine rund 13-mal so große Dichte wie Wasser. Der Druck nimmt schon in einer Tiefe von 760 mm um 1 bar zu.

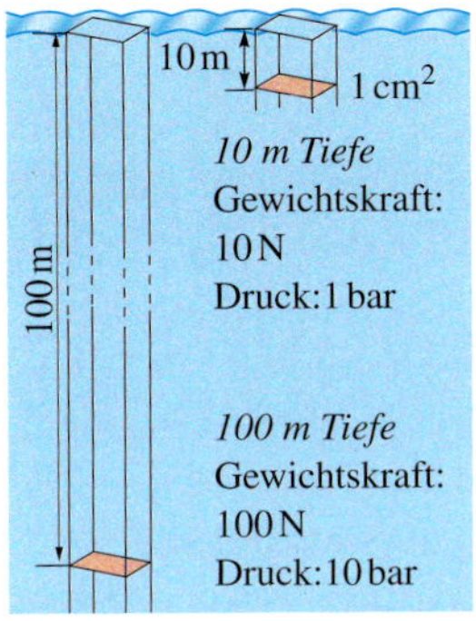

4

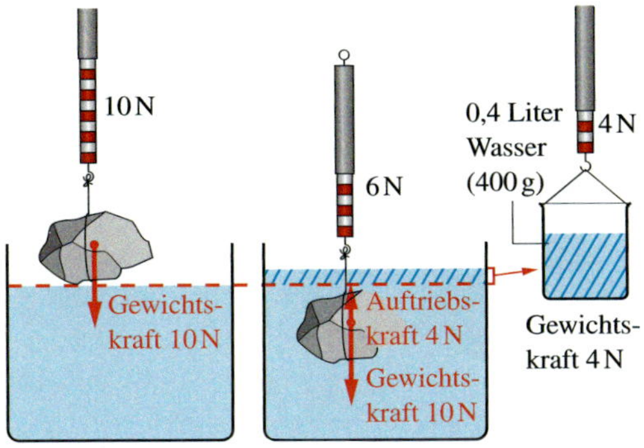

5

Auftrieb Ein Gegenstand wird unter Wasser scheinbar leichter. Auf ihn wirkt eine Auftriebskraft. ▸5 Sie ist so groß wie die Gewichtskraft auf die verdrängte Flüssigkeit (archimedisches Prinzip).
Die Auftriebskraft auf einen schwimmenden Gegenstand ist genauso groß wie die Gewichtskraft auf ihn. Er taucht gerade so tief ein, dass beide Kräfte gleich groß sind.

Alles klar?

1 Begründe die Aussage: „Wasser wiegt in Wasser nichts."

2 Wenn du dich lang gestreckt aufs Wasser legst und tief Luft holst, gehst du nicht unter. Woran liegt das?

3 Es erfordert viel Kraft, einen leeren Eimer ins Wasser zu drücken. Erkläre diese Beobachtung.

4 Das Fahrgastschiff „Moby Dick" fährt auf dem Rhein zwischen Bonn und Koblenz. Es hat eine Masse von 120 t. Wie viel Kubikmeter Wasser muss es verdrängen, damit es schwimmt?

5 Wale können 1000 m tief tauchen.
a Berechne die Kraft, die in dieser Tiefe infolge des Drucks auf ein Walauge wirkt. Das Auge hat einen Durchmesser von 15 cm.
b* Warum wird das Auge durch diese große Kraft nicht zerquetscht?

6* Jetzt wird gezaubert: Lege einen Tischtennisball in einen großen, möglichst durchsichtigen Trichter und fülle den Trichter vorsichtig mit Wasser.
a Der Ball bleibt am Trichterboden liegen. ▸6 Wieso wirkt kein Auftrieb?
b Schließe die untere Öffnung des Trichters mit einem Finger und schüttle ein wenig. Was passiert? Erkläre deine Beobachtung.

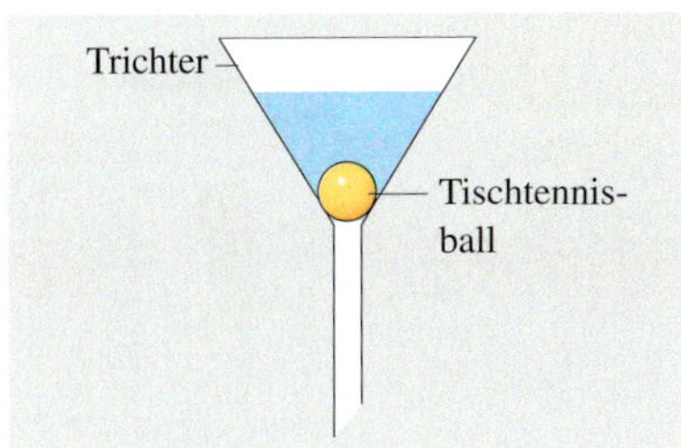

6

Physik verstehen mit Basiskonzepten

In der Physik wird versucht, ganz verschiedene Vorgänge in Natur und Technik zu verstehen. Dazu sucht man Gemeinsamkeiten und Zusammenhänge zwischen den Vorgängen und verwendet immer wieder dieselben Begriffe, Vorstellungen und Denkweisen. Sie lassen sich in Basiskonzepten zusammenfassen. Diese dienen als Wegweiser bei der Suche nach Erklärungen.

Energie

Energie kann man sich als universellen „Treibstoff" vorstellen. Ohne Energie gäbe es kein Licht, keine Wärme, keine Bewegung, kein Leben.
Sie kommt in unterschiedlichen Formen vor: Strahlungsenergie, Bewegungsenergie, Lageenergie, elektrische Energie ...
Die verschiedenen Erscheinungsformen der Energie sind wandelbar. Die Energie selbst verändert sich dabei nicht.
Energie lässt sich transportieren, z. B. in Hochspannungsleitungen oder in Heizungsrohren.
Die meiste auf der Erde genutzte Energie stammt von der Sonne. Ein Teil dieser Energie wurde in Jahrmillionen durch Strahlung übertragen und ist in fossilen Brennstoffen (Kohle, Erdöl ...), im Wasser, im Erdreich und in der Atmosphäre gespeichert.
Mit Energie soll man sparsam umgehen und sie so effektiv wie möglich nutzen. Maschinen müssen einen hohen Wirkungsgrad haben: Sie sollen möglichst wenig Wärme ungenutzt an die Umgebung abgeben. Denn die in der Umgebung verteilte Energie kann umso weniger genutzt werden, je niedriger die Temperatur ist. Diese Energie ist

Wirkung/Wechselwirkung

Mit dem Magneten kann man eine Münze aus einem Loch holen. Die Münze wird angezogen, weil sie Eisen enthält. Aber nicht nur der Magnet zieht das Eisen an, sondern auch das Eisen den Magneten. Beide üben gegenseitig eine Wirkung aufeinander aus.
Ein anderes Beispiel für solche Wechselwirkungen ist die Wippe. Die Personen auf der Wippe üben gegenseitig Wirkungen aufeinander aus.
Wenn wir den Sonnenuntergang am Meer sehen, glitzert das Wasser. Ursache ist die Reflexion des Lichts. Aber das Licht wird nicht nur reflektiert. Ein Teil wird vom Wasser absorbiert und führt zur Erwärmung. Nicht nur das Wasser hat eine Wirkung auf das Licht, sondern auch das Licht auf das Wasser.

System

Ein System besteht immer aus mehreren Teilen, die aufeinander oder miteinander wirken. Man kann die Bedeutung der einzelnen Teile und ihr Zusammenspiel untersuchen. Oder man betrachtet das System als Ganzes, sozusagen von außen:

- Der Stromkreis ist ein System zur elektrischen Energieübertragung. Fehlt ein Teil, z. B. die Energiequelle, funktioniert das System nicht.
- Ein Fahrrad ist ein System zur Fortbewegung. Es ist an die Kraft- und Leistungsgrenzen des Menschen angepasst.
- Ein Handy ist selbst ein System aus vielen Teilen und zugleich Bestandteil eines viel größeren Systems. Das Mobilfunknetz ist ein System zur Informationsübertragung.

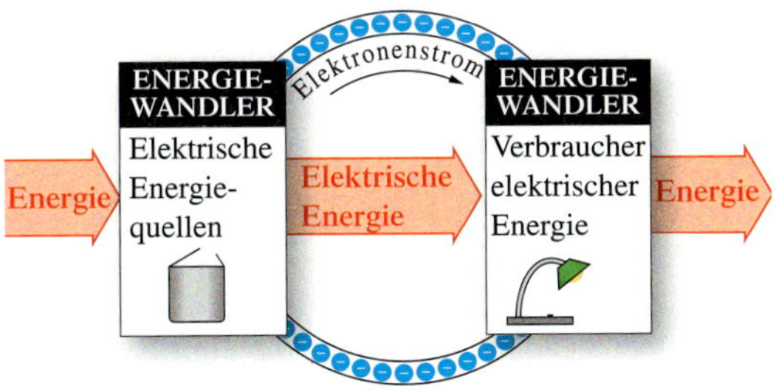

Struktur der Materie

Vorstellungen vom Aufbau der Stoffe aus Teilchen sind Grundlage für das Verständnis der uns umgebenden Welt.
Die Aggregatzustände führen wir auf unterschiedliche Anordnung der Teilchen, die Temperatur auf die Teilchenbewegung zurück.
Den chemischen Elementen entsprechen unterschiedliche Atomarten. Chemische Reaktionen führen zur Neuordnung der Teilchen. Dadurch entstehen Stoffe mit anderen Eigenschaften.
Die elektrische Aufladung erklären wir durch die Vorstellung, dass die Atome selbst elektrisch geladene Teilchen enthalten: die Elektronen und die Protonen.

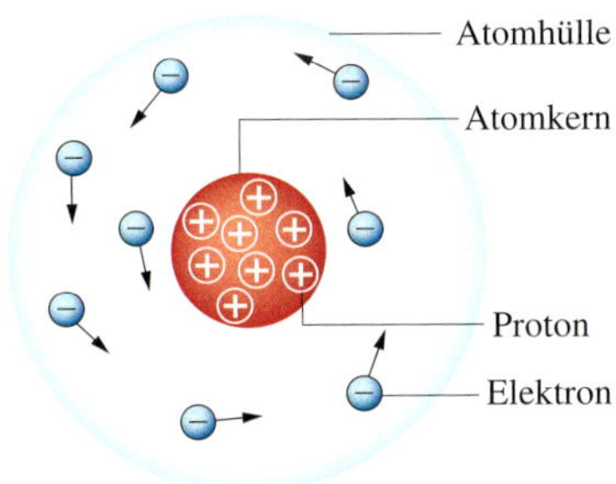

Lösungen der Teste-dich-Aufgaben

Optische Instrumente und Erforschung des Weltalls (S. 85)

1 a Bilder eines ebenen Spiegels sind nie seitenverkehrt. Blinkt das Auto im Rückspiegel „nach rechts“, dann will der Fahrer auch in diese Richtung abbiegen. Ein Spiegel vertauscht aber vorne und hinten: Der Autofahrer blickt nach vorne in den Spiegel und sieht das Auto hinter sich.

b Rückspiegel müssen das Licht so reflektieren, dass es genau in die Augen der Fahrerin fällt. Weil Chris größer ist, muss sie alle Spiegel etwas nach oben kippen.

c Nur wenn man senkrecht vor dem Spiegel steht, fällt Licht vom eigenen Körper ins Auge.

d Ein Reflektor besteht aus vielen Spiegelecken (aus jeweils drei Spiegeln). Er wirft das Licht immer genau in die Richtung zurück, aus der es gekommen ist. Ein Autofahrer sieht also nachts im Reflektor eines Fahrrads das Licht seiner eigenen Scheinwerfer.

2 a Ist eine kugel- oder zylinderförmige Vase mit Wasser gefüllt, so wird das Sonnenlicht von ihr gebrochen. Solche Vasen können wie ein Brennglas wirken. Befindet sich ein brennbarer Stoff im Brennpunkt, kann er entzündet werden.

b Je dicker eine Sammellinse ist, desto kleiner ist ihre Brennweite.

c Vom Fisch wird Sonnenlicht gestreut. Auf dem Weg zum Auge bekommt es beim Austritt aus dem Wasser einen Knick. Das Gehirn des Indianers nimmt den Fisch in der Richtung wahr, aus der das Licht sein Auge trifft.

3 a Siehe Zeichnung.

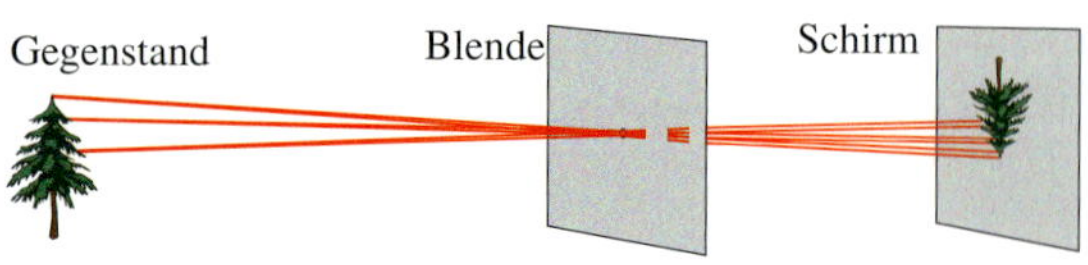

b Entweder geht man mit der Kamera näher an den Gegenstand heran oder man vergrößert den Abstand zwischen Loch und Schirm.

c Entweder verkleinert man das Loch immer mehr oder man vergrößert es und setzt eine Sammellinse vor.

4 a Siehe Tabelle.

Grundfarbe	Mischlicht				
	Gelb	Magenta	Cyan	Weiß	Schwarz
Rot	✓	✓	–	✓	–
Grün	✓	–	✓	✓	–
Blau	–	✓	✓	✓	–

b Magenta ist ein Mischlicht aus Blau und Rot. Mit Grün zusammen liegen alle drei additiven Grundfarben vor. Sie ergeben zusammen weißes Licht (vorausgesetzt, die Anteile der Farben stimmen).

5 a Planeten bewegen sich um die Sonne und bekommen ihr Licht von der Sonne. Die Erde ist einer von acht Planeten.
Kometen bestehen aus Eis und Gestein. Sie kreisen meist in großem Abstand um die Sonne. Wenn sie sich der Sonne nähern, schmilzt ein Teil des Eises. Es entsteht ein Schweif aus Staub.
Sterne leuchten von selbst wie unsere Sonne. Sie behalten ihre festen Positionen zueinander (Fixsterne) und bilden die Sternbilder. Die Sterne, die wir am Nachthimmel sehen, sind unterschiedlich weit von uns entfernt: von acht bis zu einigen Tausend Lichtjahren. Sie sind aus Gaswolken entstanden. Im Gleichgewicht zwischen Gravitation und Ausdehnung leuchten sie einige Milliarden Jahre. Danach verglühen sie, zum Teil in einer riesigen Explosion (Supernova). Nach der Explosion kann ein Weißer Zwerg oder ein Schwarzes Loch übrig bleiben.

b Das Licht zeigt die Position des Sterns an. Durch die jährliche Bewegung der Erde um die Sonne verändert sich die Blickrichtung zu einem nahen Stern ganz wenig. Mit sehr genauen Fernrohren macht sich dies als Ortsveränderung des nahen Sterns vor dem Hintergrund weiter entfernter Sterne bemerkbar. Daraus kann man den Abstand naher Sterne berechnen.
Die Farbe des Sternenlichts hängt von der Temperatur an der Oberfläche des Sterns ab. Blau leuchtende Sterne sind etwa 20 000 °C heiß, rot leuchtende „nur“ etwa 3000 °C.
Die Linien im Spektrum eines Sterns geben Hinweise, aus welchen Stoffen der Stern besteht.

Elektrische Stromkreise (S. 157)

1 a Es wird bald ein Gewitter geben.

b Beim Gewitter kommt es zu elektrischen Aufladungen in der Wolke. Sie entladen sich plötzlich in einem Blitz.

c Ein starker Wind in der Wolke spielt eine wichtige Rolle bei der Ladungstrennung. Der Wind reißt Regentropfen und Schneekristalle stark nach oben. Dabei wird Ladung getrennt – wie beim Reiben einer Kunststofffolie. Im oberen, kalten Bereich der Wolke bilden sich Eiskristalle. Sie sind bei ihrem Transport nach oben durch die Wolke positiv geladen worden. Die verbliebenen Wassertropfen im unteren Wolkenbereich sind negativ geladen. So entstehen innerhalb der Gewitterzelle gewaltige Ladungsunterschiede.

2 a Miss die Anzahl oder die Menge einer strömenden Sache in einer festgelegten Zeit. *Beispiele:* Bei einem Menschenstrom bestimmt man die Anzahl Menschen, die in einer Stunde vorbeikommen. Bei einem Wasserstrom misst man das Volumen, das in einer Minute aus dem Rohr fließt.

b Der Autostrom auf der Autobahn beträgt 20 Autos pro min, der auf der Landstraße 15 Autos pro min. Der Autostrom auf der Autobahn ist größer.

c In einem Stromkreis fließen Elektronen durch die Drähte. So wie bei Autos müsste man die Anzahl der Elektronen pro Zeiteinheit bestimmen, die in einer Sekunde an einer bestimmten Stelle im Draht vorbeifließen.

d Da man Elektronen nicht einfach zählen kann, messen wir die Stromstärke über die Wirkung des elektrischen Stroms. In Messgeräten wird oft die magnetische Wirkung genutzt.

3 a

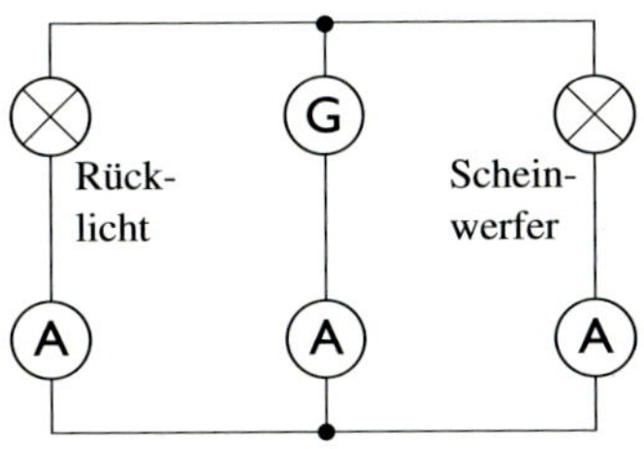

b Siehe Lösung zu Aufgabe 3 a.

c Die gesamte Stromstärke wird so groß sein wie die beiden Stromstärken (Scheinwerfer, Rücklicht) zusammen. Die Stromstärke im Rücklicht wird kleiner sein als die im Scheinwerfer.

4 a 5 V

b

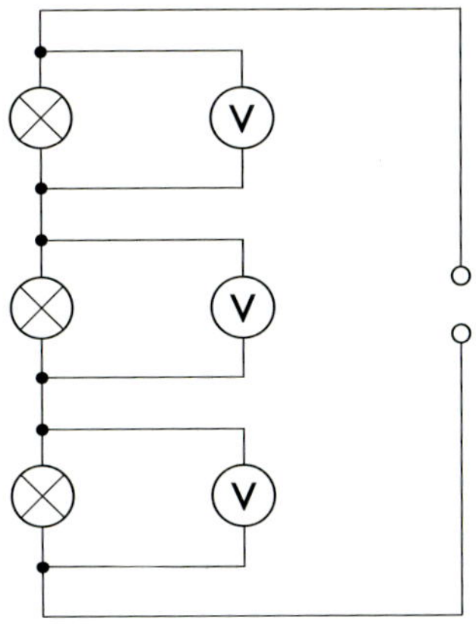

c Man kann die Lampenfassung überbrücken, damit der Stromkreis geschlossen wird. Dadurch steigt die Spannung an jeder Lampe auf 5,1 V.

5 a Das ist möglich, weil die Lampen an Energiequellen mit verschiedener Spannung betrieben werden.

b

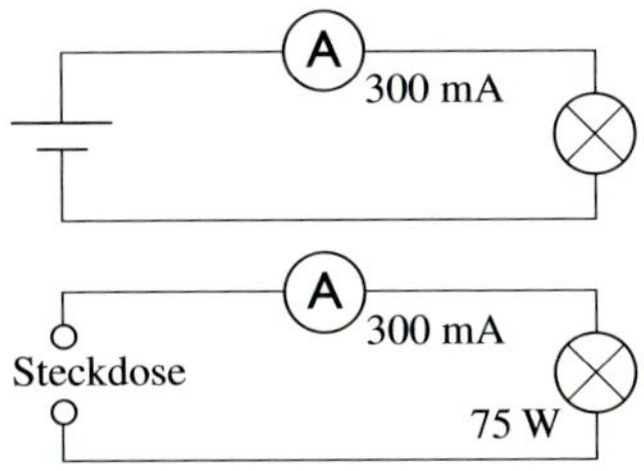

c In beiden Stromkreisen fließen in den Kabeln gleich viele Elektronen in jeder Sekunde. Die Elektronen, die mit Netzspannung (230 V) angetrieben werden, können in jeder Sekunde mehr Energie transportieren als die Elektronen, die von der Batterie angetrieben werden. Die Spannung einer Energiequelle gibt an, wie viel Energie pro Sekunde bei einer Stromstärke von 1 A transportiert wird. Einheit: $1\,V = \frac{1\,W}{1\,A}$

6 a Parallelschaltung

b Bei der Bewegung im Draht stoßen die Elektronen immer wieder mit den Atomen des Metalls zusammen. Durch die Stöße geben sie Energie ab und die Atome schwingen immer stärker an ihrem Platz hin und her. Der Draht wird warm.

c Der Widerstand eines Geräts errechnet sich aus der Spannung am Gerät und der Stromstärke.

$R = \frac{U}{I}$

Bügeleisen: $R = \frac{230\,V}{5{,}2\,A} = 44\,\Omega$

Kaffeemaschine: $R = \frac{230\,V}{2{,}6\,A} = 88\,\Omega$

Toaster: $R = \frac{230\,V}{4{,}3\,A} = 53\,\Omega$

d Die Sicherung würde den Stromkreis unterbrechen. Um alle Geräte gleichzeitig zu betreiben, müsste die Stromstärke insgesamt 12,1 A betragen.

Tabellen und Schaltzeichen

Dichte von Stoffen

Stoff (bei 20 °C)	Dichte in $\frac{g}{cm^3}$	Stoff (bei 20 °C)	Dichte in $\frac{g}{cm^3}$
Feste Stoffe		Glas	ca. 2,6
Styropor®	0,015	Aluminium	2,7
Balsaholz	0,1	Granit	ca. 2,7
Kork	0,2–0,4	Eisen, Stahl	7,8–7,9
Holz	0,4–0,8	Kupfer	8,96
Butter	0,86	Silber	10,5
Eis (0 °C)	0,9	Blei	11,3
Bernstein	1,0–1,1	Gold	19,3
Plexiglas®	1,2		
Kunststoff (PVC)	ca. 1,4	*Flüssigkeiten*	
		Benzin	ca. 0,7
Sand	ca. 1,5	Alkohol (Ethanol)	0,79
Ziegelstein	1,5–1,8		
Beton	1,5–2,4	Terpentinöl	0,86
Kohlenstoff		Wasser (4 °C)	1,00
Graphit	2,25	Salzwasser	1,03
Diamant	3,52	Glycerin	1,26
Porzellan	2,4	Quecksilber	13,55

Schmelz- und Siedetemperaturen einiger Stoffe

Stoff	Schmelztemperatur	Siedetemperatur
Alkohol	−115 °C	78 °C
Aluminium	660 °C	2 467 °C
Benzol	5,5 °C	80 °C
Blei	327 °C	1 740 °C
Eisen	1 535 °C	3 070 °C
Ether	−116 °C	35 °C
Gold	1 063 °C	2 807 °C
Graphit	3 650 °C	4 827 °C
Iod	114 °C	184 °C
Kochsalz	801 °C	1 413 °C
Milch	−0,5 °C	100 °C
Paraffin	ca. 50 °C	230 °C
Petroleum	−70 °C	150 °C
Quecksilber	−39 °C	357 °C
Schwefel	119 °C	445 °C
Spiritus	−114 °C	78 °C
Wasser (destilliert)	0 °C	100 °C
Wolfram	3 410 °C	5 700 °C

Einige Schaltzeichen (Schaltsymbole)

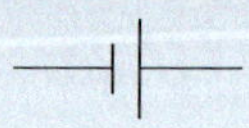	Batterie (Zelle)	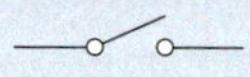	Schalter (geöffnet)	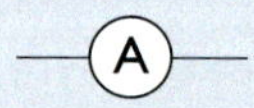	Strommesser (Amperemeter)
	Netzgerät		Festwiderstand	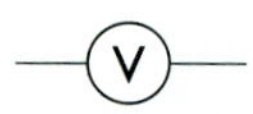	Spannungsmesser (Voltmeter)
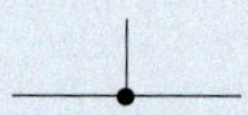	Leiterverzweigung mit leitender Verbindung	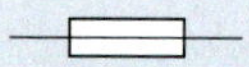	Sicherung	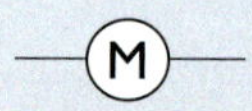	Motor
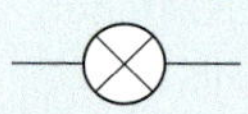	Glühlampe	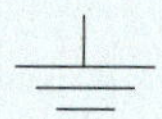	Erdung		Generator
	Spule	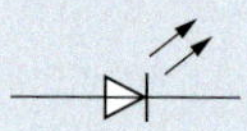	Leuchtdiode	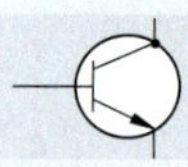	Transistor
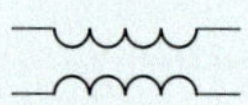	Transformator	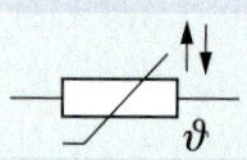	Heißleiterwiderstand (NTC)	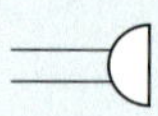	Summer
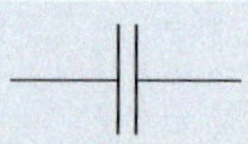	Kondensator	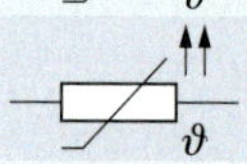	Kaltleiterwiderstand (PTC)	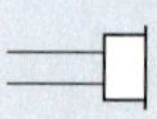	Kopfhörer
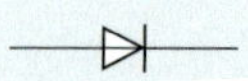	Diode	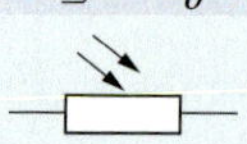	Fotowiderstand	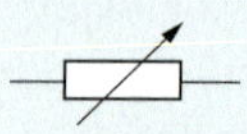	veränderbarer Widerstand
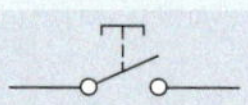	Taster	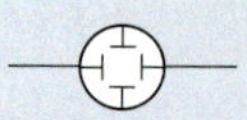	Oszilloskop	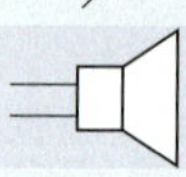	Lautsprecher
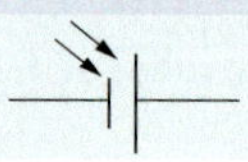	Fotozelle		Messgerät	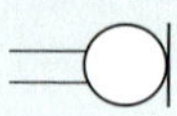	Mikrofon

Auswahl physikalischer Größen und ihrer Einheiten						
Größe	**Formelzeichen**	**Einheit**		**Weitere Einheiten**		**Beziehung**
Temperatur	T	Kelvin Grad Celsius	K °C			0 K ≙ −273,15 °C 0 °C ≙ 273,15 K
Länge	l	Meter	m	Seemeile Zoll	sm	1 sm = 1852 m 1 Zoll = 2,54 cm
Flächeninhalt	A	Quadratmeter	m^2	Hektar	a ha	1 a = 100 m^2 1 ha = 100 a = 10 000 m^2
Volumen	V	Kubikmeter	m^3	Liter	l, L	1 l = 1 dm^3 = 0,001 m^3
Masse	m	Kilogramm	kg	Tonne	t	1 t = 10^3 kg = 1000 kg
Dichte	ϱ	Kilogramm durch (pro) Kubikmeter	$\frac{kg}{m^3}$	Gramm durch Kubikzentimeter	$\frac{g}{cm^3}$	$1\frac{g}{cm^3} = 1000\frac{kg}{m^3}$
Kraft	F	Newton	N			$1\,N = 1\frac{kg \cdot m}{s^2} = 1\frac{J}{m}$
Energie	E	Joule	J			$1\,J = 1\,Nm = 1\,Ws = 1\frac{kg \cdot m^2}{s^2}$
Leistung, Energiestrom	P	Watt	W			$1\,W = 1\frac{Nm}{s} = 1\frac{J}{s}$
Zeit	t	Sekunde	s	Minute	min	1 min = 60 s
Geschwindigkeit	v		$\frac{m}{s}$		$\frac{km}{h}$	$1\frac{km}{h} = \frac{1}{3{,}6}\frac{m}{s}$
Stromstärke	I	Ampere	A			
Spannung	U	Volt	V			$1\,V = 1\frac{Ws}{As} = 1\frac{W}{A}$
Widerstand	R	Ohm	Ω			$1\,\Omega = 1\frac{V}{A}$

Vielfache von Einheiten		
Vorsilbe	**Abkürzung**	**Faktor**
Deka-	D	10
Hekto-	h	100
Kilo-	k	1000
Mega-	M	1 000 000
Giga-	G	1 000 000 000

Teile von Einheiten		
Vorsilbe	**Abkürzung**	**Faktor**
Dezi-	d	$\frac{1}{10}$
Zenti-	c	$\frac{1}{100}$
Milli-	m	$\frac{1}{1000}$
Mikro-	µ	$\frac{1}{1\,000\,000}$
Nano-	n	$\frac{1}{1\,000\,000\,000}$

Sach- und Namenverzeichnis

Quellenverzeichnis

123RF: Balonici: 96.2 | Arco Digital Images: Huetter: 20.1 | Astrofoto: 67.3, 67.5, Detlev van Ravenswaay: 5.8, 76.1; NASA 5.9, 74.1, 107.1 (Europa) | Avenue Images/Index Stock: Rogers: 107.2 (MP3) | Backhaus, U., Essen: 67.2 | Blaupunkt: 87.6 (Navi) | Bormann, A.: 86.5 (Braunschweiger Elle) | Bosch: 107.2 (Akkuschrauber) | Bresser Optik: 65.4 u. 6 | Bridgeman Art Library: 95.5 | Burzin, S. Meldorf: 159.6, 168.2, 170.1-3, 171.4-7 | Casio: 87.7 (Uhr) | Corbis: NASA: 41.10, Richard Klune: 30.2, Roger Ressmeyer: 81.8 | DaimlerChrysler: 86.3 (Armaturenbrett) | Deuter, W., Düsseldorf: 126.5 | Deutsches Museum, München: 34.2, 128.1, 139.7 | digitalstock.de: H. Hellwig: 159.5 | Döring, Berlin: 90.3 u. 4 | Dr. C. C. Carbon, Wien: 28.7 | eso: 73.8, H. H. Heyer: 73.6 | eye of science: 27.5 | F1 Online: 48.1, Aflo: 126.4 , Striegl: 126.3 | Fabian, Michael J., Hannover: 158.3 | Fotolia.com: 22.1, Albaum, P.: 53.5 (Spiel), clairez: 92.3, dusk: 94.1, Elena Schweitzer: 92.1, fatman73: 90.1, felinda: 96.1, fotomanja: 15.7, Franz Pfluegl: 52.2 u. 53.5 (Fernseher), lassedesignen: 16.1, Sebastian Kopp: 52.2 u. 53.5 (Spiel), vicspacewalker: 158.3 | Getty Images: Paolo Curto: 172.1 | GNU: Fritz Gelter-Grimm: 172.2 | Hama: 89.3 | Heepmann, B., Herford: 29.11 | Helga Lade Fotoagentur: 42.1 | Hoppecke, Brilon: 136.4 | Interfoto, München: 162.1 | iStockphoto.com: Andyworks: 65.5, Christopher O Driscoll: 122.1, Danny Ortega: 114.1, Denise Torres: 92.4, Dino Ablakovic: 16.2, Eric Isselée: 33.6, Erlend Kvalsvik: 86.1 (Eisberg), Graeme Purdy: 33.8, Haeringer, A. J.: 110.1, malerapaso: 161.8, Milena Lachowicz: 4.2, MvH: 114.3, Pablo Eder: 92.5, Paul Senyszyn: 157.4, Simon Podgorsek: 167.7, Wolfgang Amri: 86.2 (Globus), Lichtenberger, J., Fahren: 4.4, 13.7, 30.5, 31.6, 31.7, 31.8, 33.4, 33.5, 38.1, 43.7, 50.2, 50.3, 51.4–6, 51.8, 54.1 u. 2, 56.1, 80.1 u. 2 | LOOK: Erber, H.: 126.6 | MARUNDE: 167.8 | Mauritius, Mittenwald: 48.3, 62.4, 165.4 | mediacolors: Eigstler: 19.7 | Michael Wessels: 158.2 | Moll, Bad Staffelstein: 136.3 u. 5 | Muckenfuß, H., Ravensburg: 31.9 | NASA: 5.7, 68.1, 68.2, 69.4 u. 6, 72.1, 73.7, 79.6, 81.4, Hubble: 75.8, Ron Garan: 69.5 | Neifeind, H., Göttingen: 86.5 (Gelnhäuser Elle) | Nikon: 20.3 (Tele), 64.1-3 | Nilsson, Stockholm: 24.2 | NOAA: 169.5 | Okapia: McHugh, T.: 142.1, NAS/Jerry Lodriguss: 73.5 | Physikalisch-Technische Bundesanstalt, Braunschweig: 91.9 u. 10 | PHYWE Systeme GmbH & Co. KG, Göttingen: 47.6 | picture-alliance: dpa: 52.1 (Spiel), 95.8, 158.1, PANA: 107.2 (E-Tankstelle), Eibner-Pressefoto: 96.5 | plainpicture: Mark Blasius: 15.5 u. 6 | plus 49: Sean Gallup: 81.5 | Porcelain, Milwaukee: 28.6 | project photo: 19.6 | PTB, Braunschweig: 94.3 | Ransburg, Heusenstamm: LacTec: 112.5 | Schlichting, Hasbergen: 4.6, 11.3 u. 4 | Schott, Mainz: 107.2 (Ceranfeld) | Schumann,Großhansdorf: 30.1 | SPL / Focus: 81.6, Alfred Pasieka: 62.2 | TV-yesterday: 50.1, Weber, W. M.: 52.1 (Fernsehgerät) | ullstein: 162.1 | Walt Disney Productions, Frankfurt/Main: 166.1 | Waterframe.de: Dirscherl, R.: 27.8 | WILDLIFE: HPH: 27.7 | ZVA, Düsseldorf: 37.4

Titelbild: iStockphoto.com: Thomas Vogel

Alle anderen Fotos: Cornelsen Verlag (Auftragsfotos: Döring, Hohen Neuendorf | Mahler, Berlin)

Zusammenspiel von Onlineangebot und Buch

www.cornelsen.de/interaktiv

Unter dieser Adresse befindet sich das multimediale Zusatzangebot zum Schülerbuch.

So kommt man zur gewünschten Seite:
1. Webseite www.cornelsen.de/interaktiv aufrufen.
2. Buchkennung PHNT010095 eingeben und bestätigen.

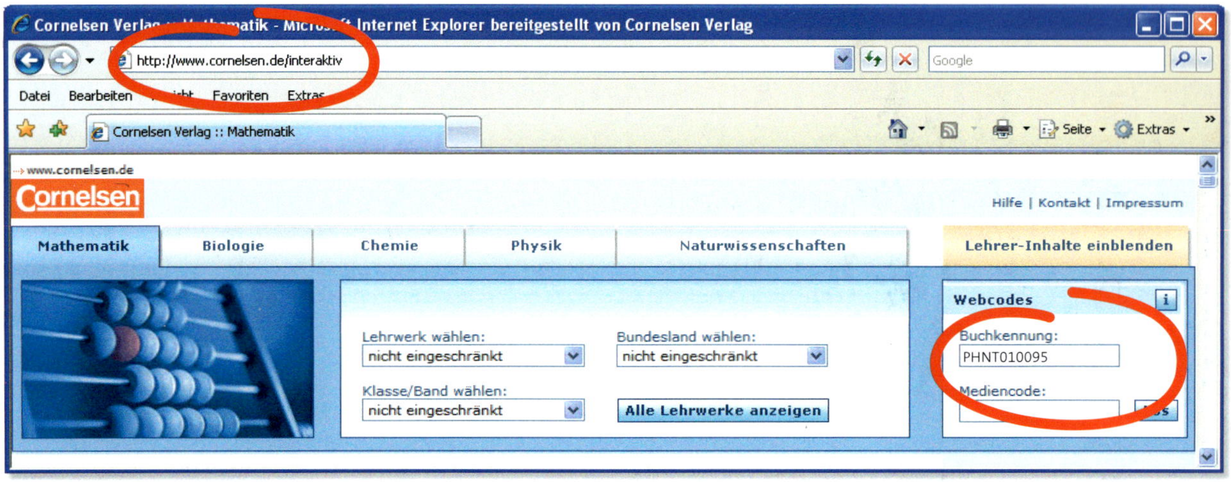

3. Zugangscode regenbogen eingeben und bestätigen.

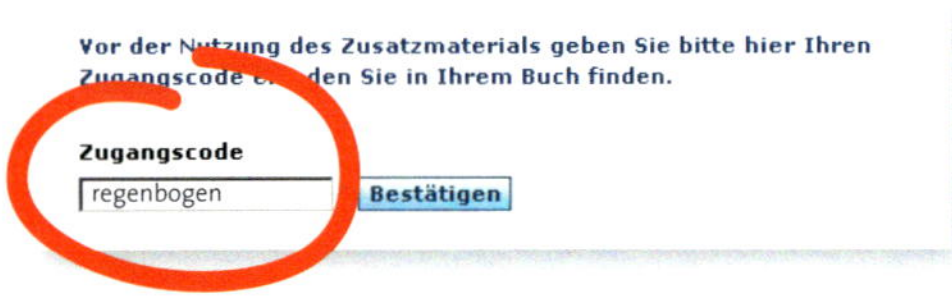

Bei technischen Problemen hilft unser Support gern weiter.
Schreiben Sie bitte eine E-Mail an cornelsen-online@cornelsen.de
und beschreiben Sie Ihr Problem möglichst genau.